大学物理（上）

主　编◎许　晗　宋亚勋　李　茜
副主编◎胡　波　刘华忠　王瑞雪

重庆大学出版社

内 容 提 要

全书分为上、下两册，本书为上册，共8章，主要内容包括质点运动学、质点动力学、动量守恒定律和能量守恒定律、刚体力学基础、静电场、静电场中的导体与电介质、稳恒磁场、电磁感应和电磁场。本书不仅详细阐述了物理定律和理论，还通过丰富的例题，强化理论与实践的结合，帮助学生在解决实际问题中深化理解。

本书可作为普通高等院校理工类专业基础课教材，也可供相关人员学习参考。

图书在版编目(CIP)数据

大学物理. 上 / 许晗，宋亚勋，李茜主编. -- 重庆：重庆大学出版社，2025.1. -- ISBN 978-7-5689-5097-8

Ⅰ.O4

中国国家版本馆 CIP 数据核字第 2024E4R600 号

大学物理(上)

主 编 许 晗 宋亚勋 李 茜

副主编 胡 波 刘华忠 王瑞雪

责任编辑：秦旖旎 版式设计：秦旖旎

责任校对：刘志刚 责任印制：张 策

*

重庆大学出版社出版发行

出版人：陈晓阳

社址：重庆市沙坪坝区大学城西路21号

邮编：401331

电话：(023) 88617190 88617185(中小学)

传真：(023) 88617186 88617166

网址：http://www.cqup.com.cn

邮箱：fxk@cqup.com.cn (营销中心)

全国新华书店经销

重庆亘鑫印务有限公司印刷

*

开本：787mm×1092mm 1/16 印张：12.75 字数：323 千

2025 年 1 月第 1 版 2025 年 1 月第 1 次印刷

印数：1—3 000

ISBN 978-7-5689-5097-8 定价：42.00 元

前言

在踏入科学探索的殿堂，尤其是物理学这一深邃而广阔的领域时，我们怀揣着对未知世界的好奇与敬畏，携手步入这场智慧与理性的旅行。本书的编写，旨在为广大高等院校的学生们搭建一座通往物理学奥秘的桥梁，引领大家在理论与实践的交织中，逐步揭开宇宙万物运作的神秘面纱。

全书分为上、下两册，旨在为理工科及部分文科专业的学生提供一套系统、全面且易于理解的大学物理课程学习资料。内容既涵盖了经典物理学的基本原理，如力学、热学、电磁学、光学等，也适当引入了量子物理、相对论等现代物理学的精髓，力求使学生建立起完整的物理知识体系，并激发他们对物理世界深入探索的兴趣。本书为上册，共 8 章，主要内容包括质点运动学、质点动力学、动量守恒定律和能量守恒定律、刚体力学基础、静电场、静电场中的导体与电介质、稳恒磁场、电磁感应和电磁场。本书不仅详细阐述了物理定律和理论，还通过丰富的例题，强化理论与实践的结合，帮助学生在解决实际问题中深化理解。

本书由武汉东湖学院许晗、宋亚勋和李茜担任主编，胡波、刘华忠和王瑞雪担任副主编，全书由许晗统稿。感谢所有为本书编写提供宝贵意见和建议的专家、学者，以及参与教材试用和反馈的师生们。同时，也期待来自广大读者的持续反馈，以便我们不断改进，使本书更加完善，更好地服务于教学和学习。

由于编者水平有限，书中疏漏之处在所难免，敬请读者批评指正。

编　者

2024 年 10 月

目 录

第1章 质点运动学

物理学是研究物质运动中最普遍、最基本运动形式的规律的一门学科,这些运动形式包括机械运动、分子热运动、电磁运动、原子和原子核运动以及其他微观粒子运动等。机械运动是这些运动中最简单、最常见的运动形式,其基本形式有平动和转动。在力学中,研究物体的位置随时间而改变的范畴称为运动学。

本章讨论质点运动学,其主要内容为位置矢量、位移、速度和加速度、质点的运动方程、切向加速度和法向加速度、相对运动等。

1.1 参考系 坐标系 质点

1.1.1 参考系和坐标系

自然界中所有的物体都在不停地运动,绝对静止不动的物体是没有的。在观察一个物体的位置及位置的变化时,总要选取其他物体作为标准,选取的标准物不同,对物体运动情况的描述也就不同。这就是运动描述的相对性。

为描述物体的运动而选的标准物,一般称之为参考系。参考系的选择是任意的,而选择不同的参考系,对同一物体运动情况的描述是不同的。因此,在讲述物体运动情况时,必须指明是对什么参考系而言的。在讨论地面附近物体的运动时,通常选择地面作为参考系。

物体做机械运动时,其位置会随时间发生变化,为了定量地描述物体的位置及位置的变化,需要在参考系上建立适当的坐标系。按规定方法选取的有次序的组数据,就叫作“坐标”。引入坐标系是为了定量地描述物体的位置及位置变化。坐标系的种类很多,常用的坐标系有笛卡儿直角坐标系、平面极坐标系、柱面坐标系(或称柱坐标系)和球面坐标系(或称球坐标系)等。选择参考系的原则为使观测方便或使运动的描述尽可能简单。

1.1.2 质点

一般说来,物体的大小和形状的变化,对物体运动的影响是很大的。但在有些问题中,如能忽略这些影响,就可以把物体当作一个有质量的点(即质点)来处理,这将使所研究的问题大大简化。所以说,质点是一个理想模型。

把物体当作质点是有条件的、相对的,而不是无条件的、绝对的,因而对具体情况要作具体分析。一些物体的质量和长度的数量级见表 1.1。例如,研究地球绕太阳公转时,由于地球至太阳的平均距离约为地球半径的 10^4 倍,故地球上各点相对于太阳的运动可以看作是相同的,所以在研究地球公转时可以把地球当作质点。

表 1.1　一些物体的质量和长度的数量级

m/kg		l/m	
电子质量	10^{-30}	质子半径	10^{-15}
质子质量	10^{-27}	原子半径	10^{-10}
流感病毒质量	10^{-19}	病毒的线度	10^{-7}
阿米巴变形虫质量	10^{-8}	阿米巴变形虫的线度	10^{-4}
人的质量	10^{2}	人的身长	10^{0}
地球质量	10^{24}	地球半径	10^{7}
太阳质量	10^{30}	太阳半径	10^{9}
银河系质量	10^{41}	银河系尺度	10^{21}

把物体视为质点这种抽象的研究方法,在实践上和理论上都是有重要意义的。当我们所研究的运动物体不能视为质点时,可把整个物体看成是由许多质点所组成的,弄清这些质点的运动,就可以弄清楚整个物体的运动。所以,研究质点的运动是研究物体运动的基础。

在本书有关力学的各章中,除刚体的定轴转动以外,都是把物体当作质点来处理的。

1.1.3　时间和空间

描述一个物体的运动,就要确定每一瞬间该物体所处的位置,这就涉及距离和时间的测定。对于我们生活所在的空间和一瞬即逝的时间,我们都有直观的概念,并习惯于将自己与空间坐标联系起来,而将时间坐标与某一事件联系起来。这种习惯的认识是不严密的,特别是在我们把变化的时间视作与空间坐标无关的量来考虑的时候。这个概念是非相对论经典力学的基础,正如牛顿在《自然哲学的数学原理》一书中所说,绝对的、纯粹的、数学的时间,就其本性来说,均匀地流逝而与任何外在的事物无关;绝对的空间,就其本性来说,与任何外在事物无关,始终保持着相似和不变。这种对时间和空间的认识,称为绝对时空观。绝对时空观认为时间和空间是两个独立的概念,彼此之间没有联系,分别具有绝对性。绝对时空观认为时间与空间的度量与惯性参考系的运动状态无关。时间和空间的绝对性是经典力学或牛顿力学的基础。以后我们将介绍,当相对运动的速度接近光速时,时间和空间的测量将依赖于相对运动的速度。只是由于牛顿力学涉及物体的运动速度远远小于光速,因此在牛顿力学的范围内,时间和空间的测量可以看作与参考系的选取无关,是绝对的。

1.2　位置矢量　运动方程

1.2.1　位置矢量

上一节已经指出，描述物体的运动必须选定参考系。在参考系选定以后，为定量地描述质点的位置和位置随时间的变化，有时须在参考系上选择一个坐标系。坐标系有直角坐标系、极坐标系和自然坐标系等。在如图 1.1 所示的直角坐标系中，在 t 时刻，质点 P 在坐标系里的位置可用位置矢量 $\boldsymbol{r}(t)$ 来表示。位置矢量简称位矢，它是一个有向线段，其始端位于坐标系的原点 O，末端则与质点 P 在时刻 t 的位置相重合。从图 1.1 中可以看出，位矢 $\boldsymbol{r}$ 在 Ox 轴、Oy 轴和 Oz 轴上的投影（即质点的坐标）分别为 x、y 和 z。所以，质点 P 在 $Oxyz$ 的直角坐标系中的位置，既可用位矢 $\boldsymbol{r}$ 来表示，也可用坐标 x、y 和 z 来表示。如取 $\boldsymbol{i}$、$\boldsymbol{j}$ 和 $\boldsymbol{k}$ 分别为沿 Ox 轴、Oy 轴和 Oz 轴的单位矢量，那么位矢 $\boldsymbol{r}$ 亦可写成

$$\boldsymbol{r} = x\boldsymbol{i} + y\boldsymbol{j} + z\boldsymbol{k} \tag{1.1}$$

位矢大小为

$$r = |\boldsymbol{r}| = \sqrt{x^2 + y^2 + z^2} \tag{1.2}$$

$\boldsymbol{r}$ 方向可由方向余弦确定，即

$$\cos\alpha = \frac{x}{r}, \cos\beta = \frac{y}{r}, \cos\gamma = \frac{z}{r}$$

式中 α、β、γ 分别是 $\boldsymbol{r}$ 与 Ox 轴、Oy 轴和 Oz 轴之间的夹角。

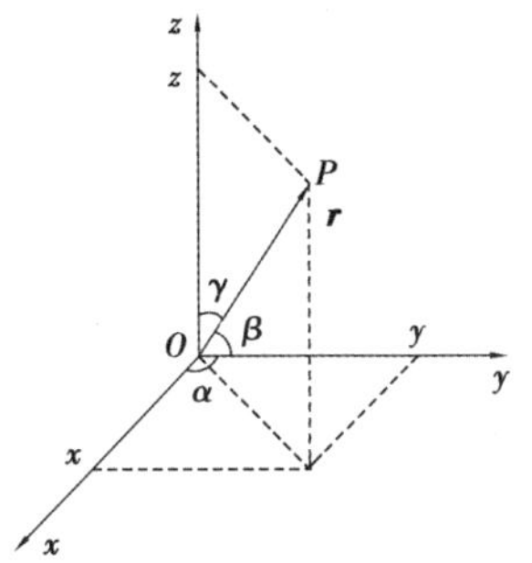

图 1.1

1.2.2　运动方程和轨迹方程

当质点运动时，它相对坐标原点 O 的位矢 $\boldsymbol{r}$ 是随时间而变化的，因此，$\boldsymbol{r}$ 是时间的函数，即

$$\boldsymbol{r}(t) = x(t)\boldsymbol{i} + y(t)\boldsymbol{j} + z(t)\boldsymbol{k} \tag{1.3}$$

式(1.3)叫作质点的运动方程；而 $x(t)$、$y(t)$ 和 $z(t)$ 则是 $\boldsymbol{r}(t)$ 在 Ox 轴、Oy 轴、Oz 轴的分量。所以，运动方程的分量表达式写作

$$x = x(t), y = y(t), z = z(t) \tag{1.4}$$

上式又称为参数方程，从式(1.4)中消去参量，便得到了质点运动的轨迹方程，所以它们也是轨迹的参量方程。应当指出，运动学的重要任务之一就是找出各种具体运动所遵循的运动方程。

1.3　速度与加速度

1.3.1　位移矢量

在如图 1.2(a)所示的 Oxy 平面直角坐标系中，有一质点沿曲线从点 A（时刻 t_1）运动到点 B（时刻 t_2），质点由相对原点 O 的位矢 $\boldsymbol{r}_A$ 变化到 $\boldsymbol{r}_B$。显然，在时间间隔 Δt（$\Delta t = t_2 - t_1$）内，位矢

的长度和方向都发生了变化。我们将 $\boldsymbol{r}_B-\boldsymbol{r}_A=\Delta\boldsymbol{r}$ 称为在 Δt 时间内质点的位移矢量,简称位移。它反映了在 Δt 时间内质点位矢的变化。

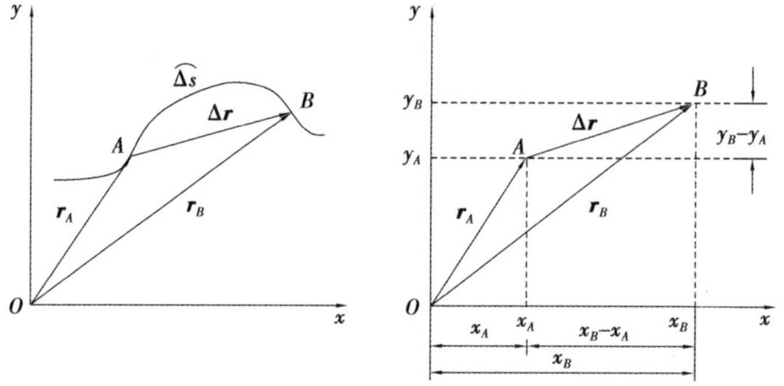

(a) (b)

图 1.2

由式(1.1),可将 A、B 两点的位矢 $\boldsymbol{r}_A$ 和 $\boldsymbol{r}_B$ 分别写成

$$\boldsymbol{r}_A = x_A\boldsymbol{i} + y_A\boldsymbol{j}$$

$$\boldsymbol{r}_B = x_B\boldsymbol{i} + y_B\boldsymbol{j}$$

于是,位移亦可写成

$$\Delta\boldsymbol{r} = \boldsymbol{r}_B - \boldsymbol{r}_A = (x_B - x_A)\boldsymbol{i} + (y_B - y_A)\boldsymbol{j} \tag{1.5}$$

上式表明,当质点在平面上运动时,它的位移等于在 Ox 轴和 Oy 轴上的位移的矢量和,如图 1.2(b)所示。

若质点在三维空间中运动,则在直角坐标系 $Oxyz$ 中其位移为

$$\Delta\boldsymbol{r} = \boldsymbol{r}_B - \boldsymbol{r}_A = (x_B - x_A)\boldsymbol{i} + (y_B - y_A)\boldsymbol{j} + (z_B - z_A)\boldsymbol{k}$$

应当注意,位移是描述质点位置变化的物理量,而并非是指质点所经历的路程。如在图 1.2(a)中,质点做曲线运动,从点 A 运动到点 B 所经历的路程为$\widehat{\Delta s}$,而位移量则是 Δr。显然,在一般情况下$\widehat{\Delta s}\neq\Delta r$。当质点经一闭合路径回到原来的起始位置时,其位移为零,而路程则不为零。所以,质点的位移和路程是两个完全不同的概念,只有在 $\Delta t\to 0$ 的情况下,两者的值才视为相同。

1.3.2 速度

在力学中,只有当质点的位矢和速度同时被确定时,其运动状态才被确知。所以,位矢和速度是描述质点运动状态的两个物理量。

如图 1.3 所示,一质点在平面上沿轨迹 $CABD$ 做曲线运动。在时刻 t_1 它处于 A 点,其位矢为 $\boldsymbol{r}_1$,在时刻 $t+\Delta t$ 它处于 B 点,其位矢为 $\boldsymbol{r}_2$。在 Δt 时间内,质点的位移为 $\Delta\boldsymbol{r}=\boldsymbol{r}_2-\boldsymbol{r}_1$,它的平均速度 $\overline{\boldsymbol{v}}$ 为

$$\overline{\boldsymbol{v}} = \frac{\boldsymbol{r}_2 - \boldsymbol{r}_1}{\Delta t} = \frac{\Delta\boldsymbol{r}}{\Delta t}$$

由于 $\Delta\boldsymbol{r}$ 是矢量,而 Δt 是标量,故平均速度 $\overline{\boldsymbol{v}}$ 是矢量,且与 $\Delta\boldsymbol{r}$ 的方向相同。

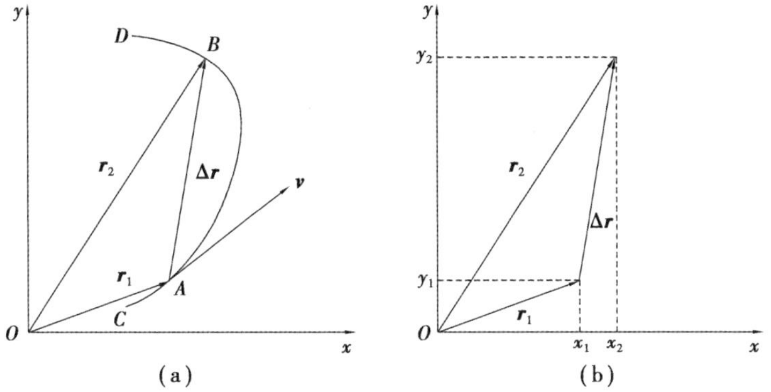

图 1.3

考虑到

$$\Delta \boldsymbol{r} = \boldsymbol{r}_2 - \boldsymbol{r}_1 = (x_2 - x_1)\boldsymbol{i} + (y_2 - y_1)\boldsymbol{j} = \Delta x\boldsymbol{i} + \Delta y\boldsymbol{j}$$

平均速度可以写成

$$\bar{\boldsymbol{v}} = \frac{\Delta r}{\Delta t} = \frac{\Delta x}{\Delta t}\boldsymbol{i} + \frac{\Delta y}{\Delta t}\boldsymbol{j} = v_x\boldsymbol{i} + v_y\boldsymbol{j}$$

其中 v_x 和 v_y 是平均速度 $\bar{\boldsymbol{v}}$ 在 Ox 轴和 Oy 轴上的分量。当 $\Delta t \to 0$ 时,评价速度的极限值叫作瞬时速度(简称速度),用 $\boldsymbol{v}$ 表示,有

$$\boldsymbol{v} = \lim_{\Delta t \to 0}\frac{\Delta \boldsymbol{r}}{\Delta t} = \frac{\mathrm{d}\boldsymbol{r}}{\mathrm{d}t} \tag{1.6a}$$

或

$$\boldsymbol{v} = \lim_{\Delta t \to 0}\frac{\Delta x}{\Delta t}\boldsymbol{i} + \lim_{\Delta t \to 0}\frac{\Delta y}{\Delta t}\boldsymbol{j} = v_x\boldsymbol{i} + v_y\boldsymbol{j} \tag{1.6b}$$

其中

$$v_x = \frac{\mathrm{d}x}{\mathrm{d}t}, v_y = \frac{\mathrm{d}y}{\mathrm{d}t}$$

v_x 和 v_y 是速度 $\boldsymbol{v}$ 在 Ox 轴和 Oy 轴上的分量。显然,如以 $\boldsymbol{v}_x$ 和 $\boldsymbol{v}_y$ 分别表示速度 $\boldsymbol{v}$ 在 Ox 轴和 Oy 轴上的分速度(注意:它们是分矢量),那么有 $\boldsymbol{v}_x = v_x\boldsymbol{i}$ 和 $\boldsymbol{v}_y = v_y\boldsymbol{i}$,上式亦可写成

$$\boldsymbol{v} = \boldsymbol{v}_x + \boldsymbol{v}_y$$

关于速度、分速度和速度分量之间的关系,可用图 1.4 表示出来。

通常把速度 $\boldsymbol{v}$ 的值,即 $|\boldsymbol{v}|$ 或 v 称为速率。由式(1.6)可见,速度 $\boldsymbol{v}$ 的方向与 $\Delta \boldsymbol{r}$ 在 $\Delta t \to 0$ 时的极限方向一致。从图 1.3(a)可见,当 $\Delta t \to 0$ 时,$\Delta \boldsymbol{r}$ 趋于和轨道相切,即与点 A 的切线重合,所以当质点做曲线运动时,质点在某一点的速度方向就是曲线在该点的切线方向。这在日常生活中是经常可以观察到的。如拴在绳子上做圆周运动的小球,如果绳子突然断开,小球就会沿切线方向飞出去。

显然,质点在三维直角坐标系中的速度为

$$\boldsymbol{v} = \boldsymbol{v}_x + \boldsymbol{v}_y + \boldsymbol{v}_z = v_x\boldsymbol{i} + v_y\boldsymbol{j} + v_z\boldsymbol{k}$$

概括地说,运动学中需要求解的问题主要有两类:一类是由已知运动方程求运动状态,另一类是由已知运动状态求运动方程。读者在阅读例题和求解习题的过程中对此应予以注意。

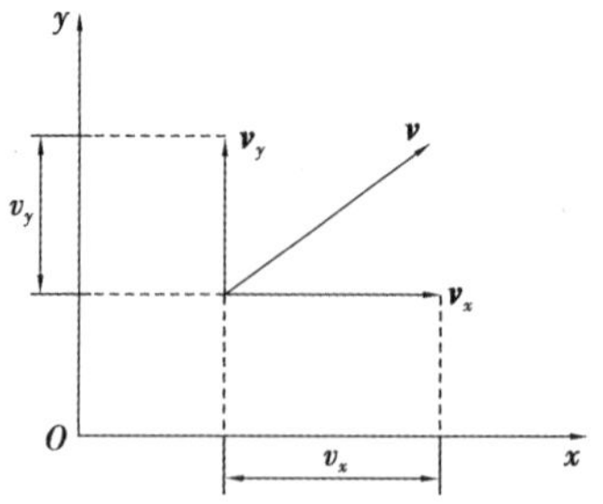

图 1.4

1.3.3 加速度

前文已经指出,作为描述质点运动状态的一个物理量,速度是一个矢量,所以,无论是速度的数值发生改变,还是其方向发生改变,都表示速度发生了变化。为衡量速度的变化,我们将引出加速度的概念。

如图 1.5 所示,质点在 Oxy 平面内做曲线运动。设在时刻 t,质点位于点 A,其速度为 $\boldsymbol{v}_1$,在时刻 $t+\Delta t$,质点位于点 B,其速度为 $\boldsymbol{v}_2$,则在时间间隔 Δt 内,质点的速度增量为 $\Delta\boldsymbol{v}=\boldsymbol{v}_2-\boldsymbol{v}_1$,它的平均加速度为

$$\bar{\boldsymbol{a}}=\frac{\Delta\boldsymbol{v}}{\Delta t}$$

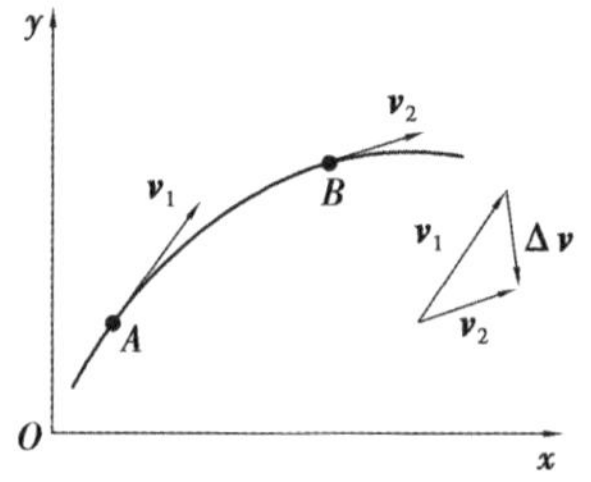

图 1.5

当 $\Delta t\to 0$ 时,平均加速度的极限值叫作瞬时加速度,用 $\boldsymbol{a}$ 表示,有

$$\boldsymbol{a}=\lim_{\Delta t\to 0}\frac{\Delta\boldsymbol{v}}{\Delta t}=\frac{\mathrm{d}\boldsymbol{v}}{\mathrm{d}t}\tag{1.7}$$

$\boldsymbol{a}$ 的方向是 $\Delta t\to 0$ 时 $\Delta\boldsymbol{v}$ 的极限方向,而 $\boldsymbol{a}$ 的数值是 $\left|\frac{\Delta\boldsymbol{v}}{\Delta t}\right|$ 的极限值,即

$$|\boldsymbol{a}|=\lim_{\Delta t\to 0}\left|\frac{\Delta\boldsymbol{v}}{\Delta t}\right|$$

应当注意,加速度 $\boldsymbol{a}$ 既反映了速度方向的变化,又反映了速度数值的变化。所以质点做曲线运动时,任一时刻质点的加速度方向并不与速度方向相同,即加速度方向不沿曲线的切线方向。从图 1.5 中可以看出,在曲线运动中,加速度的方向指向曲线的凹侧。

利用式(1.6a)和(1.6b),式(1.7)可写成

$$\boldsymbol{a}=\frac{\mathrm{d}}{\mathrm{d}t}(v_x\boldsymbol{i}+v_y\boldsymbol{j})$$

$$\boldsymbol{a}=a_x\boldsymbol{i}+a_y\boldsymbol{j}=\boldsymbol{a}_x+\boldsymbol{a}_y$$

$$\boldsymbol{a}_x=\frac{\mathrm{d}\boldsymbol{v}_x}{\mathrm{d}t},\boldsymbol{a}_y=\frac{\mathrm{d}\boldsymbol{v}_y}{\mathrm{d}t}$$

显然，质点在三维直角坐标系中的加速度为

$$\boldsymbol{a}=\boldsymbol{a}_x+\boldsymbol{a}_y+\boldsymbol{a}_z=a_x\boldsymbol{i}+a_y\boldsymbol{j}+a_z\boldsymbol{k}$$

1.4　质点运动学的两类问题

在质点运动学中，比较常见的需要求解的基本问题大致分为以下两类。

1.4.1　第一类问题

已知质点的运动方程，求某一时刻质点的位置矢量或质点的速度、加速度以及某一时刻的值，或求某一段时间内的位移，还可求轨迹方程，但主要是求速度和加速度。这些问题称为第一类问题。解决这类问题的基本方法是，将运动方程 $\boldsymbol{r}=\boldsymbol{r}(t)$ 对时间求一阶导数，即 $\frac{\mathrm{d}\boldsymbol{r}}{\mathrm{d}t}=\boldsymbol{v}$，可求得速度；对时间求二阶导数，即 $\frac{\mathrm{d}^2\boldsymbol{r}}{\mathrm{d}^2t}=\frac{\mathrm{d}\boldsymbol{v}}{\mathrm{d}t}=\boldsymbol{a}$，可求得加速度。

[**例** 1.1]已知一质点的运动方程为 $\boldsymbol{r}=2t\boldsymbol{i}+(2-t^2)\boldsymbol{j}$(SI)，求：

(1) $t=1$ s 和 $t=2$ s 时的位矢；

(2) $t=1$ s 到 $t=2$ s 内的位移；

(3) $t=1$ s 到 $t=2$ s 内质点的平均速度；

(4) $t=1$ s 和 $t=2$ s 时质点的速度；

(5) $t=1$ s 到 $t=2$ s 内的平均加速度；

(6) $t=1$ s 和 $t=2$ s 时质点的加速度。

解：(1) $\boldsymbol{r}_1=2\boldsymbol{i}+\boldsymbol{j},\boldsymbol{r}_2=4\boldsymbol{i}-2\boldsymbol{j}$；

(2) $\Delta\boldsymbol{r}=\boldsymbol{r}_2-\boldsymbol{r}_1=2\boldsymbol{i}-3\boldsymbol{j}$；

(3) $\bar{\boldsymbol{v}}=\frac{\Delta\boldsymbol{r}}{\Delta t}=\frac{2\boldsymbol{i}-3\boldsymbol{j}}{2-1}=2\boldsymbol{i}-3\boldsymbol{j}$；

(4) $\boldsymbol{v}=\frac{\mathrm{d}\boldsymbol{r}}{\mathrm{d}t}=2\boldsymbol{i}-2t\boldsymbol{j},\boldsymbol{v}_1=2\boldsymbol{i}-2\boldsymbol{j},\boldsymbol{v}_2=2\boldsymbol{i}-4\boldsymbol{j}$；

(5) $\bar{\boldsymbol{a}}=\frac{\Delta\boldsymbol{v}}{\Delta t}=\frac{\boldsymbol{v}_2-\boldsymbol{v}_1}{\Delta t}=\frac{-2\boldsymbol{j}}{2-1}=-2\boldsymbol{j}$；

(6) $\boldsymbol{a}=\frac{\mathrm{d}^2\boldsymbol{r}}{\mathrm{d}t^2}=\frac{\mathrm{d}\boldsymbol{v}}{\mathrm{d}t}=-2\boldsymbol{j}$。

1.4.2　第二类问题

已知质点运动的速度(或加速度)和其运动的初始条件(即当 $t=0$ 时，已知质点的 $\boldsymbol{a}_0,\boldsymbol{v}_0,\boldsymbol{r}_0$)，求质点的速度、运动方程，或求质点某一时刻的速度、位移矢量，还可求质点的轨迹方程，但主要求速度和运动方程。这些问题称为第二类问题。解决这类问题的基本方法是，按有关物理量的定义式，写出有关该物理量的微分方程；或分离变量，运用初始条件并积分，可求得相应的物理量。

[**例** 1.2]一质点沿 x 轴运动,已知加速度为 $a=4t$(SI),初始条件为:$t=0$ 时,$\boldsymbol{v}_0=0$,$x_0=10$ m。求运动方程。

解:取质点为研究对象,由加速度定义有

$$a=\frac{\mathrm{d}v}{\mathrm{d}t}=4t(\text{一维可用标量式})$$

$$\Rightarrow \mathrm{d}v=4t\mathrm{d}t$$

由初始条件有

$$\int_0^v \mathrm{d}v=\int_0^t 4t\mathrm{d}t$$

得

$$v=2t^2$$

由速度定义得

$$v=\frac{\mathrm{d}x}{\mathrm{d}t}=2t^2$$

$$\Rightarrow \mathrm{d}x=2t^2\mathrm{d}t$$

由初始条件得

$$\int_{10}^x \mathrm{d}x=\int_0^t 2t^2\mathrm{d}t$$

即

$$x=\frac{2}{3}t^2+10$$

该式即为质点的运动方程。

1.5 圆周运动

这一节讨论一种较为简单的曲线运动——圆周运动。在某一坐标系下,质点的运动轨迹为圆周的运动称为圆周运动,它是常见的平面曲线运动之一,也是研究物体转动的基础。

1.5.1 平面极坐标

设有一质点在如图 1.6 所示的 Oxy 平面内运动,某时刻它位于点 A,此时相对原点 O 的位矢 $\boldsymbol{r}$ 与 Ox 轴之间的夹角为 θ。于是,质点在点 A 的位置可由(r,θ)来确定。这种以(r,θ)为坐标的坐标系称为平面极坐标系。而在平面直角坐标系内,点 A 的坐标则为(x,y)。这两种坐标系的坐标之间的变换关系为

$$x=r\cos\theta$$

$$y=r\sin\theta$$

1.5.2 圆周运动的角速度和角加速度

如图 1.7 所示,一质点在 Oxy 平面上做半径为 r 的圆周运动,某时刻它位于点 A,位矢为

$\boldsymbol{r}$。当质点在圆周上运动时，位矢 $\boldsymbol{r}$ 与 Ox 轴之间的夹角 θ 随时间而改变，即 θ 是时间的函数 $\theta(t)$。我们定义：角坐标 $\theta(t)$ 随时间的变化率即 $\mathrm{d}\theta/\mathrm{d}t$，叫作角速度，用符号 ω 表示，则有

$$\omega = \frac{\mathrm{d}\theta}{\mathrm{d}t} \tag{1.8}$$

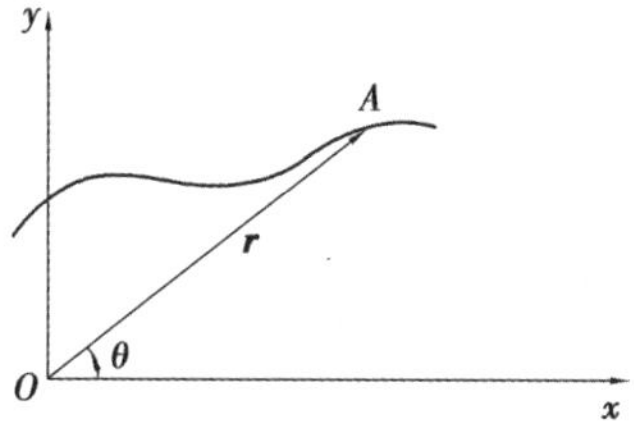

图 1.6　平面极坐标

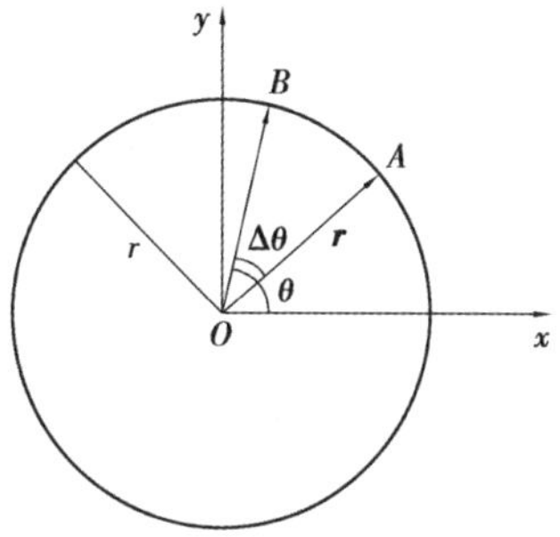

图 1.7　质点在平面上做圆周运动

通常用弧度(rad)来量度 θ，所以角速度 ω 的单位名称为弧度每秒，符号为 rad/s。如果在时间 Δt 内，质点由图 1.7 上的点 A 运动到点 B，所经过的圆弧则为 $\Delta s = r\Delta\theta$，$\Delta\theta$ 为时间 Δt 内，位矢 $\boldsymbol{r}$ 所转过的角度。当 $\Delta t \to 0$ 时，$\Delta s/\Delta t$ 的极限值为

$$\frac{\mathrm{d}s}{\mathrm{d}t} = r\frac{\mathrm{d}\theta}{\mathrm{d}t}$$

而质点在点 A 的线速度大小为 $v = \mathrm{d}s/\mathrm{d}t$，所以，由式(1.8)可得质点做圆周运动时速率和角速度之间的瞬时关系为

$$v = r\omega \tag{1.9}$$

1.5.3　圆周运动的切向加速度和法向加速度角加速度

如图 1.8 所示，质点在圆周上点 A 的速度为 $\boldsymbol{v}$，它的值为 $|\boldsymbol{v}| = v$，方向与点 A 处圆的切线方向相同。为了便于表示速度 $\boldsymbol{v}$ 的方向，我们在点 A 处圆的切线方向上取一单位矢量 $\boldsymbol{e}_t$，叫作切向单位矢量，于是点 A 的速度 $\boldsymbol{v}$ 可写为

$$\boldsymbol{v} = v\boldsymbol{e}_t \tag{1.10}$$

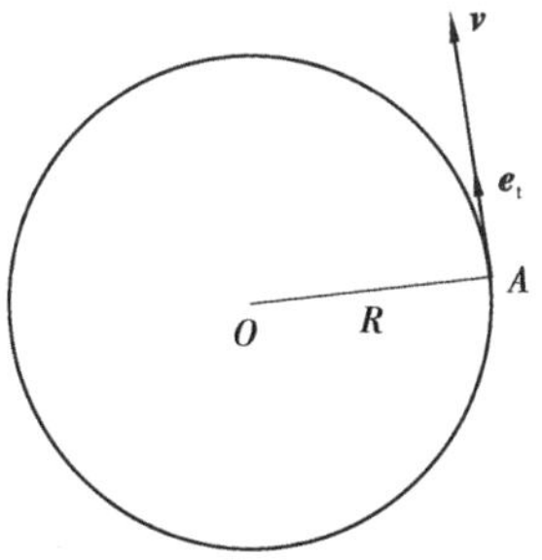

图 1.8

一般来说，质点做圆周运动时，不仅速度的方向要改变，而且速度的值也会改变，即质点做变速率圆周运动。由式(1.10)可得质点做变速率圆周运动时，它在圆周上任意点的加速度为

$$\boldsymbol{a} = \frac{\mathrm{d}\boldsymbol{v}}{\mathrm{d}t} = \frac{\mathrm{d}v}{\mathrm{d}t}\boldsymbol{e}_t + v\frac{\mathrm{d}\boldsymbol{e}_t}{\mathrm{d}t} \tag{1.11}$$

从式(1.11)可以看出,加速度 $\boldsymbol{a}$ 具有两个分矢量,式中第一项$\frac{\mathrm{d}v}{\mathrm{d}t}\boldsymbol{e}_{\mathrm{t}}$,是速度大小变化而引起的,其方向为 $\boldsymbol{e}_{\mathrm{t}}$ 的方向,即与速度 $\boldsymbol{v}$ 的方向相同。因此,此项加速度分矢量称为切向加速度,用 $\boldsymbol{a}_{\mathrm{t}}$ 表示,有

$$\boldsymbol{a}_{\mathrm{t}}=\frac{\mathrm{d}v}{\mathrm{d}t}\boldsymbol{e}_{\mathrm{t}},\boldsymbol{a}_{\mathrm{t}}=\frac{\mathrm{d}\boldsymbol{v}}{\mathrm{d}t} \tag{1.12}$$

另外,由式(1.9),可得

$$\frac{\mathrm{d}v}{\mathrm{d}t}=r\frac{\mathrm{d}\omega}{\mathrm{d}t}$$

式中$\frac{\mathrm{d}\omega}{\mathrm{d}t}$为角速度随时间的变化率,叫作角加速度,用符号 α 表示,有

$$\alpha=\frac{\mathrm{d}\omega}{\mathrm{d}t}=\frac{\mathrm{d}^2\theta}{\mathrm{d}t^2} \tag{1.13}$$

角加速度 α 的单位名称为弧度每二次方秒,符号为 rad/s。把上面两式代入式(1.12),可得

$$\boldsymbol{a}_{\mathrm{t}}=r\alpha\,\boldsymbol{e}_{\mathrm{t}} \tag{1.14}$$

上式是质点做变速率圆周运动时,切向加速度与角加速度之间的瞬时关系。

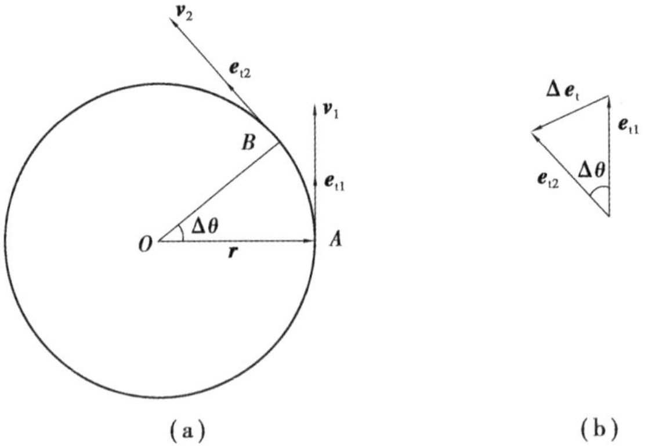

图 1.9

式(1.11)中的第二项$\frac{\mathrm{d}\boldsymbol{e}_{\mathrm{t}}}{\mathrm{d}t}$,则表示切向单位矢量随时间的变化。这一点从图 1.9(a)中可以看出,设在时刻 t,质点位于圆周上点 A,其速度为 $\boldsymbol{v}_1$,切向单位矢量为$\boldsymbol{e}_{\mathrm{t1}}$;在时刻 $t+\Delta t$,质点位于点 B,速度为 $\boldsymbol{v}_2$,切向单位矢量为$\boldsymbol{e}_{\mathrm{t2}}$。在时间间隔 Δt 内,$\boldsymbol{r}$ 转过的角度为 $\Delta\theta$,切向单位矢量的增量则为 $\Delta\boldsymbol{e}_{\mathrm{t}}=\boldsymbol{e}_{\mathrm{t2}}-\boldsymbol{e}_{\mathrm{t1}}$。由于切向单位矢量的值为 1,即 $|\boldsymbol{e}_{\mathrm{t1}}|=|\boldsymbol{e}_{\mathrm{t2}}|=1$,因而,从图 1.9(b)可以知道 $|\Delta\boldsymbol{e}_{\mathrm{t}}|=\Delta\theta\times1=\Delta\theta$。当 $\Delta t\to0$ 时,$\Delta\theta$ 亦趋于零,这时 $\Delta\boldsymbol{e}_{\mathrm{t}}$ 的方向趋于与$\boldsymbol{e}_{\mathrm{t1}}$ 垂直,且趋于指向圆心。如果我们在指向圆心的法线方向上取单位矢量$\boldsymbol{e}_{\mathrm{n}}$,称为法向单位矢量(图 1.10),那么,在 $\Delta t\to0$ 时,$\frac{\Delta\boldsymbol{e}_{\mathrm{t}}}{\Delta t}$的极限值为

$$\lim_{\Delta t\to0}\frac{\Delta\boldsymbol{e}_{\mathrm{t}}}{\Delta t}=\frac{\mathrm{d}\boldsymbol{e}_{\mathrm{t}}}{\mathrm{d}t}=\frac{\mathrm{d}\theta}{\mathrm{d}t}\boldsymbol{e}_{\mathrm{n}}$$

这样,式(1.11)中第二项可以写成

$$v\frac{\mathrm{d}\boldsymbol{e}_{\mathrm{t}}}{\mathrm{d}t}=v\frac{\mathrm{d}\theta}{\mathrm{d}t}\boldsymbol{e}_{\mathrm{n}}$$

这个加速度沿法线方向,故叫作法向加速度,用$\boldsymbol{a}_n$ 表示,有

$$\boldsymbol{a}_n = v\frac{d\theta}{dt}\boldsymbol{e}_n \tag{1.15a}$$

考虑到 $\omega = d\theta/dt, v = r\omega$,故上式为

$$\boldsymbol{a}_n = r\omega^2\boldsymbol{e}_n = \frac{v^2}{r}\boldsymbol{e}_n, \boldsymbol{a}_n = \frac{\boldsymbol{v}^2}{r} \tag{1.15b}$$

由式(1.12)和式(1.15),可将质点做变速圆周运动时的加速度 $\boldsymbol{a}$ 的表示式(1.11)写成

$$\boldsymbol{a} = \boldsymbol{a}_t + \boldsymbol{a}_n = \frac{dv}{dt}\boldsymbol{e}_t + \frac{v^2}{r}\boldsymbol{e}_n \tag{1.16a}$$

或

$$\boldsymbol{a} = r\alpha\boldsymbol{e}_t + r\omega^2\boldsymbol{e}_n \tag{1.16b}$$

其中,切向加速度$\boldsymbol{a}_t$ 是速度值的变化而引起的,法向加速度$\boldsymbol{a}_n$ 则是速度方向的变化而引起的。

在变速圆周运动中,速度的方向和大小都在变化,所以加速度 $\boldsymbol{a}$ 的方向不再指向圆心,其值和方向(图1.10)为

$$a = (a_n^2 + a_t^2)^{1/2}, \tan\varphi = \frac{a_n}{a_t}$$

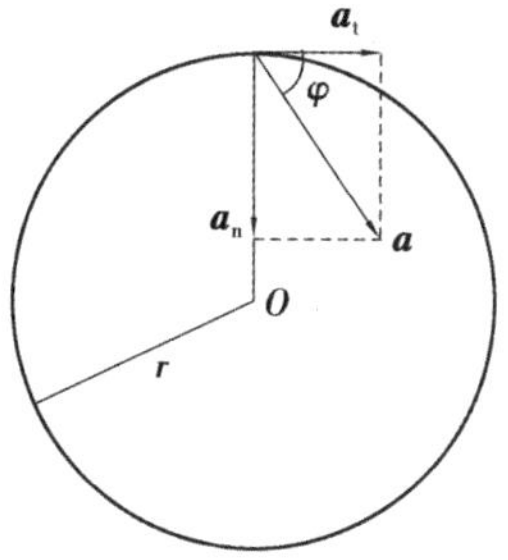

图1.10

上述结果虽然是从变速圆周运动中得出的,但对于一般的曲线运动。此时可以把一段足够小的曲线看成一段圆弧,这样包含这段圆弧的圆周就被称为曲线在给定点的曲率圆,从而可用曲率半径 ρ 来替代圆的半径 r。

1.5.4　匀速率圆周运动和匀变速率圆周运动

1)匀速率圆周运动

质点做匀速率圆周运动时,其速率 v 和角速度 ω 都为常量,故角加速度 $\alpha=0$,切向加速度的值 $a_t = dv/dt = 0$,而法向加速度的值 $a_n = r\omega^2 = v^2/r$ 为常量。于是匀速率圆周运动的加速度为

$$\boldsymbol{a} = \boldsymbol{a}_n = r\omega^2\boldsymbol{e}_n$$

由式(1.8)可得

$$d\theta = \omega dt$$

$t=0$ 时,$\theta=\theta_0$,则有

$$\theta = \theta_0 + \omega t$$

2)匀变速率圆周运动

质点做匀变速率圆周运动时,其角加速度 α 为常量,故圆周上某点的切向加速度的值 $a_t =$

$r\alpha$,为常量,而法向加速度的值 $a_n = r\omega^2 = v^2/r$,但不为常量。于是匀变速率圆周运动的加速度为

$$\boldsymbol{a} = \boldsymbol{a}_t + \boldsymbol{a}_n = r\alpha\, \boldsymbol{e}_t + r\omega^2\, \boldsymbol{e}_n \tag{1.17}$$

如果 $t=0$ 时,$\theta=\theta_0$,$\omega=\omega_0$,那么由式(1.13)可得

$$\begin{cases} \omega = \omega_0 + \alpha t \\ \theta = \theta_0 + \omega_0 t + \dfrac{1}{2}\alpha t^2 \\ \omega^2 = \omega_0^2 + 2\alpha(\theta - \theta_0) \end{cases} \tag{1.18}$$

这3个公式与在中学物理里已学过的匀变速直线运动的公式在形式上是相似的。

从以上对加速度的讨论中可以看出,速度的变化要用加速度来描述。加速度也是可以变化的,为什么不用某个物理量来描述其变化呢?这个问题单从质点运动学的角度是找不出答案的,学过了质点动力学,就会明白其中的道理了。

[例1.3]在一个转动的齿轮上,一个齿尖 P 沿半径为 R 的圆周运动,其路程 S 随时间的变化规律为 $S=v_0t+\dfrac{1}{2}bt^2$,其中,v_0,b 都是正的常数,则 t 时刻齿尖 P 的速度和加速度大小为多少?

解:$v=\dfrac{\mathrm{d}s}{\mathrm{d}t}=v_0+bt$

$$a=\sqrt{a_t^2+a_n^2}=\sqrt{\left(\frac{\mathrm{d}v}{\mathrm{d}t}\right)^2+\left(\frac{v^2}{R}\right)^2}=\sqrt{b^2+\frac{(v_0+bt)^4}{R^2}}$$

[例1.4]一质点运动方程为 $\boldsymbol{r}=10\cos 5t\boldsymbol{i}+10\sin 5t\boldsymbol{j}$(SI),求:

(1)加速度的切向分量;

(2)加速度的法向分量。

解:(1)$\boldsymbol{v}=\dfrac{\mathrm{d}\boldsymbol{r}}{\mathrm{d}t}=-50\sin 5t\boldsymbol{i}+50\cos 5t\boldsymbol{j}$

$$v=|\boldsymbol{v}|=\sqrt{(-50\sin 5t)^2+(50\cos 5t)^2}=50\ \mathrm{m/s}$$

$$a_t=\frac{\mathrm{d}v}{\mathrm{d}t}=0$$

(2)$a_n=\sqrt{a^2-a_t^2}=250\ \mathrm{m/s^2}$

(注意:此方法,给定运动方程,先求出 a、a_t,之后求 a_n,这样比用 $a_n=\dfrac{v^2}{r}$求 a_n 简单)

第1章习题

1.1 质点做曲线运动,在时刻 t 质点的位矢为 $\boldsymbol{r}$,速度为 $\boldsymbol{v}$,速率为 v,t 至$(t+\Delta t)$时间内的位移为 $\Delta\boldsymbol{r}$,路程为 Δs,位矢大小的变化量为 Δr(或称 $\Delta|\boldsymbol{r}|$),平均速度为 $\bar{\boldsymbol{v}}$,平均速率为 $\bar{v}$。

(1)根据上述情况,则必有(　　)。

A. $|\Delta\boldsymbol{r}|=\Delta s=\Delta r$

B. $|\Delta\boldsymbol{r}| \neq \Delta s \neq \Delta r$，当 $\Delta t \to 0$ 时有 $|\mathrm{d}\boldsymbol{r}| = \mathrm{d}s \neq \mathrm{d}r$

C. $|\Delta\boldsymbol{r}| \neq \Delta s \neq \Delta r$，当 $\Delta t \to 0$ 时有 $|\mathrm{d}\boldsymbol{r}| = \mathrm{d}r \neq \mathrm{d}s$

D. $|\Delta\boldsymbol{r}| \neq \Delta s \neq \Delta r$，当 $\Delta t \to 0$ 时有 $|\mathrm{d}\boldsymbol{r}| = \mathrm{d}s = \mathrm{d}r$

(2)根据上述情况，则必有(　　)。

A. $|\boldsymbol{v}| = v$，$|\bar{\boldsymbol{v}}| = \bar{v}$　　　　B. $|\boldsymbol{v}| \neq v$，$|\bar{\boldsymbol{v}}| \neq \bar{v}$

C. $|\boldsymbol{v}| = v$，$|\bar{\boldsymbol{v}}| \neq \bar{v}$　　　　D. $|\boldsymbol{v}| \neq v$，$|\bar{\boldsymbol{v}}| = \bar{v}$

1.2　一运动质点在某瞬时位于位矢 $\boldsymbol{r}(x,y)$ 的端点处，对其速度的大小有4种意见，即

(1) $\dfrac{\mathrm{d}\boldsymbol{r}}{\mathrm{d}t}$；(2) $\dfrac{\mathrm{d}|\boldsymbol{r}|}{\mathrm{d}t}$；(3) $\dfrac{\mathrm{d}s}{\mathrm{d}t}$；(4) $\sqrt{\left(\dfrac{\mathrm{d}x}{\mathrm{d}t}\right)^2+\left(\dfrac{\mathrm{d}y}{\mathrm{d}t}\right)^2}$。

下述判断正确的是(　　)。

A. 只有(1)(2)正确　　　　B. 只有(2)正确

C. 只有(2)(3)正确　　　　D. 只有(3)(4)正确

1.3　一个质点在做圆周运动时，则有(　　)。

A. 切向加速度一定改变，法向加速度也改变

B. 切向加速度可能不变，法向加速度一定改变

C. 切向加速度可能不变，法向加速度不变

D. 切向加速度一定改变，法向加速度不变

1.4　物体沿半径为 R 的固定圆弧形光滑轨道由静止下滑，在下滑的过程中，则(　　)。

A. 它受到的轨道作用力的大小不断增加

B. 它的加速度方向永远指向圆心，其速率保持不变

C. 它受到的合外力的大小变化，方向永远指向圆心

D. 它受到的合外力的大小不变，其速率不断增加

1.5　质点做平面曲线运动，其位矢、加速度和法向加速度分别为 $\boldsymbol{r}$，$\boldsymbol{a}$ 和 $\boldsymbol{a}_n$，速度为 $\boldsymbol{v}$。试说明下式哪些是正确的。

(1) $\boldsymbol{a}=\dfrac{\mathrm{d}\boldsymbol{v}}{\mathrm{d}t}$；(2) $\boldsymbol{a}=\dfrac{\mathrm{d}^2\boldsymbol{r}}{\mathrm{d}t^2}$；(3) $\sqrt{a^2-a_n^2}=\left|\dfrac{\mathrm{d}|\boldsymbol{v}|}{\mathrm{d}t}\right|$；(4) $\boldsymbol{a}=\dfrac{\boldsymbol{v}\boldsymbol{v}}{\boldsymbol{r}}$。

1.6　一质点沿 x 轴运动，运动方程为 $x=8t-2t^2$，求

(1) $t=0$ 时质点的位置和速度；

(2) $t=1$ s 和 $t=3$ s 时速度的大小和方向；

(3)速度为0的时刻和回到出发点的时刻。

1.7　质点的速度和时间的关系为 $v=10+2t^2$，已知 $t=0$ 时 $x_0=20$ m，求 $t=2$ s 时质点的位置和加速度。

1.8　一质点沿 x 轴运动，其加速度为 $a=4t$，已知 $t=0$ 时质点位于 $x_0=10$ m 处，初速度 $v_0=0$，试求其位置和时间的关系式。

1.9　一质点沿 x 轴运动，其加速度 a 与位置坐标 x 的关系为 $a=2+6x^2$。如果质点在原点处的速度为零，试求其在任意位置处的速度。

1.10　在 xy 平面内运动的质点，其运动方程为：$\boldsymbol{r}=2t\boldsymbol{i}+(19-2t^2)\boldsymbol{j}$。

(1)写出它的轨迹方程；

(2)求 $t=1$ s 时和 $t=2$ s 时质点的位矢,并求出 $t=1$ s 到 $t=2$ s 内质点的平均速度;

(3)求 3 s 末质点的速度和加速度。

1.11 一质点在 Oxy 平面内运动,其加速度 $\boldsymbol{a}=5t^2\boldsymbol{i}+3\boldsymbol{j}$。已知 $t=0$ 时,质点静止于坐标原点。求:

(1)任一时刻质点的速度[即求 $\boldsymbol{v}=\boldsymbol{v}(t)$ 速度随时间变化的函数式];

(2)质点的运动方程及其分量式;

(3)$t=2$ s 时的位置;

(4)轨迹方程。

1.12 在 Oxy 平面内,质点按 $\theta=5+3t^2$ 的运动规律以圆心为 O、半径为 R 的圆为轨迹运动。分别求出质点运动的角位移,角速度,角加速度,线速度和线加速度的表达式。

1.13 质量为 m 的物体从倾角为 α,底边长为 $l=1.41$ m 的斜面顶端由静止开始向下滑动,斜面的摩擦因数为 $\mu=\dfrac{1}{\sqrt{3}}$。当 α 为多大时物体在斜面上下滑的时间最短?最短时间为多少?

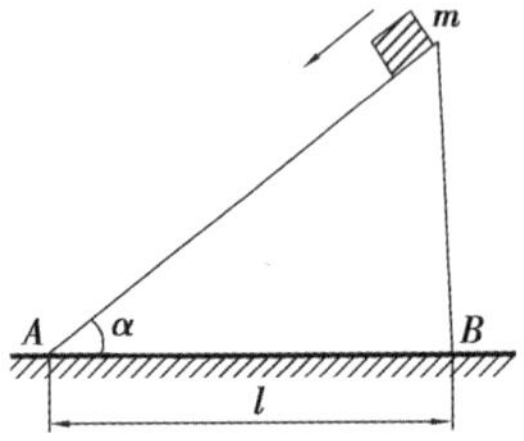

题 1.13 图

1.14 工地上有一吊车,将甲、乙两块混凝土预制板吊起送至高空,甲的质量为 $m_1=2\times10^2$ kg,乙的质量为 $m_2=1\times10^2$ kg。设吊车、框架和钢丝绳的质量不计。求下述两种情况下,钢丝绳所受到的张力以及乙对甲的作用力:

(1)两物块以 10 m/s 的加速度上升;

(2)两物块以 1 m/s 的加速度上升。

从本题的结果,你能得到怎样的体会?

1.15 一质量为 10 kg 的质点在力 F 的作用下沿 x 轴做直线运动,已知 $F=120t+40$,在 $t=0$ s 时,质点位于 $x_0=5$ m 处,其速度为 $v_0=6$ m/s,求质点在任意时刻的速度和位置。

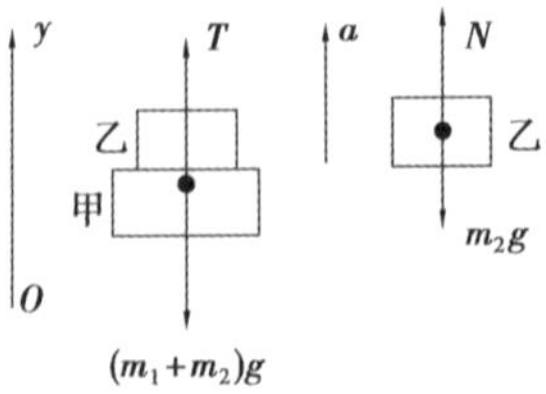

题 1.14 图

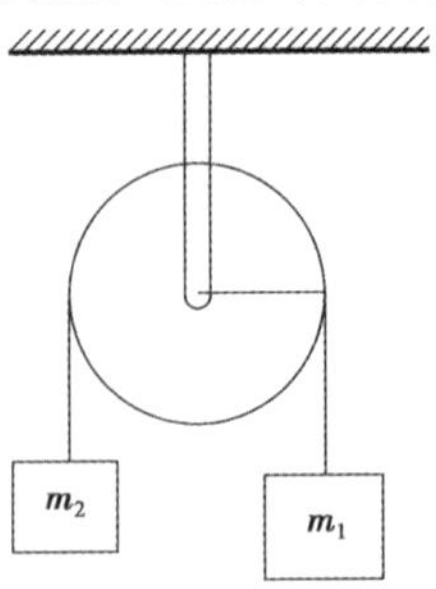

题 1.16 图

1.16 如题 1.16 图所示。一不可伸长的细绳绕过一定滑轮,细绳两端各系一物块 m_1 和

m_2，且 $m_1>m_2$，若滑轮质量、轴的摩擦忽略不计，且与细绳无相对滑动。求两物块的加速度和绳中的张力。

1.17　质点沿直线运动，加速度 $a=4-t^2$，式中 a 的单位为 m/s，t 的单位为 s。如果当 $t=3$ s 时，$x=9$ m，$v=2$ m/s，求质点的运动方程。

1.18　一石子从空中由静止下落，由于空气阻力，石子并非做自由落体运动，现测得其加速度 $a=A-Bv$，式中 A、B 为正恒量，求石子下落的速度和运动方程。

1.19　一质点具有恒定加速度 $\boldsymbol{a}=6\boldsymbol{i}+4\boldsymbol{j}$，式中 $\boldsymbol{a}$ 的单位为 m/s^2。在 $t=0$ 时，其速度为零，位置矢量 $\boldsymbol{r}_0=10$ m$\boldsymbol{i}$。求：(1)在任意时刻的速度和位置矢量；(2)质点在 Oxy 平面上的轨迹方程，并画出轨迹的示意图。

1.20　质点在 Oxy 平面内运动，其运动方程为 $\boldsymbol{r}=2.0t\boldsymbol{i}+(19.0-2.0t^2)\boldsymbol{j}$，式中 $\boldsymbol{r}$ 的单位为 m，t 的单位为 s。求：(1)质点的轨迹方程；(2)在 $t_1=1.0$ s 到 $t_2=2.0$ s 时间内的平均速度；(3)$t_1=1.0$ s 时的速度及切向和法向加速度；(4)$t=1.0$ s 时质点所在处轨道的曲率半径 ρ。

1.21　一足球运动员在正对球门前 25.0 m 处以 20.0 m/s 的初速率罚任意球，已知球门高为 3.44 m。若要在垂直于球门的竖直平面内将足球直接踢进球门，问他应在与地面成什么角度的范围内踢出足球？(足球可视为质点)

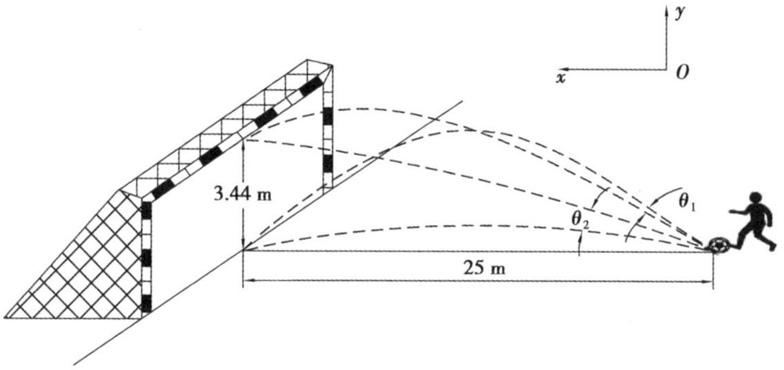

题 1.21 图

第2章

质点动力学

第1章讨论了质点运动学，即如何描述一个质点的运动。本章将讨论质点动力学，即要说明质点为什么，或者说，在什么条件下做这样那样的运动。动力学的基本定律是牛顿三定律。以这三定律为基础的力学体系叫作牛顿力学或经典力学。本章首先介绍这些定律及与其相联系的概念，如力、质量、动量等，然后说明直接利用它们分析解决问题的方法。运动是可以选择参考系加以描述的，但牛顿定律只在惯性参考系中成立。本章除了说明惯性参考系的意义外，还介绍了如何在非惯性参考系内形式上利用牛顿定律分析解决问题，为此引入了惯性力的概念。

牛顿力学建立于17世纪，其后在研究天体的运动和生产技术中获得了惊人的成功。但是随着人们实践活动和理论研究更加广泛和深入，多年后人们发现了它的局限性，即它只适用于宏观物体的低速运动。现在要分析研究微观物体的或高速的运动，就必须用量子力学或相对论（它们在宏观低速的条件下转化为牛顿力学），但这并没有丝毫减弱牛顿力学的重要性。至今它不但仍能说明和预测许多自然现象（包括天体的运动），而且仍是机械制造、土木建筑、交通运输、游览设施以及航天技术等领域不可或缺的理论基础。

2.1 牛顿运动定律

2.1.1 牛顿第一定律

按照古希腊哲学家亚里士多德（公元前384—前322）的说法，静止是物体的自然状态，要使物体以某一速度做匀速运动，必须有力对它作用才行。人们的确看到，在水平面上运动的物体最后都要趋于静止，从地面上抛出的石子最终都要落回地面。在之后的漫长岁月中，这个概念一直被许多哲学家和不少物理学家所接受。直到17世纪，意大利物理学家和天文学家伽利略指出，物体沿水平面滑动趋于静止的原因是有摩擦力作用在物体上。他从实验中总结出在略去摩擦力的情况下，如果没有外力作用，物体将以恒定的速度运动下去。力不是维持物体运动的原因，而是使物体运动状态改变的原因。

牛顿继承和发展了伽利略的见解，于1686年用概括性的语言在他的名著《自然哲学的数学原理》一书中写道，任何物体都要保持其静止或匀速直线运动状态，直到外界作用于它，迫使它改变运动状态。这就是牛顿第一定律。现在常把牛顿第一定律的数学形式表示为

$$F = 0 \text{ 时}, \boldsymbol{v} = \text{常矢量} \tag{2.1}$$

第一定律表明,任何物体都具有保持其运动状态不变的性质,这个性质叫作惯性,所以,第一定律也被称为惯性定律。正是由于物体具有惯性,所以要使其运动状态发生变化,一定要有其他物体对它作用。在自然界中完全不受其他物体作用的物体实际上是不存在的,因此,第一定律不能简单地直接用实验加以验证。

前面曾指出,任何物体的运动都是相对某个参考系而言的,如果在这个参考系中物体不受其他物体作用,而保持静止或匀速直线运动,那么也就是说,在这个参考系中惯性定律是成立的,所以这个参考系就称为惯性系。显然,若某参考系以恒定速度相对惯性系运动,这个参考系也就是惯性系了。若一参考系相对惯性系做加速运动,那么这个参考系就是非惯性系。

地球这个参考系能否看作惯性系呢?虽然,地球有自转和公转,做加速运动,但在研究地球表面附近物体的运动时,它对太阳的向心加速度和对地心的向心加速度都比较小,所以地球虽不是严格的惯性系,仍可近似视为惯性系。依此,在平直轨道上以恒定速度运行的火车可视为惯性系,而加速运动的火车则是非惯性系了。

2.1.2　牛顿第二定律

物体的质量 m 与其运动速度 $\boldsymbol{v}$ 的乘积叫作物体的动量,用 $\boldsymbol{p}$ 表示,即

$$\boldsymbol{p} = m\boldsymbol{v} \tag{2.2}$$

动量 $\boldsymbol{p}$ 显然也是一个矢量,其方向与速度 $\boldsymbol{v}$ 的方向相同。与速度可表示物体运动状态一样,动量也是表述物体运动状态的量,但动量较之速度其含义更为广泛,意义更为重要。当外力作用于物体时,其动量要发生改变。牛顿第二定律阐明了作用于物体的外力与物体动量变化的关系。

牛顿第二定律表明,动量为 $\boldsymbol{p}$ 的物体,在合力 $\boldsymbol{F}$ 的作用下,其动量随时间的变化率应当等于作用于物体的合力,即

$$\boldsymbol{F} = \frac{\mathrm{d}\boldsymbol{p}}{\mathrm{d}t} = \frac{\mathrm{d}(m\boldsymbol{v})}{\mathrm{d}t} \tag{2.3a}$$

当物体在低速情况下运动时,即物体的运动速度 v 远小于光速 $c(v \ll c)$ 时,物体的质量可视为是不依赖于速度的常量。于是上式可写成

$$\boldsymbol{F} = m\frac{\mathrm{d}\boldsymbol{v}}{\mathrm{d}t} = m\boldsymbol{a} \tag{2.3b}$$

应当指出,若运动物体的速度 v 接近于光速 c 时,物体的质量就依赖于其速度了,在直角坐标系中,式(2.3b)也可写成

$$\boldsymbol{F} = m\frac{\mathrm{d}\boldsymbol{v}}{\mathrm{d}t} = m\frac{\mathrm{d}v_x}{\mathrm{d}t}\boldsymbol{i} + m\frac{\mathrm{d}v_y}{\mathrm{d}t}\boldsymbol{j} + m\frac{\mathrm{d}v_z}{\mathrm{d}t}\boldsymbol{k}$$

即

$$\boldsymbol{F} = ma_x\boldsymbol{i} + ma_y\boldsymbol{j} + ma_z\boldsymbol{k} \tag{2.3c}$$

式(2.3)是牛顿第二定律的数学表达式,又称牛顿力学的质点动力学方程。

应用牛顿第二定律解决问题时必须注意以下几点:

①牛顿第二定律只适用于质点的运动。物体做平动时,物体上各质点的运动情况完全相同,所以物体的运动可看作质点的运动,此时这个质点的质量就是整个物体的质量。以后如不

特别指明,在论及物体的平动时,都是把物体当作质点来处理的。

②牛顿第二定律所表示的合力与加速度之间的关系是瞬时对应的关系。牛顿第二定律表明,力是物体产生加速度的原因,而不是物体具有速度的原因。这也就是在研究质点运动时,要引入加速度的道理。

③力的叠加原理。当几个力同时作用于物体时,其合力 $\boldsymbol{F}$ 所产生的加速度 $\boldsymbol{a}$,与每个力$\boldsymbol{F}_i$ 所产生加速度$\boldsymbol{a}_i$ 的矢量和是一样的,这就是力的叠加原理。

2.1.3 牛顿第三定律

牛顿第三定律说明了物体间相互作用力的性质。两个物体之间的作用力 $\boldsymbol{F}$ 和反作用力 $\boldsymbol{F}'$,沿同一直线,大小相等,方向相反,分别作用在两个物体上,这就是牛顿第三定律。其数学表达式为

$$\boldsymbol{F} = -\boldsymbol{F}' \tag{2.4}$$

运用牛顿第三定律分析物体受力情况时必须注意:作用力和反作用力互以对方为自己存在的条件,同时产生,同时消灭,任何一方都不能孤立地存在,并分别作用在两个物体上;它们属于同种性质的力。例如,作用力是万有引力,那么反作用力也一定是万有引力。

2.1.4 几种常见的力

要应用牛顿定律解决问题,首先必须能正确分析物体的受力情况。在日常生活和工程技术中经常遇到的力有重力、弹力、摩擦力等。这些力产生的原因和它们的特征,大家在中学学习物理时已经比较熟悉了,下面再简单地总结一下关于这些力的知识。

1)重力

地球表面附近的物体都受到地球的吸引作用,这种由于地球吸引而使物体受到的力叫作重力。在重力作用下,任何物体产生的加速度都是重力加速度 $\boldsymbol{g}$。若以 $\boldsymbol{P}$ 表示物体受的重力,以 m 表示物体的质量,则根据牛顿第二定律就有

$$\boldsymbol{P} = m\boldsymbol{g} \tag{2.5}$$

即重力的大小等于物体的质量和重力加速度大小的乘积,重力的方向和重力加速度的方向相同,即竖直向下。

2)弹力

发生形变的物体,由于要恢复原状,对与它接触的物体会产生力的作用,这种力叫作弹力。弹力的表现形式有很多种,下面只讨论常见的 3 种表现形式。

一种是两个物体通过一定面积相接触的情况。这时互相压紧的两个物体都会发生形变(这种形变常常十分微小以至于很难观察到),因而产生对对方的弹力作用。这种弹力通常叫作正压力或支持力。其大小取决于相互压紧的程度,方向总是垂直于接触面而指向对方。

另一种是绳或线对物体的拉力。这种拉力是由于绳发生了形变(通常也十分微小)而产生的。它的大小取决于绳被拉紧的程度,它的方向总是沿着绳而指向绳要收缩的方向。绳产生拉力时,绳的内部各段之间也有相互的弹力作用,这种内部的弹力叫作张力。很多实际问题中,绳的质量往往可以忽略。在忽略绳的质量时,绳内各处的张力都相等;而且可以证明,这个张力也等于连结体对它的拉力以及它对连结体的拉力。

还有一种在力学中常讨论的力是弹簧的弹力。当弹簧被拉伸或压缩时,它就会对连接体

有弹力的作用,这种弹力总是要使弹簧恢复原长。弹力遵守胡克定律,在弹性限度内,弹力和形变成正比。以 F 表示弹力,以 x 表示形变,即弹簧的长度相对于原长的变化,则根据胡克定律有

$$F = -kx \tag{2.6}$$

式中 k 叫作弹簧的劲度系数,决定于弹簧本身的结构。式中负号表示弹力的方向(当 x 为正,也就是弹簧被拉长时,F 为负,即与被拉长的方向相反;当 x 为负,也就是弹簧被压缩时,F 为正,即与被压缩的方向相反。总之,弹簧的弹力总是指向要恢复它原长的方向。

3)摩擦力

两个物体(指固体)有一接触面,而且沿着这个接触面的方向有相对滑动时,一般由于接触面粗糙(实际原因比这要复杂得多),每个物体在接触面上都受到对方作用的阻止相对滑动的力,这种力叫滑动摩擦力。它的方向总是与相对滑动的方向相反。实验证明当相对滑动的速度不是太大或太小时,滑动摩擦力 f_k 的大小和滑动速度无关而和正压力 N 成正比,即

$$f_k = \mu_k N \tag{2.7}$$

式中 μ_k 为滑动摩擦因数,它与接触面的材料和表面的状态(如光滑与否)有关。

实际上两个互相接触的物体间有相对滑动的趋势但尚未相对滑动时,在接触面上便产生阻碍发生相对滑动的力,这个力称为静摩擦力。把物体放在一水平面上,有一外力 F 沿水平面作用在物体上,若外力 F 较小,物体尚未滑动,这时静摩擦力 f_s 与外力 F 大小相等,方向则与 F 相反。随着 F 的增大静摩擦力 f_s 也相应增大,直到 F 增大到某一值时,物体即将滑动,静摩擦力达到最大值,称为最大静摩擦力 $f_{s\max}$。实验表明,最大静摩擦力的大小与物体的正压力 N 成正比,即

$$f_{s\max} = \mu_s N$$

μ_s 叫作静摩擦因数。静摩擦因数与两接触物体的材料性质以及接触面的情况有关,而与接触面的大小无关。应强调指出,在一般情况下,静摩擦力总是满足下述关系:

$$f_s \leqslant f_{s\max}$$

2.2　牛顿运动定律的应用

直接应用牛顿三大定律可以解决三类常见问题:一类是已知力求运动,即已知物体受到的外力,求其加速度;另一类是已知运动求力,即已知物体的加速度,求其受到的外力;或者是这两类的混合问题,即已知物体所受到的若干力和加速度的某些分量,求其余的力和加速度的其余分量。

运用牛顿运动定律解题的步骤大致如下。

1)确定研究对象

根据题意及所给条件,确定研究对象。如果涉及几个物体,就将其一个一个地作为对象确定。

2)判断运动状态

选定研究对象后,首先要查看其运动情况。根据题目所给出的条件,判断它是做什么形式的运动,标出其速度和加速度的方向。

3)隔离物体分析受力

一个物体的运动状态及状态的变化取决于物体的受力情况。因此,正确并且无遗漏地分析物体的受力情况是解决力学问题的关键。将题目所给定的已知外力画在受力对象的隔离体受力图上。

4)根据牛顿运动定律列方程

在列出研究对象的牛顿运动定律方程之前,先根据题目具体条件选取适当的参考系和坐标系。坐标系选定后,通常根据牛顿第二定律列出研究对象的分量方程。

5)结果讨论

最后由列出的方程解出结果,必要时还应对结果进行讨论。

[例2.1]如图所示,一根细绳跨过定滑轮,在细绳两侧各悬挂质量分别为 m_1 和 m_2 的物体,且 $m_1>m_2$。假设滑轮的质量与细绳的质量均略去不计,滑轮与细绳间无滑动以及轮轴的摩擦力略去不计。试求重物释放后,物体的加速度和细绳的张力。

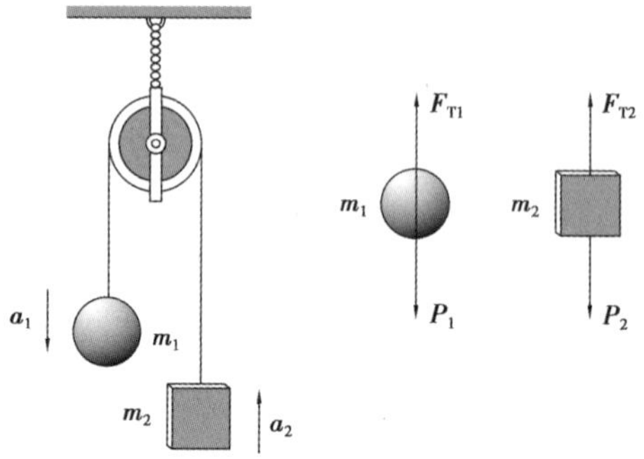

图2.1

解:选取地面为惯性参考系,并作如图2.1所示的示力图。考虑到可忽略细绳和滑轮质量的条件,故细绳作用于两物体上的力 F_{T1}、F_{T2},与绳的张力 F_T 应相等,即 $F_{T1}=F_{T2}=F_T$,且 $a_1=a_2=a$。则根据牛顿第二定律,有

$$m_1 g - F_T = m_1 a$$

$$F_T - m_2 g = m_2 a$$

联立求解以上两式,可得两物体的加速度的大小和绳的张力分别为

$$a = \frac{m_1 - m_2}{m_1 + m_2} g, F_T = \frac{2m_1 m_2}{m_1 + m_2} g$$

[例2.2]如图2.2所示,水平地面上有一质量为 M 的物体,静止于地面上。物体与地面间的静摩擦因数为 μ_s,若要拉动物体,问最小的拉力是多少?沿何方向?

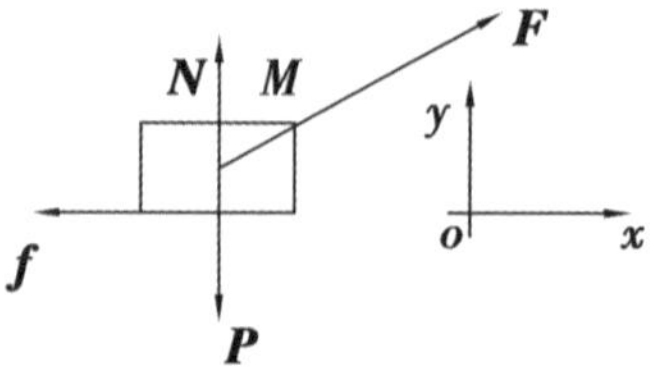

图2.2

解:(1)研究对象:质量为 M 的物体。

(2)受力分析:物体受四个力,重力 $\boldsymbol{P}$,拉力 $\boldsymbol{T}$,地面的正压力 $\boldsymbol{N}$,地面对它的摩擦力 $\boldsymbol{f}$,见受

力图 2.2。

(3)根据牛顿第二定律:

合力:$\boldsymbol{F}=\boldsymbol{P}+\boldsymbol{T}+\boldsymbol{N}+\boldsymbol{f}\Rightarrow\boldsymbol{P}+\boldsymbol{T}+\boldsymbol{N}+\boldsymbol{f}=M\boldsymbol{a}$

分量式:取直角坐标系,$\boldsymbol{F}$ 与水平方向夹角为 θ。

x 分量:

$$F\cos\theta-f=Ma \tag{①}$$

y 分量:

$$F\sin\theta+N-P=0 \tag{②}$$

物体启动时,有

$$F\cos\theta-f\geqslant 0 \tag{③}$$

物体刚启动时,摩擦力为最大静摩擦力,即 $f=\mu_s N$,由②解出 N,求得 f 为

$$f=\mu_s(P-F\sin\theta) \tag{④}$$

将④代③中,有

$$F\geqslant\mu_s Mg/(\cos\theta+\mu_s\sin\theta) \tag{⑤}$$

可见 $F=F(\theta)$。$T=T_{\min}$ 时,要求分母($\cos\theta+\mu_s\sin\theta$)最大。

设 $A(\theta)=\mu_s\sin\theta+\cos\theta$,

$$\frac{dA}{d\theta}=\mu_s\cos\theta-\sin\theta=0$$

$$\Rightarrow\tan\theta=\mu_s$$

因为

$$\frac{d^2A}{d\theta^2}=-\mu_s\sin\theta-\cos\theta<0$$

所以 $\tan\theta=\mu_s$ 时,$A=A_{\max}$,此时 $F=F_{\min}$。将 $\theta=\arctan\mu_s$ 代入⑤中,得

$$F\geqslant\mu_s Mg\Big/\left[\mu_s^2\frac{1}{\sqrt{1+\mu_s^2}}+\frac{1}{\sqrt{1+\mu_s^2}}\right]=\frac{\mu_s Mg}{\sqrt{1+\mu_s^2}}$$

$\boldsymbol{F}$ 方向与水平方向夹角为 $\theta=\arctan\mu_s$ 时,即为所求结果。

[**例** 2.3]质量为 m 的物体被竖直上抛,初速度为 v_0,物体受到的空气阻力数值为 $f=KV$,K 为常数。求物体升高到最高点时所用时间及上升的最大高度。

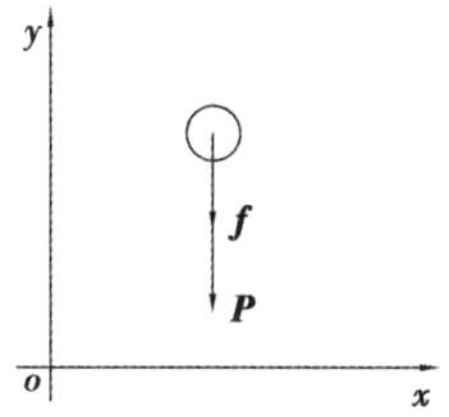

图 2.3

解:(1)研究对象:质量为 m 的物体。

(2)受力分析:物体受两个力,重力 $\boldsymbol{P}$ 及空气阻力 $\boldsymbol{f}$,如图 2.3 所示。

(3)根据牛顿第二定律:

合力:

$$\boldsymbol{F}=\boldsymbol{P}+\boldsymbol{f}$$

$$\boldsymbol{P}+\boldsymbol{f}=m\boldsymbol{a}$$

y 分量:

$$-mg-KV=m\frac{\mathrm{d}V}{\mathrm{d}t}$$

$$\Rightarrow\frac{m\mathrm{d}V}{mg+KV}=-\mathrm{d}t$$

即

$$\frac{\mathrm{d}V}{mg+KV}=-\frac{1}{m}\mathrm{d}t$$

$$\int_{v_0}^{v}\frac{\mathrm{d}V}{mg+KV}=\int_0^t-\frac{1}{m}\mathrm{d}t$$

$$\frac{1}{K}\ln\frac{mg+KV}{mg+KV_0}=-\frac{1}{m}\mathrm{d}t$$

$$mg+KV=\mathrm{e}^{-\frac{K}{m}t}\cdot(mg+KV_0)$$

$$\Rightarrow V=\frac{1}{K}(mg+KV_0)\mathrm{e}^{-\frac{K}{m}t}-\frac{1}{K}mg \quad ①$$

$V=0$ 时,物体达到了最高点,所用时间为 t_0,则

$$t_0=\frac{m}{K}\ln\frac{mg+KV_0}{mg}=\frac{m}{K}\ln\left(1+\frac{KV_0}{mg}\right) \quad ②$$

因为

$$V=\frac{\mathrm{d}y}{\mathrm{d}t}$$

所以

$$\mathrm{d}y=V\mathrm{d}t$$

$$\int_0^y\mathrm{d}y=\int_0^tV\mathrm{d}t=\int_0^t\left[\frac{1}{K}(mg+KV_0)\mathrm{e}^{-\frac{K}{m}t}-\frac{1}{K}mg\right]\mathrm{d}t$$

$$y=-\frac{m}{K^2}(mg+KV_0)\left[\mathrm{e}^{-\frac{K}{m}t}-1\right]-\frac{1}{K}mgt$$

$$=\frac{m}{K^2}(mg+KV_0)\left[1-\mathrm{e}^{-\frac{K}{m}t}\right]-\frac{1}{K}mgt \quad ③$$

$t=t_0$ 时,$y=y_{\max}$,则

$$y_{\max}=\frac{m}{K^2}(mg+KV_0)\left[1-\mathrm{e}^{-\frac{K}{m}\cdot\frac{m}{K}\ln\left(1+\frac{KV_0}{mg}\right)}\right]-\frac{1}{K}mg\cdot\frac{m}{K}\ln\left(1+\frac{KV_0}{mg}\right)$$

$$=\frac{m}{K^2}(mg+KV_0)\left[1-\frac{1}{\frac{mg+KV_0}{mg}}\right]-\frac{m^2}{K^2}g\ln\left(1+\frac{KV_0}{mg}\right)$$

$$=\frac{m}{K^2}(mg+KV_0)\frac{KV_0}{mg+KV_0}-\frac{m^2}{K^2}g\ln\left(1+\frac{KV_0}{mg}\right)$$

$$= \frac{mV_0}{K} - \frac{m^2}{K^2} g \ln\left(1 + \frac{KV_0}{mg}\right)$$

[**例** 2.4]如图 2.4 所示,长为 l 的轻绳,一端系质量为 m 的小球,另一端系于原点 O,开始时小球处于最低位置,若小球获得如图所示的初速度 $\boldsymbol{v}_0$,小球将在竖直面内做圆周运动,求:小球在任意位置的速率及绳的张力。

解:(1)研究对象:质量为 m 的小球。

(2)受力分析:小球受两个力,即重力 $m\boldsymbol{g}$,拉力 $\boldsymbol{F}_n$,如图 2.4 所示。

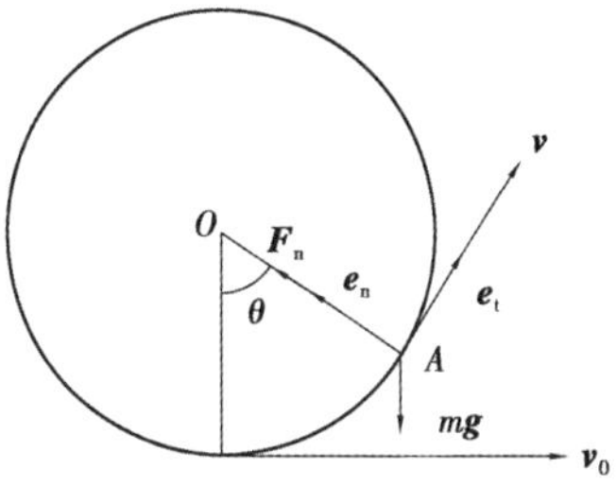

图 2.4

(3)根据牛顿定律:$\boldsymbol{F}_n + m\boldsymbol{g} = m\boldsymbol{a}$

应用自然坐标系,运动到点 A 处时,分量方程有,

$\boldsymbol{e}_n$ 方向:$F_n - mg\cos\theta = ma_n = m\dfrac{v^2}{l}$　　①

$\boldsymbol{e}_t$ 方向:$-mg\sin\theta = ma_t = m\dfrac{\mathrm{d}v}{\mathrm{d}t}$　　②

由②有 $-g\sin\theta = \dfrac{\mathrm{d}v}{\mathrm{d}t} = \dfrac{\mathrm{d}v}{\mathrm{d}\theta}\cdot\dfrac{\mathrm{d}\theta}{\mathrm{d}t} = \dfrac{\mathrm{d}v}{\mathrm{d}\theta}\omega = \dfrac{v}{l}\dfrac{\mathrm{d}v}{\mathrm{d}\theta}$

即

$$v\mathrm{d}v = -\,lg\sin\theta\mathrm{d}\theta$$

作如下积分:

$$\int_{v_0}^{v} v\mathrm{d}v = \int_0^{\theta} -\,lg\sin\theta\mathrm{d}\theta$$

有

$$\frac{1}{2}(v^2 - v_0^2) = lg(\cos\theta - 1)$$

得

$$v = \sqrt{v_0^2 + 2\,lg(\cos\theta - 1)}$$

将 v 代入①中,得

$$F_n = m\left(\frac{v_0^2}{l} + 3g\cos\theta - 2g\right)$$

2.3　物理量的单位和量纲

在历史上,物理量的单位制有很多种。这不仅给工农业生产、人民生活带来诸多不便,而且也不规范。1984 年 2 月 27 日,我国国务院颁布实行以国际单位制(SI)为基础的法定计量单位的命令。本书采用以国际单位制为基础的我国法定计量单位。

国际单位制规定,力学的基本量是长度、质量和时间,并规定长度的基本单位名称为"米",单位符号为 m;质量的基本单位名称为"千克",单位符号为 kg,时间的基本单位名称为"秒",单位符号为 s;其他力学物理量都是导出量。

按照上述基本量和基本单位的规定,速度的单位名称为"米每秒",符号为 m/s;角速度的单位名称为“弧度每秒”,符号为 rad/s;加速度的单位名称为“米每二次方秒”,符号为 m/s;角加速度的单位名称为“弧度每二次方秒”,符号为 rad/s;力的单位名称为“牛顿”,简称“牛”,符号为 N,1N=1kg · m/s。其他物理量的名称、符号,以后将陆续介绍。

在物理学中,导出量与基本量之间的关系可用量纲来表示。我们用 L、M 和 T 分别表示长度、质量和时间 3 个基本量的量纲。其他力学量的量纲与基本量量纲之间的关系可按下列形式表示出来:

$$\dim Q = \mathrm{L}^p \mathrm{M}^q \mathrm{T}^s \tag{2.8}$$

例如,速度的量纲是 LT^{-1},角速度的量纲是 T^{-1},加速度的量纲是 LT^{-2},角加速度的量纲是 T^{-2},力的量纲是 MLT^{-2},等等。

由于只有量纲相同的物理量才能相加减和用等号连接,所以只要考察等式两端各项量纲是否相同,就可初步校验等式的正确性。这种方法在求解问题和科学实验中经常用到。同学们应当学会在求证、解题过程中使用量纲来检查所得结果。

2.4 非惯性参考系惯性力

前面我们曾指出牛顿定律适用于惯性系。这一节将介绍非惯性系和惯性力。

如图 2.5 所示,在火车车厢的光滑桌面上放一个小球,小球与桌面之间的摩擦力略去不计,当火车相对地面做匀速直线运动时,车厢内的观察者 A 看到小球静止在桌面上,而站在地面路基旁的观察者 B 看到小球做匀速直线运动。这时,无论是以车厢或者以地面为参考系,牛顿定律是适用的,因为,小球在水平方向没有受到外力作用,它要保持静止或匀速直线运动状态,但当车厢突然以加速度 $\boldsymbol{a}_0$ 沿 Ox 轴正向相对地面参考系做加速运动时,站在车厢里的乘客 A 发现小球以$-\boldsymbol{a}_0$ 的加速度相对桌面(车厢)运动,即小球沿 Ox 轴负方向做加速运动。对此,观察者 A 百思不得其解,观察者 A 认为既然小球在 Ox 轴负方向没有受到外力作用,那么它怎么会沿 Ox 轴负方向做加速度为$-\boldsymbol{a}_0$ 的运动呢?对这样一件事,站在以地面为参考系的路基旁的观察者 B 则认为这是很好理解的,观察者 B 认为如小球与桌面之间非常光滑,它们之间的摩擦力可略去不计,这样小球在沿 Ox 轴负方向上没有受到外力作用。当车厢(桌面)相对地面参考系做加速运动时,小球对地面参考系就仍保持原有运动状态,做加速运动的只是车厢(桌面)而已。显然,地面参考系是惯性系,在这个惯性系中牛顿定律是适用的;而相对地面做加速运动的车厢(桌面)则是非惯性系,非惯性系中牛顿定律则是不适用的。总之,相对惯性系做加速运动的参考系是非惯性系。牛顿定律只适用于惯性系,而不适用于非惯性系。

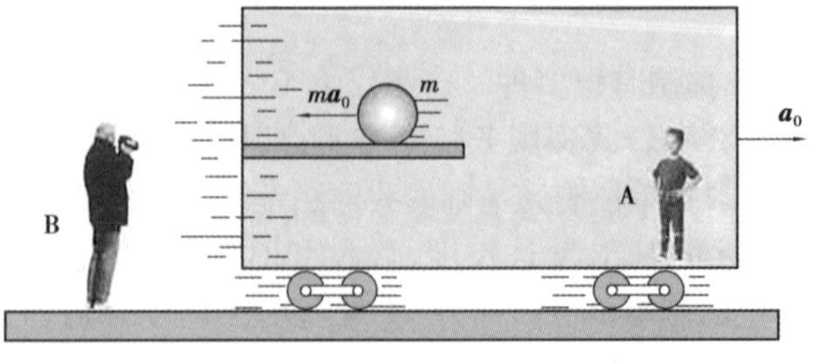

图 2.5

实际问题中有不少属于非惯性系的力学问题，对这些问题该如何处理呢？为了仍可方便地运用牛顿定律求解非惯性系中的力学问题，人们引入了惯性力的概念。

我们设想作用在质量为 m 的小球上有一个惯性力，并认为这个惯性力为 $\boldsymbol{F}_i=-m\boldsymbol{a}_0$，那么对火车这个非惯性参考系也可应用牛顿第二定律了，这就是说，对处于加速度为 $\boldsymbol{a}_0$ 的火车中的观察者来说，他认为有一个大小等于 ma_0，方向与 $\boldsymbol{a}_0$ 相反的惯性力作用在小球上。

一般来说，如果作用在物体上的力含有惯性力 $\boldsymbol{F}_i$，那么牛顿第二定律的数学表达式为

$$\boldsymbol{F}+\boldsymbol{F}_i=m\boldsymbol{a} \tag{2.9}$$

或

$$\boldsymbol{F}-(m\boldsymbol{a}_0)=m\boldsymbol{a}$$

式中 $\boldsymbol{a}_0$ 是非惯性系相对惯性系的加速度，$\boldsymbol{a}$ 是物体相对非惯性系的加速度，$\boldsymbol{F}$ 是物体所受到的除惯性力以外的合外力。

第 2 章习题

2.1　如题 2.1 图所示，质量为 m 的物体用平行于斜面的细线联结置于光滑的斜面上，若斜面向左方做加速运动，当物体刚脱离斜面时，它的加速度的大小为(　　)。

A. $g\sin\theta$　　B. $g\cos\theta$　　C. $g\tan\theta$　　D. $g\cot\theta$

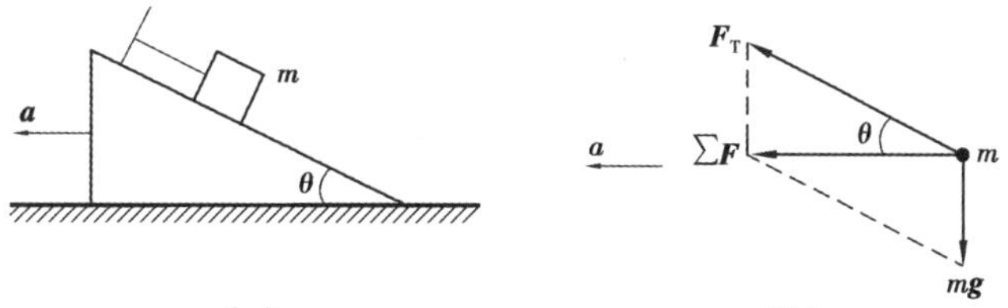

题 2.1 图

2.2　用水平力 $\boldsymbol{F}_N$ 把一个物体压在粗糙的竖直墙面上保持静止。当 $\boldsymbol{F}_N$ 逐渐增大时，物体所受的静摩擦力 $\boldsymbol{F}_f$ 的大小(　　)。

A. 不为零，但保持不变

B. 随 $\boldsymbol{F}_N$ 成正比地增大

C. 开始随 $\boldsymbol{F}_N$ 增大，达到某一最大值后，就保持不变

D. 无法确定

2.3　一段路面水平的公路，转弯处轨道半径为 R，汽车轮胎与路面间的摩擦因数为 μ，要使汽车不至于发生侧向打滑，汽车在该处的行驶速率(　　)。

A. 不得小于$\sqrt{\mu gR}$

B. 必须等于$\sqrt{\mu gR}$

C. 不得大于$\sqrt{\mu gR}$

D. 还应由汽车的质量 m 决定

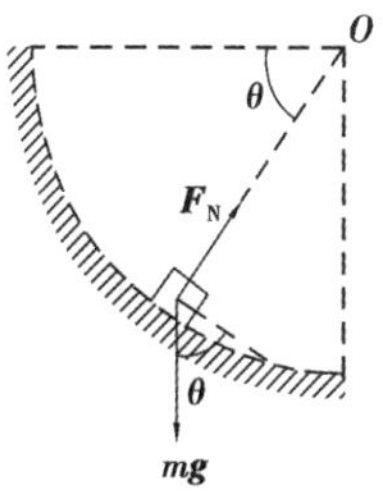

题 2.4 图

2.4　一物体沿固定圆弧形光滑轨道由静止下滑，如题 2.4 图所示，在下滑过程中，(　　)。

A. 它的加速度方向永远指向圆心,其速率保持不变

B. 它受到的轨道作用力的大小不断增加

C. 它受到的合外力大小变化,方向永远指向圆心

D. 它受到的合外力大小不变,其速率不断增加

2.5　如题 2.5 图所示系统置于以 $a=1/4g$ 的加速度上升的升降机内,A、B 两物体质量相同均为 m,A 所在的桌面是水平的,绳子和定滑轮质量均不计,若忽略滑轮轴上和桌面上的摩擦,并不计空气阻力,则绳中张力为(　　)。

A. 58 mg　　B. 12 mg　　C. mg　　D. 2 mg

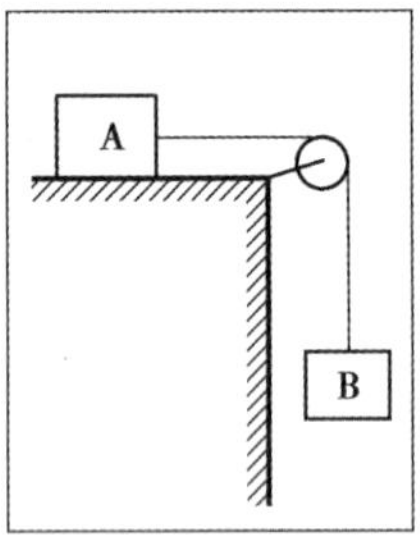

题 2.5 图

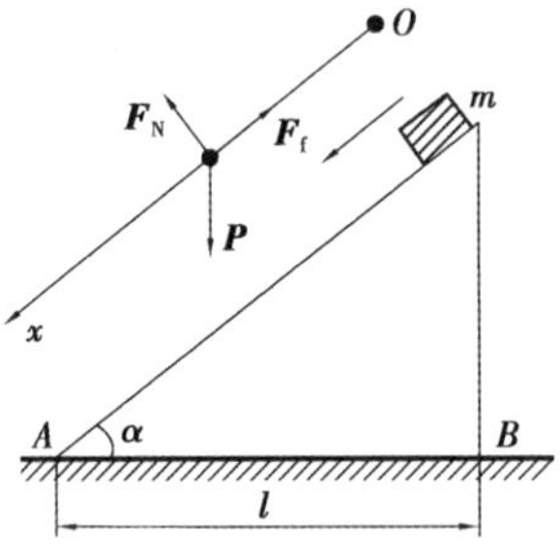

题 2.6 图

2.6　如题 2.6 图所示一斜面,倾角为 α,底边 AB 长为 $l=2.1$ m,质量为 m 的物体从斜面顶端由静止开始向下滑动,斜面的摩擦因数为 $\mu=0.14$。试问,当 α 为何值时,物体在斜面上下滑的时间最短?其数值为多少?

2.7　工地上有一吊车,将甲、乙两块混凝土预制板吊起送至高空。甲块质量 $m_1=2.00\times10^2$ kg,乙块质量 $m_2=1.00\times10^2$ kg。设吊车、框架和钢丝绳的质量不计。试求下述两种情况下,钢丝绳所受的张力以及乙块对甲块的作用力:(1)两物块以 10.0 m/s^2 的加速度上升;(2)两物块以 1.0 m/s^2 的加速度上升。从本题的结果,你能体会到起吊重物时必须缓慢加速的道理吗?

2.8　如题 2.8 图所示,已知两物体 A、B 的质量均为 $m=3.0$ kg。物体 A 以加速度 $a=1.0$ m/s^2 运动,求物体 B 与桌面间的摩擦力。(滑轮与连接绳的质量不计)

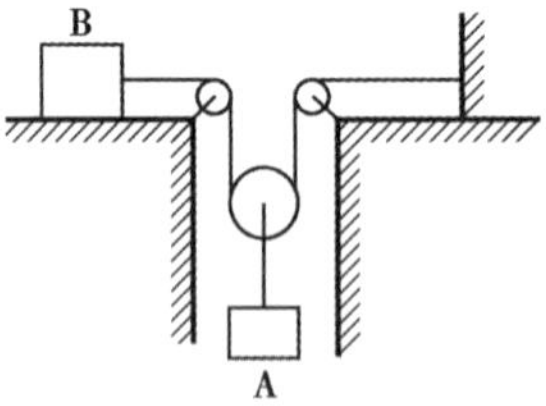

题 2.8 图

2.9　质量为 m'的长平板 A 以速度 $\boldsymbol{v}'$在光滑平面上做直线运动,现将质量为 m 的木块 B 轻轻平稳地放在长平板上,板与木块之间的动摩擦因数为 μ,木块在长平板上滑行多远才能与板取得共同速度?

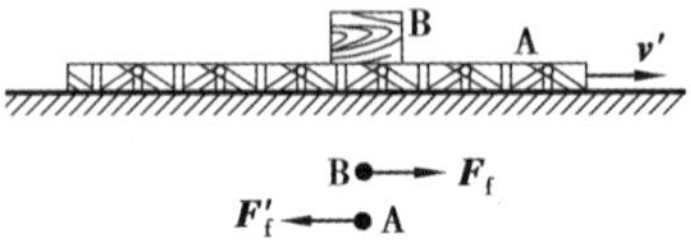

题 2.9 图

2.10　如题 2.10 图所示，在一只半径为 R 的半球形碗内，有一粒质量为 m 的小钢球，当小球以角速度 ω 在水平面内沿碗内壁做匀速圆周运动时，它距碗底有多高？

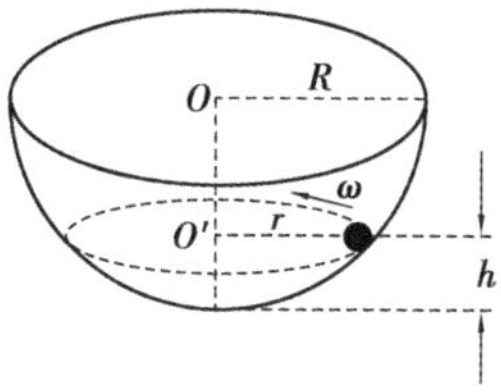

题 2.10 图

2.11　火车转弯时需要较大的向心力，如果两条铁轨都在同一水平面内（内轨、外轨等高），这个向心力只能由外轨提供，也就是说外轨会受到车轮对它很大的向外侧压力，这是很危险的。因此，对应于火车的速率及转弯处的曲率半径，必须使外轨适当地高出内轨，称为外轨超高。现有一质量为 m 的火车，以速率 v 沿半径为 R 的圆弧轨道转弯，已知路面倾角为 θ，试求：(1) 在此条件下，火车速率 v_0 为多大时，才能使车轮对铁轨内外轨的侧压力均为零？(2) 如果火车的速率 $v \neq v_0$，则车轮对铁轨的侧压力为多少？

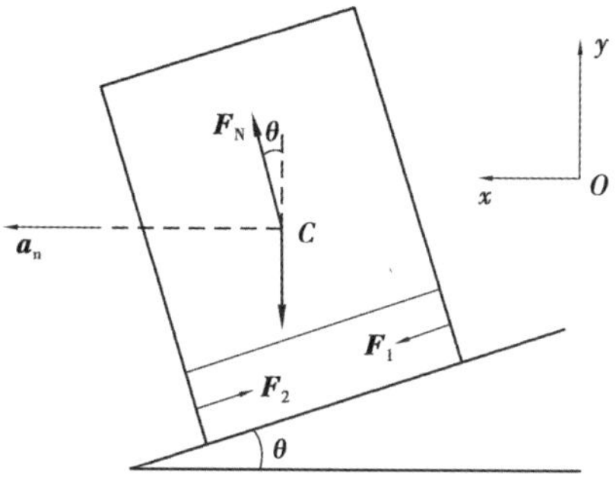

题 2.11 图

2.12　一杂技演员在圆筒形建筑物内表演飞车走壁。设演员和摩托车的总质量为 m，圆筒半径为 R，演员骑摩托车在直壁上以速率 v 做匀速圆周螺旋运动，每绕一周上升距离为 h，如题 2.12 图所示。求壁对演员和摩托车的作用力。

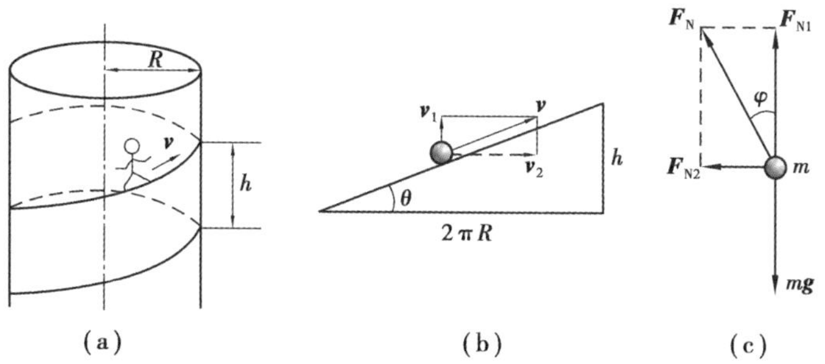

题 2.12 图

2.13　一质点沿 x 轴运动，其受力如题 2.13 图所示，设 $t=0$ 时，$v_0=5$ m/s，$x_0=2$ m，质点质量 $m=1$ kg，试求该质点 7 s 末的速度和位置坐标。

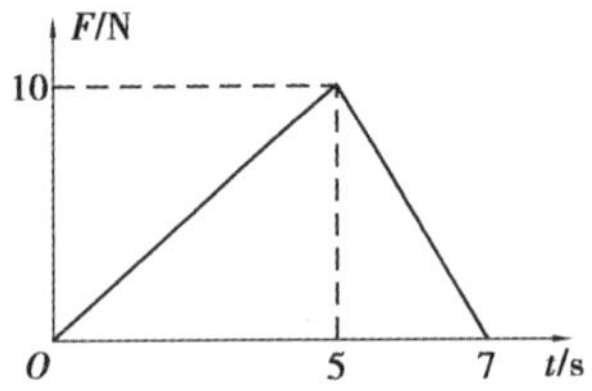

题 2.13 图

2.14 一质量为 10 kg 的质点在力 F 的作用下沿 x 轴做直线运动,已知 $F=120t+40$,式中 F 的单位为 N,t 的单位为 s。在 $t=0$ 时,质点位于 $x=5.0$ m 处,其速度 $v_0=6.0$ m/s。求质点在任意时刻的速度和位置。

2.15 轻型飞机连同驾驶员总质量为 1.0×10^3 kg。飞机以 55.0 m/s 的速率在水平跑道上着陆后,驾驶员开始制动,若阻力与时间成正比,比例系数 $\alpha=5.0\times10^2$ N/s,空气对飞机升力不计,求:(1)10 s 后飞机的速率;(2)飞机着陆后 10 s 内滑行的距离。

2.16 质量为 m 的跳水运动员,从 10.0 m 高台上由静止跳下落入水中。高台距水面距离为 h。把跳水运动员视为质点,并略去空气阻力。运动员入水后垂直下沉,水对其阻力为 bv^2,其中 b 为一常量。若以水面上一点为坐标原点 O,竖直向下为 Oy 轴,求:(1)运动员在水中的速率 v 与 y 的函数关系;(2)如 $b/m=0.40\ \text{m}^{-1}$,跳水运动员在水中下沉多少距离才能使其速率 v 减少到落水速率 v_0 的 1/10?(假定跳水运动员在水中的浮力与所受的重力大小恰好相等)

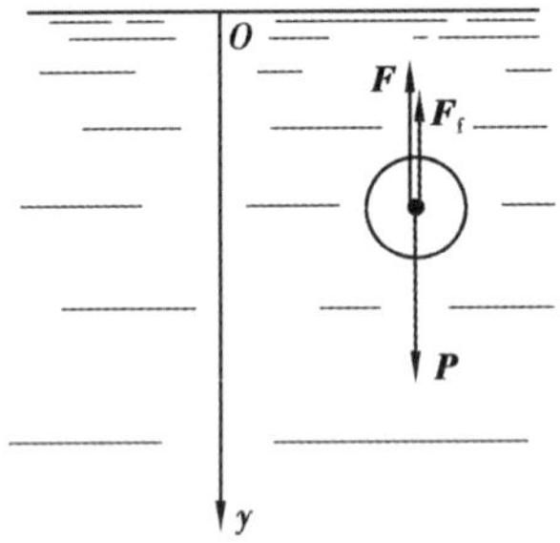

题 2.16 图

2.17 质量为 m 的子弹以速度 $\boldsymbol{v}_0$ 水平射入沙土中,设子弹所受阻力与速度反向,大小与速度成正比,比例系数为 k,忽略子弹的重力,求:

(1)子弹射入沙土后,速度随时间变化的函数式;

(2)子弹进入沙土的最大深度。

2.18 质量为 m 的小球,线长为 l,悬挂在 O 点,现将小球拉至水平位置静止释放,求摆下 θ 角时小球的速率和线的张力。

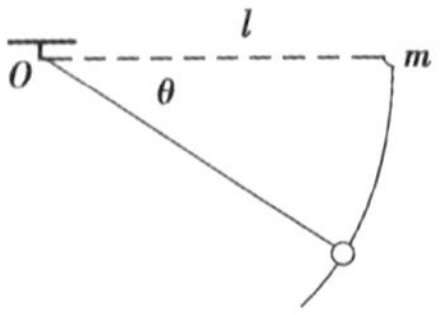

题 2.18 图

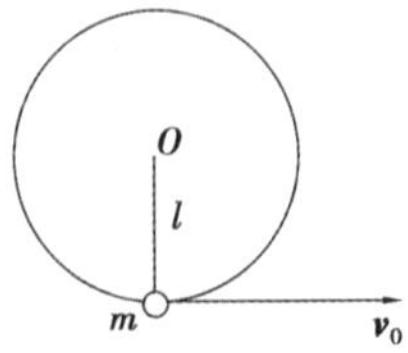

题 2.19 图

2.19　如题 2.19 图所示，长为 l 的轻绳，一端系质量为 m 的小球，另一端系于原点 O，开始时小球处于最低位置，若小球获得如图所示的水平初速度 $\boldsymbol{v}_0$，小球将在竖直面内做圆周运动，求：小球在任意位置的速率及绳中的张力。

2.20　一质量为 m 的小球最初位于如题 2.20 图(a)所示的 A 点，然后沿半径为 r 的光滑圆轨道 $ADCB$ 下滑。试求小球到达点 C 时的角速度和对圆轨道的作用力。

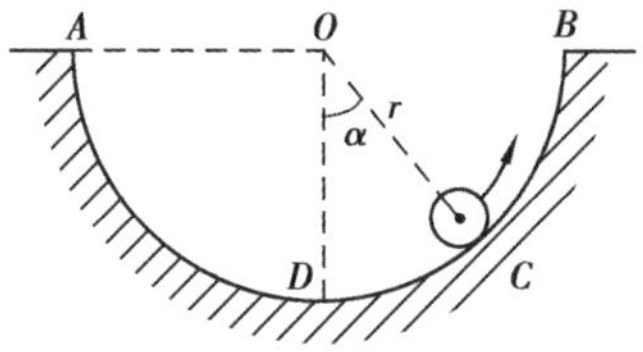

题 2.20 图

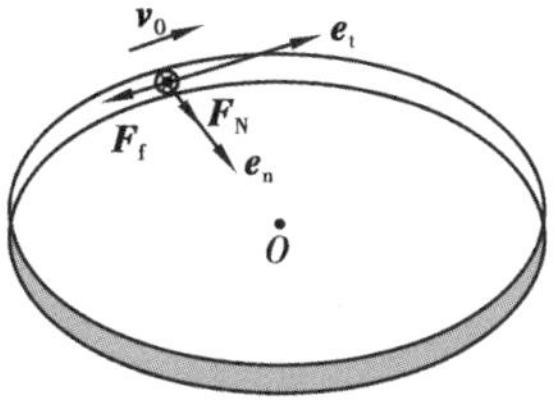

题 2.21 图

2.21　光滑的水平桌面上放置一半径为 R 的固定圆环，物体紧贴环的内侧做圆周运动，其摩擦因数为 μ，开始时物体的速率为 v_0，求：(1) t 时刻物体的速率；(2) 当物体速率从 v_0 减少到 $0.5v_0$ 时，物体所经历的时间及经过的路程。

2.22　质量为 45.0 kg 的物体，由地面以初速度 60.0 m/s 竖直向上发射，物体受到空气的阻力为 $F_r=kv$，且 $k=0.03$ N·m/s。(1) 求物体发射到最大高度所需的时间；(2) 最大高度为多少？

2.23　质量为 m 的摩托车，在恒定的牵引力 $\boldsymbol{F}$ 的作用下工作，它所受的阻力与其速率的平方成正比，它能达到的最大速率是 v_m。试计算从静止加速到 $v_m/2$ 所需的时间以及所走过的路程。

2.24　在卡车车厢底板上放一木箱，该木箱距车厢前沿挡板的距离 $L=2.0$ m，已知刹车时卡车的加速度 $a=7.0$ m/s^2，设刹车一开始木箱就开始滑动。求该木箱撞上挡板时相对卡车的速率为多大？设木箱与底板间滑动摩擦因数 $\mu=0.50$。

*2.25　如题 2.25 图(a)所示，电梯相对地面以加速度 $\boldsymbol{a}$ 竖直向上运动。电梯中有一滑轮固定在电梯顶部，滑轮两侧用轻绳悬挂着质量分别为 m_1 和 m_2 的物体 A 和 B。设滑轮的质量和滑轮与绳索间的摩擦均略去不计。已知 $m_1>m_2$，如以加速运动的电梯为参考系，求物体相对地面的加速度和绳的张力。

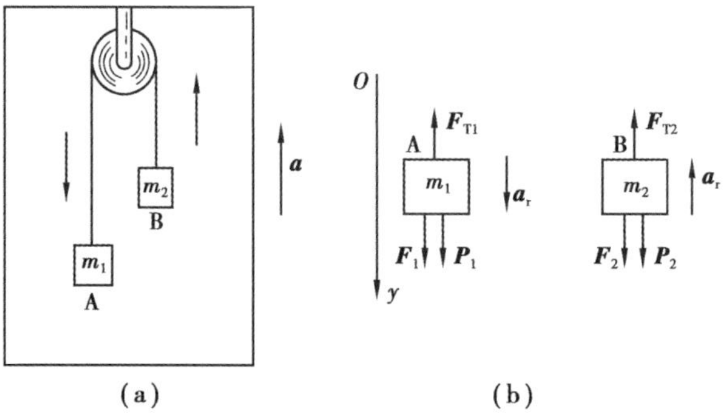

题 2.25 图

第3章

动量守恒定律和能量守恒定律

牛顿第二定律指出,在外力作用下,质点的运动状态要发生改变,获得加速度。然而力不仅作用于质点,而且更普遍地说是作用于质点系的。此外,力作用于质点或者质点系往往持续一段时间,或者持续一段距离,这时要考虑的不是力的瞬时作用,而是力对时间的累积作用和力对空间的累积作用。在这两种累积作用下,质点或质点系的动量、动能或能量将发生变化或转移。在一定条件下,质点系内的动量或能量将保持守恒。动量守恒定律和能量守恒定律不仅适用于力学,而且为物理学中各种运动形式所遵守,只要通过某些扩展和修改即可。更进一步说,它们是自然界中已知的一些基本守恒定律中的两个。本章的主要内容包括质点和质点系的动量定理和动能定理,外力与内力、保守力与非保守力等概念,以及动量守恒定律、机械能守恒定律和能量守恒定律。

3.1 动量定理 动量守恒定律

3.1.1 冲量质点的动量定理

在上一章中,将牛顿第二定律表述为

$$\boldsymbol{F} = \frac{\mathrm{d}\boldsymbol{p}}{\mathrm{d}t} = \frac{\mathrm{d}(m\boldsymbol{v})}{\mathrm{d}t}$$

上式可写成

$$\boldsymbol{F}\mathrm{d}t = \mathrm{d}\boldsymbol{p} = \mathrm{d}(m\boldsymbol{v})$$

在低速运动的牛顿力学范围内,质点的质量可视为是不改变的,故 $\mathrm{d}(m\boldsymbol{v})$ 可写成 $m\mathrm{d}\boldsymbol{v}$。此外,一般说来,作用在质点上的力是随时间而改变的,即力是时间的函数,$\boldsymbol{F}=\boldsymbol{F}(t)$。考虑到以上两点,在时间间隔 $\Delta t=t_2-t_1$ 内,上式的积分为

$$\int_{t_1}^{t_2}\boldsymbol{F}(t)\,\mathrm{d}t = \boldsymbol{p}_2 - \boldsymbol{p}_1 = m\boldsymbol{v}_2 - m\boldsymbol{v}_1 \tag{3.1}$$

式中 $\boldsymbol{v}$ 和 $\boldsymbol{p}_1$ 是质点在时刻 t_1 的速度和动量,$\boldsymbol{v}_2$ 和 $\boldsymbol{p}_2$ 是质点在时刻 t_2 的速度和动量。$\int_{t_1}^{t_2}\boldsymbol{F}(t)\,\mathrm{d}t$ 为力对时间的积分,称为力的冲量,它也是矢量,用符号 $\boldsymbol{I}$ 表示。式(3.1)的物理意义是:在给定时间间隔内,外力作用在质点上的冲量,等于质点在此时间内动量的增量。这就是质点的动量定理。一般来说,冲量的方向并不与动量的方向相同,而是与动量增量的方向相同。

式(3.1)是质点动量定理的矢量表达式，在直角坐标系中，其分量式为

$$\begin{cases} I_x = \int_{t_1}^{t_2} F_x \mathrm{d}t = mv_{2x} - mv_{1x} \\ I_y = \int_{t_1}^{t_2} F_y \mathrm{d}t = mv_{2y} - mv_{1y} \\ I_z = \int_{t_1}^{t_2} F_z \mathrm{d}t = mv_{2z} - mv_{1z} \end{cases} \tag{3.2}$$

显然，质点在某一轴线上的动量增量，仅与该质点在此轴线上所受外力的冲量有关。

下面简单说明一下动量 $\boldsymbol{p}$ 的物理意义。从动量定理可以知道，在相等的冲量作用下，不同质量的物体，其速度变化是不相同的，但它们的动量的变化却是一样的，所以从过程角度来看，动量 $\boldsymbol{p}$ 比速度 $\boldsymbol{v}$ 能更确切地反映物体的运动状态。因此，物体做机械运动时，动量 $\boldsymbol{p}$ 和位矢 $\boldsymbol{r}$ 是描述物体运动状态的状态参量。

3.1.2　质点系的动量定理

在分析运动问题时，往往研究的对象不是一个物体，而是有相互作用的多个物体。研究这类问题的基本方法是把有相互作用的若干物体作为一个整体，当这些物体都可以看作质点时，这一组质点称为一个质点系，简称为一个系统。系统内的各个质点之间的相互作用力称为系统的内力，系统以外的物体对系统内任一质点的作用力称为系统所受的外力。内力和外力都是相对系统而言的。

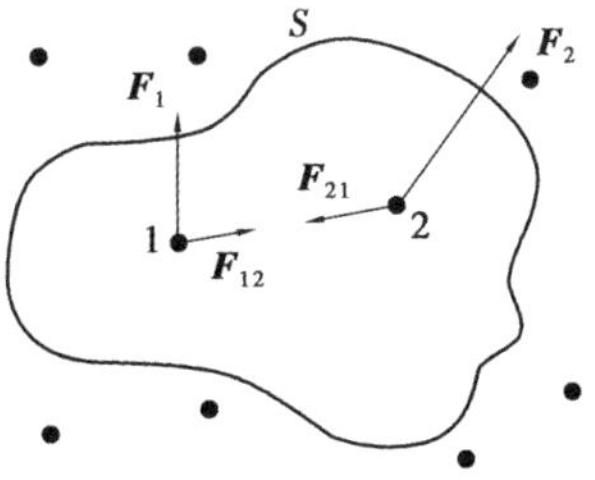

图 3.1

如图 3.1 所示，在系统 S 内有两个质点 1 和 2，它们的质量分别为 m_1 和 m_2。设作用在两质点上的外力分别是$\boldsymbol{F}_1$ 和$\boldsymbol{F}_2$，而两质点间相互作用的内力分别为$\boldsymbol{F}_{12}$ 和$\boldsymbol{F}_{21}$。根据质点的动量定理，在 $\Delta t=t_2-t_1$ 时间内，两质点所受力的冲量和动量，质点系的内力和外力增量分别为

$$\int_{t_1}^{t_2} (\boldsymbol{F}_1 + \boldsymbol{F}_{12}) \mathrm{d}t = m_1 \boldsymbol{v}_1 - m_1 \boldsymbol{v}_{10}$$

和

$$\int_{t_1}^{t_2} (\boldsymbol{F}_2 + \boldsymbol{F}_{21}) \mathrm{d}t = m_2 \boldsymbol{v}_2 - m_2 \boldsymbol{v}_{20}$$

将上两式相加，得

$$\int_{t_1}^{t_2} (\boldsymbol{F}_1 + \boldsymbol{F}_2) \mathrm{d}t + \int_{t_1}^{t_2} (\boldsymbol{F}_{12} + \boldsymbol{F}_{21}) \mathrm{d}t = (m_1 \boldsymbol{v}_1 + m_2 \boldsymbol{v}_2) - (m_1 \boldsymbol{v}_{10} + m_2 \boldsymbol{v}_{20}) \tag{3.3}$$

由牛顿第三定律知$\boldsymbol{F}_{12}=-\boldsymbol{F}_{21}$，故上式为

$$\int_{t_1}^{t_2} (\boldsymbol{F}_1 + \boldsymbol{F}_2) \mathrm{d}t = (m_1 \boldsymbol{v}_1 + m_2 \boldsymbol{v}_2) - (m_1 \boldsymbol{v}_{10} + m_2 \boldsymbol{v}_{20})$$

上式表明,作用于两质点组成系统的合外力的冲量等于系统内两质点动量之和的增量,即系统的动量增量。

上述结论容易推广到由 n 个质点所组成的系统。考虑到内力总是成对出现,且每一对力总是大小相等、方向相反,其矢量和必为零,即 $\sum_{i=1}^{n}\boldsymbol{F}_i^{\text{in}}=0$。那么,如作用于系统的合外力用$\boldsymbol{F}^{\text{ex}}$ 表示,且系统的初动量和末动量各为 $\boldsymbol{p}_0$ 和 $\boldsymbol{p}$,那么由上式可得,作用于系统的合外力的冲量与系统动量的增量之间的关系为

$$\int_{t_1}^{t_2}\boldsymbol{F}^{\text{ex}}\text{d}t=\sum_{i=1}^{n}m_i\boldsymbol{v}_i-\sum_{i=1}^{n}m_i\boldsymbol{v}_{i0}=\boldsymbol{p}-\boldsymbol{p}_0 \tag{3.4a}$$

式(3.4a)表明,作用于系统的合外力的冲量等于系统动量的增量。这就是质点系的动量定理。

如同质点的动量定理一样,也可将式(3.4a)的矢量表达式写成像式(3.2)那样的分量式。

需要强调的是,作用于系统的合外力是作用于系统内每一质点的外力的矢量和。只有外力才对系统的动量变化有贡献,而系统的内力(系统内各质点间的相互作用)是不能改变整个系统的动量的,这是牛顿第三定律的直接结果。利用这个道理来研究几个物体组成的系统的动力学问题就可化繁为简了。

对于在无限小的时间间隔内,质点系的动量定理可写成

$$\boldsymbol{F}^{\text{ex}}\text{d}t=\text{d}\boldsymbol{p}$$

或

$$\boldsymbol{F}^{\text{ex}}=\frac{\text{d}\boldsymbol{p}}{\text{d}t} \tag{3.4b}$$

上式表明,作用于质点系的合外力等于质点系的动量随时间的变化率。

在人造地球卫星的定轨和运行过程中,常常需要调整同步卫星的运行轨道。近年来,采用一种叫作离子推进器的系统所产生的推力,使卫星能保持在适当的方位上,其基本原理就是质点系的动量定理。

[**例** 3.1]如图 3.2 所示,一质量为 0.05 kg、速率为 10 m/s 的钢球,以与钢板法线呈 45°角的方向撞击在钢板上,并以相同的速率和角度弹回来。球与钢板的碰撞时间为 0.05 s。求在此碰撞时间内钢板所受到的平均冲力。

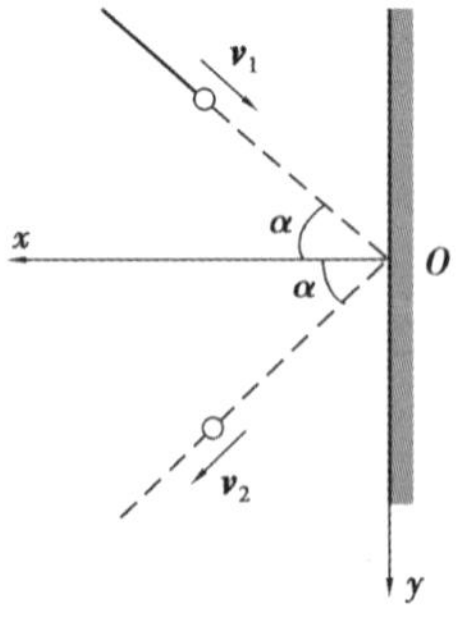

图 3.2

解:由题意知 $v_1=v_2=v=10$ m/s,按图所选定的坐标系,$\boldsymbol{v}_1$ 和 $\boldsymbol{v}_2$ 均在 x,y 平面内,故 $\boldsymbol{v}_1$ 在 Ox 轴和 Oy 轴上的分量为 $v_{1x}=-v\cos\alpha$,$v_{1y}=v\sin\alpha$,$\boldsymbol{v}_2$ 在 Ox 轴和 Oy 轴上的分量为 $v_2x=$

$v\cos\alpha, v_{2y}=v\sin\alpha$。由动量定理的分量式(3.2)可得,在碰撞过程中球所受的冲量为

$$\overline{F}_x\Delta t = mv_{2x} - mv_{1x} = 2mv\cos\alpha$$

$$\overline{F}_y\Delta t = mv_{2y} - mv_{1y} = 0$$

因此,球所受的平均冲力为

$$\overline{F} = \overline{F}_x = \frac{2mv\cos\alpha}{\Delta t}$$

如令 $\overline{F'}$ 为球对钢板作用的平均冲力,则由牛顿第三定律有 $\overline{F}=-\overline{F'}$,即球对钢板作用的平均冲力与钢板对球作用的平均冲力大小相等,方向相反,故有

$$\overline{F'} = \frac{2mv\cos\alpha}{\Delta t}$$

代入已知数据,得

$$\overline{F'} = \frac{2\times 0.05\times 10\times\cos 45^\circ}{0.05}\ \text{N} = 14.1\ \text{N}$$

$\overline{F'}$ 的方向与 Ox 轴正向相反。

[**例** 3.2]一物体受合力为 $F=2t(\text{SI})$,做直线运动,试问在第一个 5 s 内和第二个 5 s 内物体受冲量之比及动量增加之比各为多少?

解:设物体沿 x 轴正向运动,则有

$$I_1 = \int_0^5 F\text{d}t = \int_0^5 2t\text{d}t = 25\ \text{N}\cdot\text{S}$$

$$I_2 = \int_5^{10} F\text{d}t = \int_5^{10} 2t\text{d}t = 75\ \text{N}\cdot\text{S}$$

$$\Rightarrow \frac{I_2}{I_1} = 3$$

因为

$$\begin{cases} I_2 = (\Delta p)_2 \\ I_1 = (\Delta p)_1 \end{cases}$$

所以

$$\frac{(\Delta p)_2}{(\Delta p)_1} = 3$$

3.1.3　动量守恒定律

从式(3.4)可以看出,当系统所受合外力为零,即 $\boldsymbol{F}^{\text{ex}}=0$ 时,系统的总动量的增量亦为零,即 $\boldsymbol{p}-\boldsymbol{p}_0=0$。这时系统的总动量保持不变,即

$$\boldsymbol{p} = \sum_{i=1}^{n} m_i\boldsymbol{v}_i = \text{常矢量} \tag{3.5a}$$

这就是动量守恒定律,它的表述为:当系统所受合外力为零时,系统的总动量将保持不变。式(3.5a)是动量守恒定律的矢量式。在直角坐标系中,其分量式为

$$\begin{cases} p_x = \sum m_i v_{ix} = C_1(F_x^{ex} = 0) \\ p_y = \sum m_i v_{iy} = C_2(F_y^{ex} = 0) \\ p_z = \sum m_i v_{iz} = C_3(F_z^{ex} = 0) \end{cases} \tag{3.5b}$$

式中 C_1、C_2 和 C_3 均为常量。

在应用动量守恒定律时应该注意以下几点:

①在动量守恒定律中,系统的动量是守恒量或不变量。由于动量是矢量,故系统的总动量不变是指系统内各物体动量的矢量和不变,而不是指其中某一个物体的动量不变。此外,各物体的动量还必须都相对于同一惯性参考系。

②系统的动量守恒是有条件的。这个条件就是系统所受的合外力必须为零。然而,有时系统所受的合外力虽不为零,但与系统的内力相比较,外力远小于内力,这时可以略去外力对系统的作用,认为系统的动量是守恒的。像爆炸这类问题,一般都可以这样来处理,所以在爆炸过程的前后,系统的总动量可近似视为是不变的。

③如果系统所受外力的矢量和并不为零,但合外力在某个坐标轴上的分矢量为零,此时,系统的总动量虽不守恒,但在该坐标轴的分动量却是守恒的。这一点对处理某些问题是很有用的。

④动量守恒定律是物理学最普遍、最基本的定律之一。动量守恒定律虽然是从表述宏观物体运动规律的牛顿运动定律导出的,但近代的科学实验和理论分析都表明,在自然界中,大到天体间的相互作用,小到质子、中子、电子等微观粒子间的相互作用都遵守动量守恒定律;而在原子、原子核等微观领域中,牛顿运动定律却是不适用的。因此,动量守恒定律比牛顿运动定律更加基本,它与能量守恒定律一样,是自然界中最普遍、最基本的定律之一。

[**例** 3.3]如图 3.3 所示,一质量为 m 的小球 A 在质量为 M 的 1/4 圆弧形滑槽 B 中从静止滑下。设圆弧形槽的半径为 R,如所有摩擦都可忽略,求当小球 m 滑到槽底时,滑槽在水平方向上移动的距离。

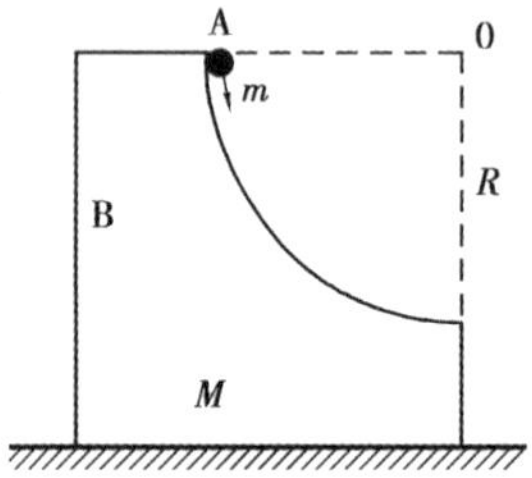

图 3.3

解:以 A 和 B 为研究系统,其在水平方向上不受外力,故在水平方向上动量守恒。设在下滑过程中,A 相对于 B 的滑动速度为 $\boldsymbol{v}$,B 对地速度为 $\boldsymbol{V}$,并以水平向右为 x 轴正方向,则在水平方向上有

$$m(v_x - V) - MV = 0$$

解得

$$v_x = \frac{m + M}{m} V$$

设 A 在滑槽上运动的时间为 t,而 A 相对于 B 在水平方向上的移动距离为 R,故有

$$R=\int_0^t v_x \mathrm{d}t=\frac{M+m}{m}\int_0^t V\mathrm{d}t$$

于是滑槽在水平面上移动的距离为

$$s=\int_0^t V\mathrm{d}t=\frac{m}{M+m}R$$

值得注意的是,此题的条件还可弱化一些,即只要 B 与水平面的摩擦可以忽略不计就可以了。

3.2　功　功率　动能定理

一个运动的物体在力的作用下,经历了一个过程后得到某个速度,由其初始状态变为终末状态。我们知道任何过程都是在时间和空间内进行的,因此对运动过程的研究离不开时间和空间。上一节我们研究了力的时间累积作用,在这一节中我们将研究力的空间累积作用。

3.2.1　功　功率

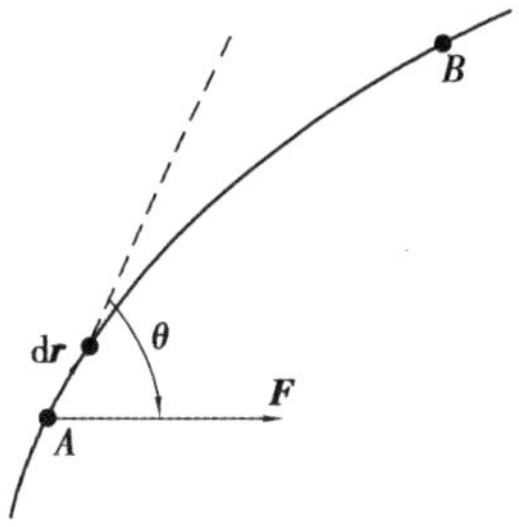

图 3.4

一质点在力的作用下沿路径 AB 运动,如图 3.4 所示,在力 $\boldsymbol{F}$ 作用下,质点发生元位移 $\mathrm{d}\boldsymbol{r}$,$\boldsymbol{F}$ 与 $\mathrm{d}\boldsymbol{r}$ 之间的夹角为 θ。功定义为力在位移方向的分量与该位移大小的乘积。按此定义,力 $\boldsymbol{F}$ 所做的元功为

$$\mathrm{d}W=F|\mathrm{d}\boldsymbol{r}|\cos\theta \tag{3.6a}$$

如用 $\mathrm{d}s$ 表示 $|\mathrm{d}\boldsymbol{r}|$,即 $\mathrm{d}s=|\mathrm{d}\boldsymbol{r}|$,那么上式也可写成

$$\mathrm{d}W=F\mathrm{d}s\cos\theta \tag{3.6b}$$

从上式可以看出,当 $0°<\theta<90°$ 时,功为正值,即力对质点做正功;当 $90°<\theta\leqslant180°$ 时,功为负值,即力对质点做负功。

由于力 $\boldsymbol{F}$ 与位移 $\mathrm{d}\boldsymbol{r}$ 均为矢量,从矢量的标积定义知,式(3.6a)等号右边为 $\boldsymbol{F}$ 与 $\mathrm{d}\boldsymbol{r}$ 的标积,即

$$\mathrm{d}W=\boldsymbol{F}\cdot\mathrm{d}\boldsymbol{r} \tag{3.6c}$$

上式表明,虽然力和位移都是矢量,但它们的标积——功却是标量。

如果把式(3.6a)写成 $\mathrm{d}W=F(|\mathrm{d}\boldsymbol{r}|\cos\theta)$,那么功的定义也可以说成是质点的位移在力方向上的分量和力的大小的乘积。这个叙述显然与前述功的定义是等效的,在具体问题中采用哪一种叙述,视方便而定。若有一质点沿如图 3.5(a)所示的路径由点 A 运动到点 B,而在这过程中作用于质点上的力的大小和方向都在改变,为求得在这过程中变力所做的功,我们把路径分成多个位移元,使得在这些位移元里,力可近似看成是不变的。于是,质点从点 A 移到点 B 的过程中,变力所做的功应等于力在每段位移元上所做元功的代数和,即

$$W=\int\mathrm{d}W=\int_A^B\boldsymbol{F}\cdot\mathrm{d}\boldsymbol{r}=\int_A^B F\cos\theta\mathrm{d}s \tag{3.7a}$$

上式是变力做功的表达式。

功常用图示法来计算。如图 3.5(b)所示,图中的曲线表示 $F\cos\theta$ 随路径变化的函数关系。曲线下面的面积等于变力所做功的代数值。

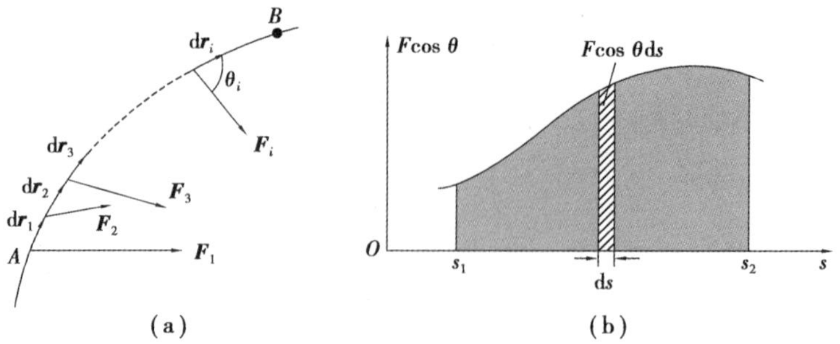

图 3.5

在直角坐标系中,$\boldsymbol{F}$ 和 $\mathrm{d}\boldsymbol{r}$ 都是坐标 x,y,z 的函数,即

$$\boldsymbol{F}=F_x\boldsymbol{i}+F_y\boldsymbol{j}+F_z\boldsymbol{k}$$

$$\mathrm{d}\boldsymbol{r}=\mathrm{d}x\boldsymbol{i}+\mathrm{d}y\boldsymbol{j}+\mathrm{d}z\boldsymbol{k}$$

因此,式(3.7a)也可写成

$$W=\int_A^B\boldsymbol{F}\cdot\mathrm{d}\boldsymbol{r}=\int_A^B(F_x\mathrm{d}x+F_y\mathrm{d}y+F_z\mathrm{d}z) \tag{3.7b}$$

式(3.7b)是变力做功的另一数学表达式,它与式(3.7a)是等同的。若有几个力同时作用在质点上,它们所做的功是多少呢?设有$\boldsymbol{F}_1,\boldsymbol{F}_2,\boldsymbol{F}_3,\cdots,\boldsymbol{F}_i,\cdots$作用在质点上,它们的合力为$\boldsymbol{F}=\boldsymbol{F}_1+\boldsymbol{F}_2+\boldsymbol{F}_3+\cdots+\boldsymbol{F}_i+\cdots$。由功的定义式(3.7a)知,此合力所做的功为

$$W=\int\boldsymbol{F}\cdot\mathrm{d}\boldsymbol{r}=\int(\boldsymbol{F}_1+\boldsymbol{F}_2+\boldsymbol{F}_3+\cdots+\boldsymbol{F}_i+\cdots)\cdot\mathrm{d}\boldsymbol{r}$$

由矢量标积的分配律,上式为

$$W=\int\boldsymbol{F}_1\cdot\mathrm{d}\boldsymbol{r}+\int\boldsymbol{F}_2\cdot\mathrm{d}\boldsymbol{r}+\int\boldsymbol{F}_3\cdot\mathrm{d}\boldsymbol{r}+\cdots+\int\boldsymbol{F}_i\cdot\mathrm{d}\boldsymbol{r}+\cdots$$

即

$$W=W_1+W_2+W_3+\cdots+W_i+\cdots \tag{3.8}$$

式(3.8)表明,合力对质点所做的功,等于每个分力所做功的代数和。

在国际单位制中,力的单位是 N,位移的单位是 m,所以功的单位是 N·m,我们把这个单位叫作焦耳(Joule),简称焦,符号为 J。功的量纲为 $\mathrm{ML^2T^{-2}}$。

功随时间的变化率叫作功率,用 P 表示,则有

$$P=\frac{\mathrm{d}W}{\mathrm{d}t}$$

利用式(3.6c)可得

$$P=\frac{\mathrm{d}W}{\mathrm{d}t}=\boldsymbol{F}\cdot\frac{\mathrm{d}\boldsymbol{r}}{\mathrm{d}t}=\boldsymbol{F}\cdot\boldsymbol{v} \tag{3.9}$$

在国际单位制中,功率的单位名称为瓦特(Watt),简称瓦,符号为 W,1 kW=10^3 W。

3.2.2 质点的动能定理

下面我们讨论力对空间累积作用的效果,从而得出力对质点做功与其动能变化之间的关系。

如图 3.6 所示,一质量为 m 的质点在合力 $\boldsymbol{F}$ 作用下,自点 A 沿曲线移动到点 B,它在点 A 和点 B 的速率分别为 v_1 和 v_2。设作用在位移元 $\mathrm{d}\boldsymbol{r}$ 上的合力 $\boldsymbol{F}$ 与 $\mathrm{d}\boldsymbol{r}$ 之间的夹角为 θ。由式

(3.6)可得,合力 $\boldsymbol{F}$ 对质点所做的元功为

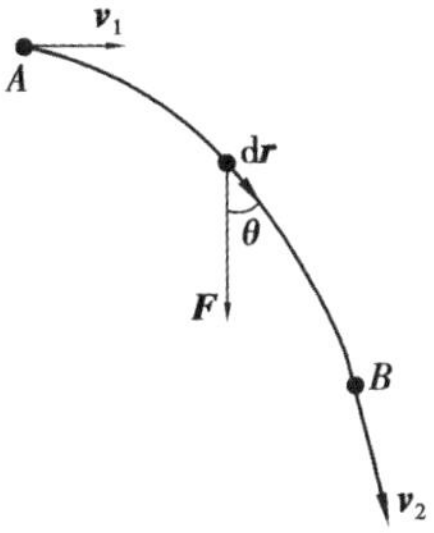

图 3.6

$$\mathrm{d}W = \boldsymbol{F} \cdot \mathrm{d}\boldsymbol{r} = F\cos\theta\,|\mathrm{d}\boldsymbol{r}|$$

由牛顿第二定律及切向加速度 a_t 的定义,有

$$F\cos\theta = ma_t = m\frac{\mathrm{d}v}{\mathrm{d}t}$$

考虑到 $|\mathrm{d}\boldsymbol{r}| = \mathrm{d}s$,而 $\mathrm{d}s = v\mathrm{d}t$,可得

$$\mathrm{d}W = m\frac{\mathrm{d}v}{\mathrm{d}t}\mathrm{d}s = mv\mathrm{d}v$$

于是,质点自点 A 移至点 B 这一过程中,合力所做的总功为

$$W = \int_{v_1}^{v_2} mv\mathrm{d}v = \frac{1}{2}mv_2^2 - \frac{1}{2}mv_1^2 \tag{3.10a}$$

上式表明合力对质点做功的结果,使得 $\frac{1}{2}mv^2$ 这个量获得了增量,而 $\frac{1}{2}mv^2$ 是与质点的运动状态有关的参量,叫作质点的动能,用 E_k 表示,即

$$E_k = \frac{1}{2}mv^2$$

这样,$E_{k1} = \frac{1}{2}mv_1^2$ 和 $E_{k2} = \frac{1}{2}mv_2^2$ 分别表示质点在起始和终了位置时的动能。式(3.10a)可写成

$$W = E_{k2} - E_{k1} \tag{3.10b}$$

上式表明,合力对质点所做的功,等于质点动能的增量。这个结论就叫作质点的动能定理。E_{k1} 称为初动能,而 E_{k2} 称为末动能。

关于质点的动能定理还应说明以下两点:

①功与动能之间的联系和区别。只有力对质点做功,才能使质点的动能发生变化,功是能量变化的量度。由于功是与在力作用下质点的位置移动过程相联系的,故功是一个过程量。而动能则是决定于质点的运动状态的,故它是运动状态的函数。

②与牛顿第二定律一样,动能定理也适用于惯性系,此外,在不同的惯性系中,质点的位移和速度都是不同的,因此,功和动能依赖于惯性系的选取。但对不同的惯性系,动能定理的形式相同。

动能的单位和量纲与功的单位和量纲相同。

[例 3.4] 质点所受外力 $\boldsymbol{F} = (y^2 - x^2)\boldsymbol{i} + 3xy\boldsymbol{j}$,求质点由点(0,0)运动到点(2,4)的过程中力 $\boldsymbol{F}$ 所做的功。

(1)先沿 x 轴由点(0,0)运动到点(2,0),再平行于 y 轴由点(2,0)运动到点(2,4);

(2)沿连接(0,0),(2,4)两点的直线运动。(单位为国际单位制)

解:(1)由点(0,0)沿 x 轴运动到点(2,0),此时 $y=0,\mathrm{d}y=0$,所以

$$W_1=\int_0^t F_x\mathrm{d}x=\int_0^t(-x^2)\mathrm{d}x=-\frac{8}{3}\ \mathrm{J}$$

由点(2,0)平行于 y 轴运动到点(2,4),此时 $x=2,\mathrm{d}x=0$,故

$$W_2=\int_0^4 F_y\mathrm{d}y=\int_0^4 6y\mathrm{d}y=48\ \mathrm{J}$$

$$W=W_1+W_2=45\frac{1}{3}\ \mathrm{J}$$

(2)因为由原点到点(2,4)的直线方程为 $y=2x$,所以

$$W=\int_0^2 F_x\mathrm{d}x+\int_0^4 F_y\mathrm{d}y$$

$$=\int_0^2(4x^2-x^2)\mathrm{d}x+\int_0^4\frac{3}{2}y^2\mathrm{d}y=40\ \mathrm{J}$$

[**例** 3.5]在离水面的高度为 H 的岸上,有人用大小不变的力 $\boldsymbol{F}$ 拉绳使船靠岸,如图3.7 所示。求船从离岸 x_1 处移到 x_2 处的过程中,力 $\boldsymbol{F}$ 对船所做的功。

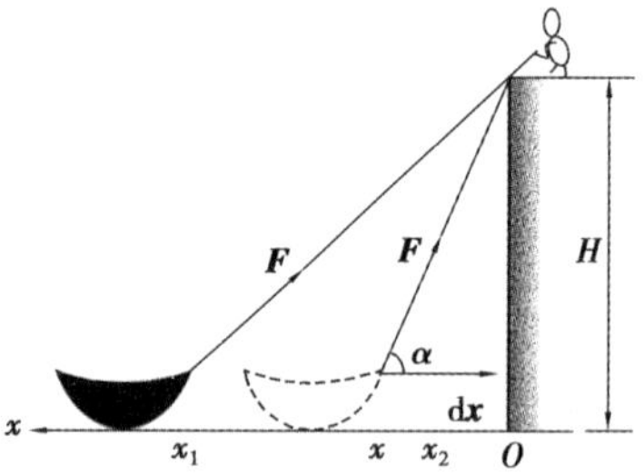

图 3.7

解:由题意知,虽然力的大小不变,但其方向在不断变化,故仍然是变力做功。如图 3.7 所示,以岸边为坐标原点,向左为 x 轴正向,则力 $\boldsymbol{F}$ 在坐标为 x 处的任一小段元位移 $\mathrm{d}\boldsymbol{x}$ 上所做元功为

$$\mathrm{d}W=\boldsymbol{F}\cdot\mathrm{d}\boldsymbol{x}=F\cos\alpha(-\mathrm{d}x)$$

$$=-F\frac{x}{\sqrt{x^2+H^2}}\mathrm{d}x$$

即

$$W=\int_{x_1}^{x_2}-F\frac{x\mathrm{d}x}{\sqrt{x^2+H^2}}$$

$$=\boldsymbol{F}(\sqrt{H^2+x_1^2}-\sqrt{H^2+x_2^2})$$

由于 $x_1>x_2$,所以力 $\boldsymbol{F}$ 做正功。

3.3 保守力与非保守力　势能

上一节介绍了作为机械运动能量之一的动能，本节将介绍另一种机械能——势能。为此，我们将从万有引力、弹性力以及摩擦力等力的做功特点出发，引出保守力和非保守力概念，然后介绍引力势能、弹性势能和重力势能。

3.3.1 万有引力和弹性力做功的特点

1）万有引力做功

如图 3.8 所示，有两个质量为 m 和 m' 的质点，其中质点 m' 固定不动，m 经任一路径由点 A 运动到点 B。如取 m' 的位置为坐标原点 O，那么 A、B 两点对 m' 的距离分别为 r_A 和 r_B。设在某一时刻质点 m 距质点 m' 的距离为 r，其位矢为 $\boldsymbol{r}$，这时质点 m 受到质点 m' 的万有引力为

$$\boldsymbol{F} = -G\frac{m'm}{r^2}\boldsymbol{e}_r$$

$\boldsymbol{e}_r$ 为沿位矢 $\boldsymbol{r}$ 的单位矢量。当 m 沿路径移动位移元 $\mathrm{d}\boldsymbol{r}$ 时，万有引力做的功为

$$\mathrm{d}W = \boldsymbol{F}\cdot\mathrm{d}\boldsymbol{r} = -G\frac{m'm}{r^2}\boldsymbol{e}_r\cdot\mathrm{d}\boldsymbol{r}$$

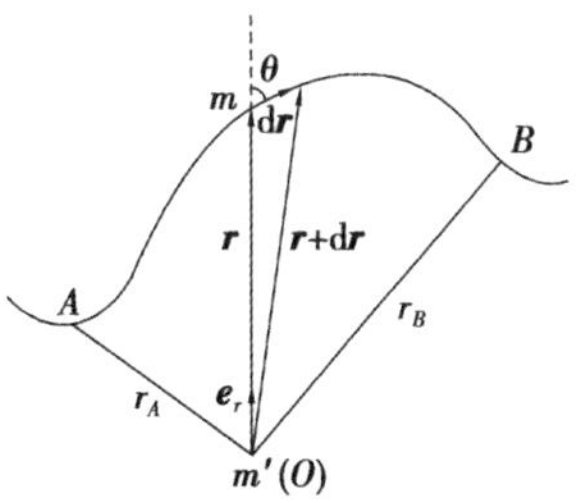

图 3.8

从图 3.8 可以看出

$$\boldsymbol{e}_r\cdot\mathrm{d}\boldsymbol{r} = |\boldsymbol{e}_r|\cdot|\mathrm{d}\boldsymbol{r}|\cos\theta = |\mathrm{d}\boldsymbol{r}|\cos\theta = \mathrm{d}r$$

于是，上式为

$$\mathrm{d}W = -G\frac{m'm}{r^2}\mathrm{d}r$$

所以，质点 m 从点 A 沿任一路径到达点 B 的过程中，万有引力做的功为

$$W = \int_A^B \mathrm{d}W = -Gm'm\int_{r_A}^{r_B}\frac{1}{r^2}\mathrm{d}r$$

即

$$W = Gm'm\left(\frac{1}{r_B} - \frac{1}{r_A}\right) \tag{3.11}$$

上式表明，当质点的质量 m' 和 m 给定时，万有引力做的功只取决于质点 m 的起始和终了位置（r_A 和 r_B），而与所经过的路径无关，这是万有引力做功的一个重要特点。

2)弹性力做功

如图3.9所示是一放置在光滑平面上的弹簧,弹簧的一端固定,另一端与一质量为 m 的物体相连接。当弹簧在水平方向不受外力作用时,它将不发生形变,此时物体位于点 O(即位于 $x=0$ 处),这个位置叫作平衡位置。现以平衡位置 O 为坐标原点,向右为 Ox 轴正向。

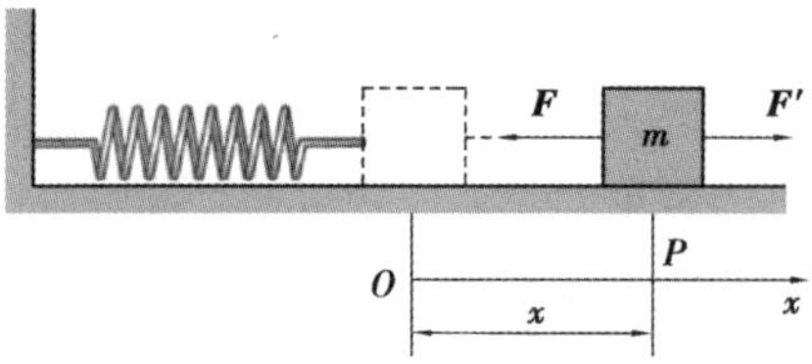

图3.9

若物体受到沿 Ox 轴正向的外力 F' 作用,弹簧将沿 Ox 轴正向被拉长,弹簧的伸长量为 x。根据胡克定律,在弹性限度内,弹簧的弹性力 $\boldsymbol{F}$ 与弹簧的伸长量 x 之间的关系为

$$\boldsymbol{F} = -kx\boldsymbol{i}$$

式中 k 称为弹簧的劲度系数。在弹簧被拉长的过程中,弹性力是变力。但弹簧位移为 $\mathrm{d}\boldsymbol{x}$ 时的弹性力 $\boldsymbol{F}$ 可近似看成是不变的。于是,弹簧位移为 $\mathrm{d}\boldsymbol{x}$ 时,弹性力做的元功为

$$\mathrm{d}W = \boldsymbol{F} \cdot \mathrm{d}\boldsymbol{x} = -kx\boldsymbol{i} \cdot \mathrm{d}x\boldsymbol{i} = -kx\mathrm{d}x\boldsymbol{i} \cdot \boldsymbol{i}$$

有

$$\mathrm{d}W = -kx\mathrm{d}x$$

这样,弹簧的伸长量由 x_1 变到 x_2 时,弹性力所做的功就等于各个元功之和。由积分计算可得

$$W = \int \mathrm{d}W = -k\int_{x_1}^{x_2} x\mathrm{d}x$$

$$W = -\left(\frac{1}{2}kx_2^2 - \frac{1}{2}kx_1^2\right) \tag{3.12}$$

从式(3.12)可以看出,对在弹性限度内具有给定劲度系数的弹簧来说,弹性力所做的功只由弹簧起始和终了的位置(x_1 和 x_2)决定,而与弹性形变的过程无关。这一特点与万有引力做功的特点是相同的。

应当指出,这里所用的弹簧物体系统,虽只是一个特例,但上述结论适用于一切弹性力作用的系统。

3.3.2 保守力和非保守力

从上述对万有引力和弹性力做功的讨论中可以看出,它们所做的功只与质点的始、末位置有关,而与路径无关。这是它们的一个共同特点。我们把具有这种特点的力叫作保守力。除了上面所讲的万有引力和弹性力是保守力外,电荷间相互作用的库仑力也是保守力。

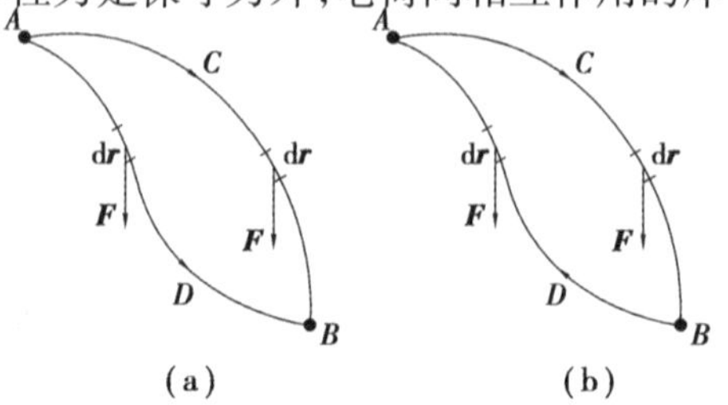

图3.10

如何用一个统一的数学式，把各种保守力做功与路径无关这一特点表达出来呢？

如图3.10(a)所示，设一质点在保守力 $\boldsymbol{F}$ 作用下自点 A 沿路径 ACB 到达点 B，或沿路径 ADB 到达点 B。根据保守力做功与路径无关的特点，有

$$W_{ACB}=W_{ADB}=\int_{ACB}\boldsymbol{F}\cdot\mathrm{d}\boldsymbol{r}=\int_{ADB}\boldsymbol{F}\cdot\mathrm{d}\boldsymbol{r} \tag{3.13}$$

显然，此积分结果只是 A、B 两点位置的函数。如果质点沿如图3.10(b)所示的 $ACBDA$ 闭合路径运动一周时，保守力对质点做的功为

$$W=\oint_l\boldsymbol{F}\cdot\mathrm{d}\boldsymbol{r}=\int_{ACB}\boldsymbol{F}\cdot\mathrm{d}\boldsymbol{r}+\int_{BDA}\boldsymbol{F}\cdot\mathrm{d}\boldsymbol{r}$$

由于

$$\int_{BDA}\boldsymbol{F}\cdot\mathrm{d}\boldsymbol{r}=-\int_{ADB}\boldsymbol{F}\cdot\mathrm{d}\boldsymbol{r}$$

所以，上式为

$$W=\oint_l\boldsymbol{F}\cdot\mathrm{d}\boldsymbol{r}=\int_{ACB}\boldsymbol{F}\cdot\mathrm{d}\boldsymbol{r}-\int_{ADB}\boldsymbol{F}\cdot\mathrm{d}\boldsymbol{r}$$

由式(3.13)，上式为

$$W=\oint_l\boldsymbol{F}\cdot\mathrm{d}\boldsymbol{r}=0 \tag{3.14}$$

上式表明，质点沿任意闭合路径运动一周时，保守力对它所做的功为零。式(3.14)是反映保守力做功特点的数学表达式。无论是万有引力、弹性力还是库仑力，它们沿闭合路径做功都符合式(3.14)。此外还应指出，式(3.14)是根据式(3.13)得出的，所以，我们可以说，保守力做功与路径无关的特点与保守力沿任意闭合路径一周做功为零的特点是一致的，也是等效的。

然而，在物理学中并非所有的力都具有做功与路径无关这一特点，例如常见的摩擦力，它所做的功就与路径有关，路径越长，摩擦力做的功也越大。显然，摩擦力就不具有保守力做功的特点。另外，还有一些力做功也与路径有关，如磁场对电流作用的安培力做的功就与路径有关。我们把这种做功与路径有关的力叫作非保守力。摩擦力就是一种非保守力。

3.3.3　势能

保守力的功与路径无关的性质，大大简化了对保守力做功的计算，并由此引入了势能的概念。

由于两个质点间的保守力做的功与路径无关，而只决定于两质点的始末相对位置，或者一般地说决定于系统的始末位置，所以对于这两质点系统，存在着一个由它们的位置决定的函数。这一函数相应于某两个位置的差值就给出系统从这位置改变到另一位置时保守力做的功。这个由位置决定的函数叫作系统的势能函数，简称势能(也叫位能)。以 E_p 表示势能，并以 E_pA 和 E_pB 分别表示相应于位置A和B的系统的势能，则它们和保守力做的功 W_AB 的关系可表示为

$$W_\mathrm{AB}=E_\mathrm{pA}-E_\mathrm{pB}=-(E_\mathrm{pB}-E_\mathrm{pA}) \tag{3.15}$$

这一势能的定义公式表示系统由位置A改变到位置B的过程中，保守内力的功等于系统势能的减少量(或势能增量的负值)。这个关于势能的定义虽然是从两质点系统说起的，它显然也适用于任意的多质点系统，只要这些质点间的内力是保守力。

应当指出,式(3.15)只给出了势能差。要确定质点系在任一给定位置时的势能值,就必须选定某一位置作为参考位置,而规定此参考位置的势能为零。通常把这一参考位置叫作势能零点。在式(3.15)中,如果我们取位置B为势能零点,即规定 $E_{pB}=0$,则任一其他位置A的势能就是

$$E_{pA} = W_{AB} \tag{3.16}$$

这一公式说明,系统在任一位置时的势能等于它从此位置改变至势能零点时保守内力所做的功。根据3.2节所述的一对力做功的特点,一个系统的势能和描述此系统的运动所用的参考系是无关的。

势能零点可以根据问题的需要任意选择。很明显,对于不同的势能零点,系统在某同一位置的势能值是不同的。这就是说,某位置的势能值总是相对于选定的势能零点来说的。但根据式(3.15),某两个位置的势能差是一定的,与势能零点的选择无关。

在此,附带说一下,我们常常谈到能量的“所有者”。对于动能,很容易而且很合理地就认为它属于运动的质点。对于势能,由于是以研究一对保守内力的功引进的,所以它应属于以保守力相互作用着的整个质点系统。它实质上是一种相互作用能。对一个两质点系统,我们无法在这两个质点间按某种比例分配这一势能,更不能说势能只属于某一个质点。

最后,应该特别强调的是,对保守内力才能引进势能的概念。对非保守内力,谈不上势能概念,如不存在“摩擦势能”等。

3.4 功能原理 机械能守恒定律

前面我们讨论了质点机械运动的能量——动能和势能,以及合力对质点做功引起质点动能改变的动能定理。可是,在许多实际问题中,我们需要研究由许多质点所构成的系统。这时系统内的质点,既受到系统内各质点之间相互作用的内力,又可能受到系统外的质点对系统内质点作用的外力。

3.4.1 质点系的动能定理

设一系统内有 n 个质点,作用于各个质点的力所做的功分别为 $W_1, W_2, W_3, \cdots$,使各质点由初动能 $E_{k10}, E_{k20}, E_{k30}, \cdots$ 改变为末动能 $E_{k1}, E_{k2}, E_{k3}, \cdots$ 由质点的动能定理式(3.10),可得

$$W_1 = E_{k1} - E_{k10}$$
$$W_2 = E_{k2} - E_{k20}$$
$$W_3 = E_{k3} - E_{k30}$$

以上各式相加,有

$$\sum_{i=1}^{n} W_i = \sum_{i=1}^{n} E_{ki} - \sum_{i=1}^{n} E_{ki0} \tag{3.17}$$

式中 $\sum\limits_{i=1}^{n} E_{ki0}$ 是系统内 n 个质点的初动能之和,$\sum\limits_{i=1}^{n} E_{ki}$ 是这些质点的末动能之和,$\sum\limits_{i=1}^{n} W_i$ 则是作用在 n 个质点上的力所做的功之和。因此,上式的物理意义是:作用于质点系的力所做的功,等于该质点系的动能增量。这也叫作质点系的动能定理。

正如前面所说，系统内的质点所受的力，既有来自系统外的外力，也有来自系统内各质点间相互作用的内力，因此，作用于质点系的力所做的功 $\sum W_i$，应是一切外力对质点系所做的功 $\sum W_i^{ex} = W^{ex}$ 与质点系内一切内力所做的功 $\sum W_i^{in} = W^{in}$ 之和，即

$$\sum_{i=1}^{n} W_i = \sum_{i=1}^{n} W_i^{ex} + \sum_{i=1}^{n} W_i^{in} = W^{ex} + W^{in} \tag{3.18}$$

这样式(3.17)亦可写成

$$W^{ex} + W^{in} = \sum_{i=1}^{n} E_{ki} - \sum_{i=1}^{n} E_{ki0} \tag{3.19}$$

这是质点系动能定理的另一数学表达式，它表明，质点系的动能的增量等于作用于质点系的一切外力做的功与一切内力做的功之和。

3.4.2　质点系的功能原理

前面已经指出，作用于质点系的力，有保守力与非保守力。因此，如以 W_c^{in} 表示质点系内各保守内力做功之和，W_{nc}^{in} 表示质点系内各非保守内力做功之和，那么，质点系内一切内力所做的功则应为

$$W^{in} = W_c^{in} + W_{nc}^{in}$$

此外，从式(3.15)已知，系统内保守力做的功等于势能增量的负值，因此，有

$$W_c^{in} = -\left(\sum_{i=1}^{n} E_{pi} - \sum_{i=1}^{n} E_{pi0} \right)$$

考虑了以上两点，式(3.19)可写为

$$W^{ex} + W^{in} = \left(\sum_{i=1}^{n} E_{ki} + \sum_{i=1}^{n} E_{pi} \right) - \left(\sum_{i=1}^{n} E_{ki0} + \sum_{i=1}^{n} E_{pi0} \right) \tag{3.20}$$

在力学中，动能和势能统称为机械能。若以 E_0 和 E 分别代表质点系的初机械能和末机械能，那么，式(3.20)可写成

$$W^{ex} + W_{nc}^{in} = E - E_0 \tag{3.21}$$

上式表明，质点系的机械能的增量等于外力与非保守内力做功之和。这就是质点系的功能原理。

功和能量有联系又是有区别的。功总是和能量的变化与转化过程相联系，功是能量变化与转化的一种量度。而能量是代表质点系统在一定状态下所具有的做功本领，它和质点系统的状态有关，对机械能来说，它与质点系统的机械运动状态(即位置和速度)有关。

3.4.3　机械能守恒定律

从质点系的功能原理式(3.21)可以看出，当 $W^{ex}=0$ 和 $W_{nc}^{in}=0$，或 $W^{ex}+W_{nc}^{in}=0$ 时，有

$$E = E_0 \tag{3.22a}$$

即

$$\sum E_{ki} + \sum E_{pi} = \sum E_{ki0} + \sum E_{pi0} \tag{3.22b}$$

它的物理意义是：当作用于质点系的外力和非保守内力均不做功，或外力和非保守内力对质点系做功的代数和为零时，质点系的总机械能是守恒的。这就是机械能守恒定律。

机械能守恒定律的数学表达式(3.22)还可以写成

$$\sum E_{ki} - \sum E_{ki0} = -\left(\sum E_{pi} - \sum E_{pi0}\right) \tag{3.23}$$

即

$$\Delta E_k = -\Delta E_p$$

可见,在满足机械能守恒的条件下,质点系内的动能和势能可以相互转化,但动能和势能之和却是不变的,所以说,在机械能守恒定律中,机械能是不变量或守恒量。而质点系内的动能和势能之间的转化则是通过质点系内的保守力做功(W_c^{in})来实现的。

[**例** 3.6]如图 3.11 所示,有一质量略去不计的轻弹簧,其一端系在竖直放置的圆环的顶点 P,另一端系一质量为 m 的小球,小球穿过圆环并在圆环上做摩擦可略去不计的运动。设开始时小球静止于点 A,弹簧处于自然状态,其长度为圆环的半径 R;当小球运动到圆环的底端点 B 时,小球对圆环没有压力。求此弹簧的劲度系数。

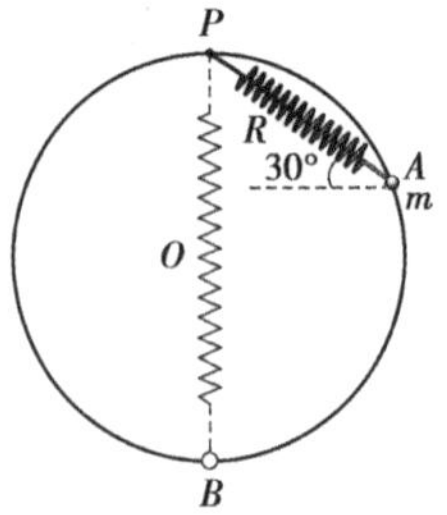

图 3.11

解:取弹簧、小球和地球为一个系统,小球与地球间的重力、小球与弹簧间的作用力均为保守内力。而圆环对小球的支持力和点 P 对弹簧的拉力虽都为外力,但都不做功,所以,小球从点 A 运动到点 B 的过程中,系统的机械能是不变量,机械能应守恒。因小球在点 A 时弹簧为自然状态,故取点 A 的弹性势能为零;另取点 B 时小球的重力势能为零。那么,由机械能守恒定律可得

$$\frac{1}{2}mv^2 + \frac{1}{2}kR^2 = mgR(2 - \sin 30°)$$

式中 v 是小球在点 B 的速率。又小球在点 B 时的牛顿第二定律方程为

$$kR - mg = m\frac{v^2}{R}$$

联立解得弹簧的劲度系数为

$$k = \frac{2mg}{R}$$

3.5 碰撞

如两物体在碰撞过程中,它们之间相互作用的内力较之其他物体对它们作用的外力要大得多,在研究两物体间的碰撞问题时,可将其他物体对它们作用的外力忽略不计。如果在碰撞后,两物体的动能之和完全没有损失,那么,这种碰撞叫作完全弹性碰撞。实际上,在两物体碰撞时,由于非保守力作用,机械能转化为热能、声能、化学能等其他形式的能量,或者其他形式

的能量转化为机械能，这种碰撞叫作非弹性碰撞。如两物体在非弹性碰撞后以同一速度运动，这种碰撞叫作完全非弹性碰撞。下面通过举例来讨论完全非弹性碰撞和完全弹性碰撞。

［**例** 3.7］(完全弹性碰撞)如图 3.12 所示，设有两个质量分别为 m_1 和 m_2，速度分别为 v_{10} 和 v_{20} 的弹性小球作对心碰撞，两球的速度方向相同。若碰撞是完全弹性的，求碰撞后的速度 v_1 和 v_2。

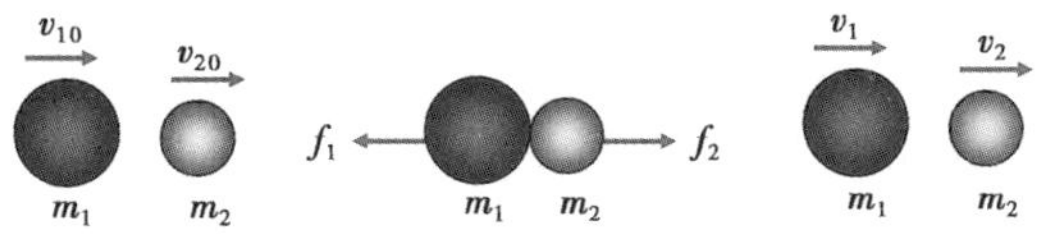

图 3.12

解：由动量守恒定律得

$$m_1v_{10}+m_2v_{20}=m_1v_1+m_2v_2$$

上式可改写为

$$m_1(v_{10}-v_1)=m_2(v_2-v_{20})$$

由机械能守恒定律得

$$\frac{1}{2}m_1v_{10}^2+\frac{1}{2}m_2v_{20}^2=\frac{1}{2}m_1v_1^2+\frac{1}{2}m_2v_2^2$$

上式可改写为

$$m_1(v_{10}^2-v_1^2)=m_2(v_2^2-v_{20}^2)$$

联立可解得

$$v_{10}+v_1=v_2+v_{20}$$

或

$$v_{10}-v_{20}=v_2-v_1$$

上式表明，碰撞前两球相互趋近的相对速度($v_{10}-v_{20}$)等于碰撞后它们相互分开的相对速度(v_2-v_1)。可解出

$$\begin{cases} v_1=\dfrac{(m_1-m_2)v_{10}+2m_2v_{20}}{m_1+m_2} \\ v_2=\dfrac{(m_2-m_1)v_{20}+2m_1v_{10}}{m_1+m_2} \end{cases} \tag{3.24}$$

讨论：(1)若 $m_1=m_2$，从式(3.24)可得

$$v_1=v_{20},\quad v_2=v_{10}$$

即两质量相同的小球碰撞后互相交换速度。

(2)若 $m_2\gg m_1$，且 $v_{20}=0$，从式(3.24)可得

$$v_1\approx-v_{10},\quad v_2\approx0$$

即碰撞后，质量为 m_1 的小球将以同样大小的速率，从质量为 m_2 的大球上反弹回来，而大球 m_2 几乎保持静止。皮球对墙壁的碰撞，以及气体分子和容器壁的碰撞都属于这种情况。

(3)若 $m_2\ll m_1$，且 $v_{20}=0$，从式(3.24)可得

$$v_1\approx v_{10},\quad v_2\approx2v_{10}$$

即一个质量很大的球体，当它与质量很小的球体相碰撞时，它的速度不发生显著改变，但质量

很小的球体却以近两倍于大球体的速度向前运动。

[**例** 3.8](完全非弹性碰撞)两个质量分别为 m_1 和 m_2,速度分别为 v_1 和 v_2 的物体在碰撞后以同一速度一起运动,求碰撞后损失的能量。

设碰撞后共同速度为 v',

$$m_1v_1 + m_2v_2 = (m_1 + m_2)v'$$

$$v' = \frac{m_1v_1 + m_2v_2}{m_1 + m_2}$$

则碰撞前后损失的动能为

$$E_{损} = \frac{1}{2}m_1v_1 + \frac{1}{2}m_2v_2 - \frac{1}{2}(m_1 + m_2)\ v'^2$$

$$= \frac{1}{2}\frac{m_1m_2(v_1 - v_2)^2}{m_1 + m_2}$$

3.6 质心　质心运动定理

3.6.1 质心

一人向空中抛一匀质薄三角板[图 3.13(a)],实际观测表明,板上有一点 C 的运动轨迹为抛物线,而其他各点既随点 C 做抛物线运动,又绕通过点 C 的轴线做圆周运动。这时板的运动可看成是板的平动与整个板绕点 C 转动这两种运动的合成。因此,我们可用点 C 的运动来代表整个板的平动,点 C 就是三角板的质心。就平动而言,板的全部质量似乎集中在质心这一点上。跳水运动员在空中的质心的运动轨迹也是抛物线[图 3.13(b))]。下面分别讨论质心位置的确定和质心的运动规律。

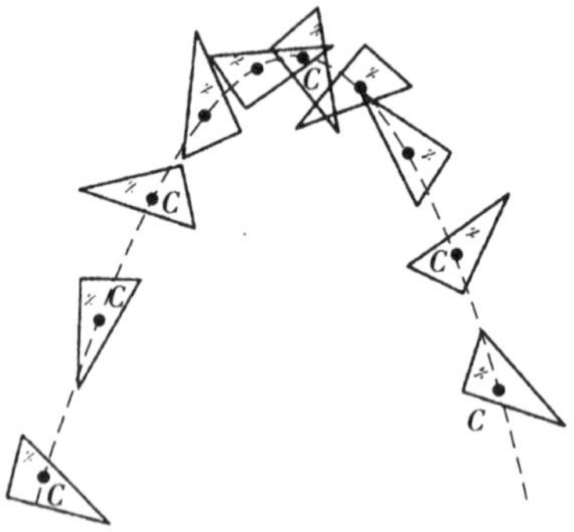

(a)

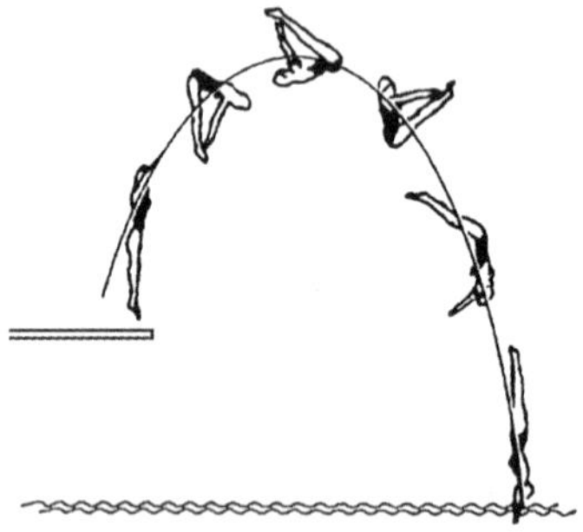

(b)

图 3.13

在如图 3.14 所示的直角坐标系中,由 n 个质点组成的质点系,其质心位置可由下式确定:

$$\boldsymbol{r}_C = \frac{m_1\boldsymbol{r}_1 + m_2\boldsymbol{r}_2 + \cdots + m_i\boldsymbol{r}_i + \cdots}{m_1 + m_2 + \cdots + m_i + \cdots} = \frac{\sum\limits_{i=1}^{n} m_i\boldsymbol{r}_i}{m'} \tag{3.25a}$$

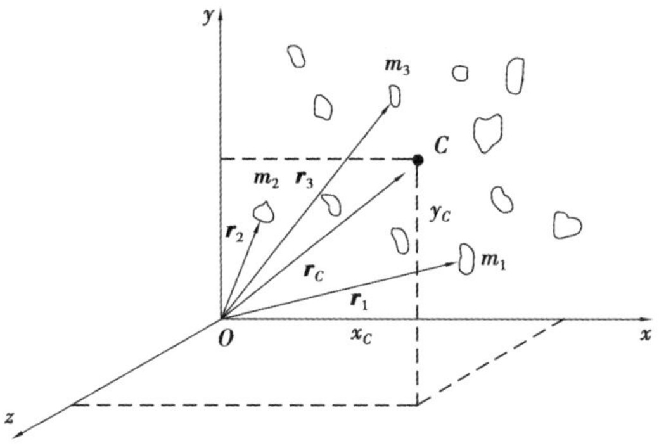

图 3.14

式中 m' 为质点系内各质点的质量总和；$\boldsymbol{r}_i$ 为第 i 个质点对原点 O 的位矢，$\boldsymbol{r}_c$ 为质心对原点 O 的位矢，它在 Ox 轴、Oy 轴和 Oz 轴上的分量即质心在 Ox 轴、Oy 轴和 Oz 轴上的坐标，分别为

$$x_C=\frac{\sum_{i=1}^{n}m_ix_i}{m'},y_C=\frac{\sum_{i=1}^{n}m_iy_i}{m'},z_C=\frac{\sum_{i=1}^{n}m_iz_i}{m'} \tag{3.25b}$$

对于质量连续分布的物体，可把物体分成许多质量元 $\mathrm{d}m$，式(3.25b)中的求和 $\sum x_im_i$，可用积分 $\int x\mathrm{d}m$ 来替代。于是，质心的坐标为

$$x_C=\frac{1}{m'}\int x\mathrm{d}m,\quad y_C=\frac{1}{m'}\int y\mathrm{d}m,\quad z_C=\frac{1}{m'}\int z\mathrm{d}m \tag{3.25c}$$

对于密度均匀、形状对称分布的物体，其质心都在它的几何中心处，例如圆环的质心在圆环中心，球的质心在球心等。

3.6.2　质心运动定理

在如图 3.14 所示的质点系中，式(3.25a)可写成

$$m'\boldsymbol{r}_C=\sum_{i=1}^{n}m_i\boldsymbol{r}_i$$

考虑到质点系内各质点的质量总和 m' 是一定的，因此，上式对时间的一阶导数为

$$m'\frac{\mathrm{d}\boldsymbol{r}_C}{\mathrm{d}t}=\sum_{i=1}^{n}m_i\frac{\mathrm{d}\boldsymbol{r}_i}{\mathrm{d}t} \tag{3.26}$$

式中 $\mathrm{d}\boldsymbol{r}_C/\mathrm{d}t$ 是质心的速度，用 $\boldsymbol{v}_C$ 表示，$\mathrm{d}\boldsymbol{r}_i/\mathrm{d}t$ 是第 i 个质点的速度，用 $\boldsymbol{v}_i$ 表示，故上式为

$$m'\boldsymbol{v}_C=\sum_{i=1}^{n}m_i\boldsymbol{v}_i=\sum_{i=1}^{n}\boldsymbol{p}_i \tag{3.27}$$

上式表明，系统内各质点动量的矢量和等于系统质心的速度乘以系统的质量。

前面在讨论质点系的动量定理时已经讲过，系统内各质点间相互作用的内力的矢量和为零，即 $\sum_{i=1}^{n}\boldsymbol{F}_i^{\text{in}}=0$。因此，作用在系统上的合力就等于合外力，即

$$\boldsymbol{F}^{\text{ex}}=\sum_{i=1}^{n}\boldsymbol{F}_i^{\text{ex}}$$

于是由式(3.27)可得

$$\boldsymbol{F}^{\mathrm{ex}} = m' \frac{\mathrm{d}\boldsymbol{v}_C}{\mathrm{d}t} = m' \boldsymbol{a}_C \tag{3.28}$$

上式表明,作用在系统上的合外力等于系统的总质量乘以系统质心的加速度。它与牛顿第二定律在形式上完全相同,只是系统的质量集中于质心,在合外力作用下,质心以加速度$\boldsymbol{a}_C$运动。通常我们把式(3.28)作为质心运动定律的数学表达式。

3.6.3 质心动量守恒定律

式(3.28)中,如果 $\boldsymbol{F}^{\mathrm{ex}}=0$,即合外力为零,那么

$$m'\boldsymbol{v}_C = \sum_{i=1}^{n} m_i \boldsymbol{v}_i = 常矢量$$

也就是说,如果系统受到的合外力为零,则系统的质心动量即总动量保持不变,这就是质心动量守恒定律。

第3章习题

3.1 对质点组有以下几种说法:

(1)质点组总动量的改变与内力无关;

(2)质点组总动能的改变与内力无关;

(3)质点组机械能的改变与保守内力无关。

下列对上述说法判断正确的是(　　)。

A. 只有(1)是正确的　　B. (1)、(2)是正确的

C. (1)、(3)是正确的　　D. (2)、(3)是正确的

3.2 有两个倾角不同、高度相同、质量一样的斜面放在光滑的水平面上,斜面是光滑的,有两个一样的物块分别从这两个斜面的顶点由静止开始滑下,则(　　)。

A. 物块到达斜面底端时的动量相等

B. 物块到达斜面底端时的动能相等

C. 物块和斜面(以及地球)组成的系统,机械能不守恒

D. 物块和斜面组成的系统水平方向上动量守恒

3.3 对功的概念有以下几种说法:

(1)保守力做正功时,系统内相应的势能增加;

(2)质点运动经一闭合路径,保守力对质点做的功为零;

(3)作用力和反作用力大小相等、方向相反,所以两者所做功的代数和必为零。

下列对上述说法判断正确的是(　　)。

A. (1)、(2)是正确的　　B. (2)、(3)是正确的

C. 只有(2)是正确的　　D. 只有(3)是正确的

3.4 如题3.4图所示,质量分别为 m_1 和 m_2 的物体A和B,置于光滑桌面上,A和B之间连有一轻弹簧。另有质量为 m_1 和 m_2 的物体C和D分别置于物体A与B之上,且物体A和C、B和D之间的摩擦因数均不为零。首先用外力沿水平方向相向推压A和B,使弹簧被压

缩，然后撤掉外力，则在A和B弹开的过程中，对A、B、C、D以及弹簧组成的系统，有(　　)。

A. 动量守恒，机械能守恒　　B. 动量不守恒，机械能守恒

C. 动量不守恒，机械能不守恒　　D. 动量守恒，机械能不一定守恒

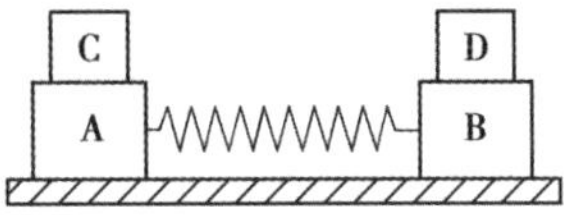

题3.4图

3.5　如题3.5图所示，子弹射入放在水平光滑地面上静止的木块后而穿出。以地面为参考系，下列说法中正确的是(　　)。

A. 子弹减少的动能转变为木块的动能

B. 子弹-木块系统的机械能守恒

C. 子弹动能的减少量等于子弹克服木块阻力所做的功

D. 子弹克服木块阻力所作的功等于这一过程中产生的热能

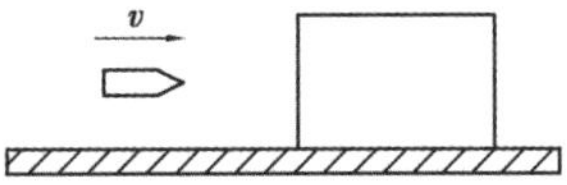

题3.5图

3.6　一质量为 $m=2$ kg 的物体，在力 $\boldsymbol{F}=4t\boldsymbol{i}+(2+3t)\boldsymbol{j}$ 作用下，以初速度 $v_0=1\boldsymbol{j}$ m/s 运动，若此力作用在物体上2 s，求：

(1) 2 s内此力对物体的冲量 $\boldsymbol{I}$；

(2) 物体2 s末的动量 $\boldsymbol{P}$。

3.7　质量为 M 的物块放在摩擦因数为 μ 的水平桌面上，有一质量为 m 的子弹以 v_0 的速度水平入射到 M 中并一起运动。已知 $M=1.9$ kg，$m=0.1$ kg，$\mu=0.2$，取 $g=10$ m/s^2，$v_0=40$ m/s。求它们一起运动的时间。

3.8　质量 $m=3$ kg 的重锤，从高度 $h=1.5$ m 处自由落到受锻压的工件上，工件发生变形。如果作用的时间(1) $\Delta t=0.1$ s；(2) $\Delta t=0.2$ s，试求锤对工件的平均冲力。

3.9　用皮带传送煤粉。皮带由马达牵引，以 $v=1.5$ m/s 的速率匀速前进，料斗中的煤粉以 $q_m=20$ kg/s 的卸煤量连续不断地送料，求马达的牵引力。

3.10　炮车以仰角 α 发射一颗炮弹，炮车和炮弹质量分别为 M 和 m，炮弹的出口速度(炮弹离开炮筒时相对于炮筒的速度)为 u。求炮车的反冲速度 v(炮车和地面间的阻力在发射炮弹瞬间可忽略不计)。

3.11　$F_x=30+4t$ 的合外力作用在质量 $m=10$ kg 的物体上，试求：

(1) 在开始2 s内此力的冲量；

(2) 冲量 $I=300$ N·s时此力作用的时间；

(3) 若物体的初速度 $v_1=10$ m/s，方向与 F_x 相同，求在 $t=6.86$ s时物体的速度 v_2。

3.12　高空作业时系安全带是非常必要的，假如一质量为50 kg的人在操作时不慎从高空竖直跌落下来，下落2 m后，由于安全带的保护最终使他被悬挂起来。已知安全带弹性缓冲作用时间为0.5 s。求安全带对人的平均冲力。

3.13 一质点在两个力的同时作用下,位移为 $\Delta \boldsymbol{r}=(4\boldsymbol{i}-5\boldsymbol{j}+6\boldsymbol{k})$ m,其中一个力 $\boldsymbol{F}=(-3\boldsymbol{i}-5\boldsymbol{j}+9\boldsymbol{k})$ N,求此力在此过程中做的功。

3.14 一绳跨过一定滑轮,两端分别拴有质量为 m 和 M 的物体 A 和 B,M 大于 m。B 静止在地面上,当 A 自由下落 h 距离后,绳子才被拉紧。求绳子刚被拉紧时两物体的速度,以及 B 能上升的最大高度。

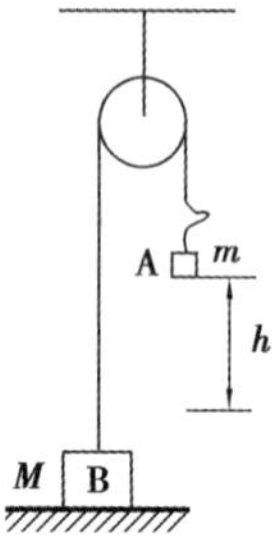

题 3.14 图

3.15 有一轻弹簧,其一端系在铅直放置的圆环的顶点 P,另一端系一质量为 m 的小球,小球穿过圆环并在圆环上运动(不计摩擦)。开始小球静止于点 A,弹簧处于自然状态,其长度为圆环半径 R;当小球运动到圆环的底端点 B 时,小球对圆环没有压力。求弹簧的劲度系数。

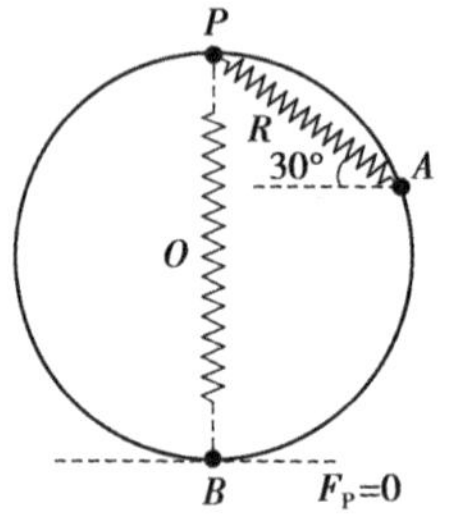

题 3.15 图

3.16 质量为 8×10^{-3} kg 的子弹,以 400 m/s 的速度水平射穿一块固定的木板,子弹穿出木板后速度变为 100 m/s。求木板阻力对子弹所做的功。

3.17 如题 3.17 图所示,质量为 m 的水银球,竖直地落到光滑的水平桌面上,分成质量相等的三等份,沿桌面运动。其中两等份的速度分别为 $\boldsymbol{v}_1$、$\boldsymbol{v}_2$,大小都为 0.30 m/s。相互垂直地分开,试求第三等份的速度。

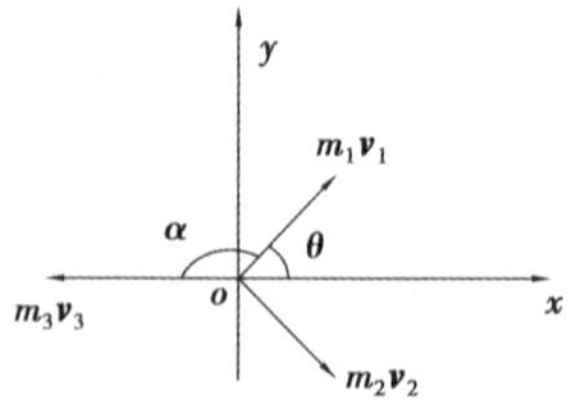

题 3.17 图

3.18 一质量为 $m=0.1$ kg 的小钢球接有一细绳,细绳穿过一水平放置的光滑钢板中部的小洞后挂上一质量为 $M=0.3$ kg 的砝码。令钢球做匀速圆周运动,当圆周半径为 $r_1=0.2$ m 时砝码恰好处于平衡状态。再加挂一质量为 $\Delta M=0.1$ kg 的砝码,求此时钢球做匀速圆周运动的速率大小及圆周半径。

3.19　如题3.19图所示，远离地面高 H 处的物体质量为 m，由静止开始向地心方向落到地面，试求地球引力对物体做的功。

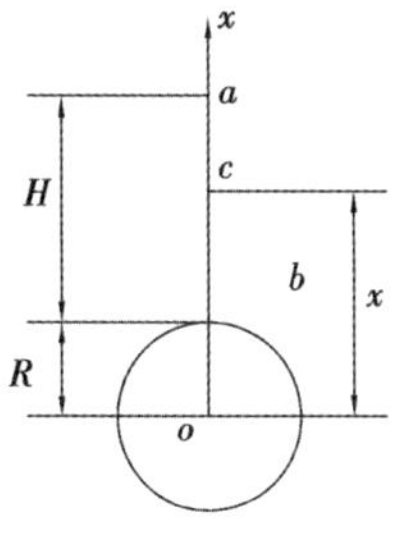

题3.19图

3.20　力 $\boldsymbol{F}=(6t+3)\boldsymbol{i}$ 作用在 $m=3$ kg 的物体上，使物体沿 x 轴运动。已知 $t=0$ 时，$v_0=0$。求前两秒内力 $\boldsymbol{F}$ 对 m 做的功。

3.21　质量为10 kg的物体沿 x 轴做直线运动，受力与坐标关系如题3.21图所示。若 $x=0$ 时，$v=1$ m/s，试求 $x=16$ m 时的速度 v。

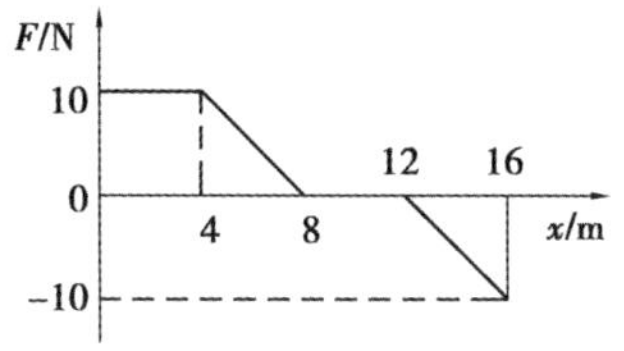

题3.21图

3.22　如题3.22图所示，质量为 m 的物体，从四分之一圆槽 A 点静止开始下滑到 B 点。在 B 点处速度为 $\boldsymbol{v}$，槽半径为 R。求 m 从 A 点运动到 B 点过程中摩擦力做的功。

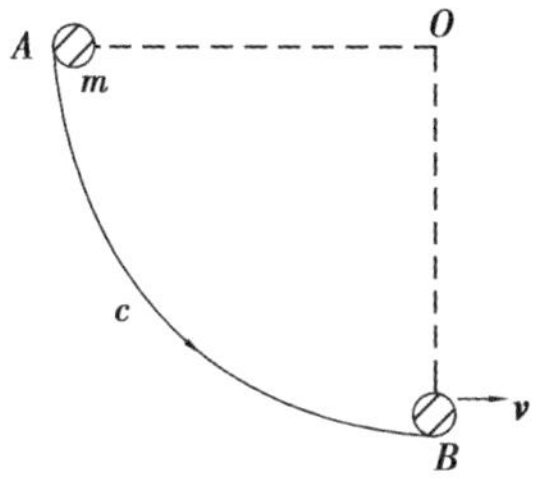

题3.22图

3.23　质量为 m_1、m_2 的两质点靠万有引力作用，起初相距 l，均静止。它们运动到距离为 $\frac{1}{2}l$ 时，速率各为多少？

3.24　如题3.24图所示，一个质量为 m 的小球，从质量为 M、半径为 R 的光滑圆弧形槽边缘点 A 下滑，开始时小球和圆弧形槽都处于静止状态，求小球刚离开圆弧形槽时，小球和圆弧形槽的速度各为多少。（圆弧形槽和地面间摩擦力不计）

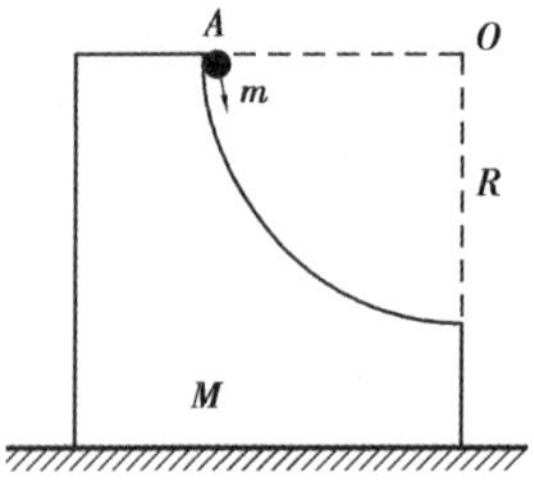

题 3.24 图

3.25　质量为 $M=1.5$ kg 的物体,用一根长为 $l=1.25$ m 的细绳悬挂在天花板上,今有质量 $m=10$ g 的子弹以 $v_0=500$ m/s 的速度射穿物体,刚穿出物体时子弹速度的大小为 $v=30$ m/s,设穿透时间极短。求:

(1)子弹刚穿出时绳中张力的大小;

(2)子弹在穿出过程中所受的冲量。

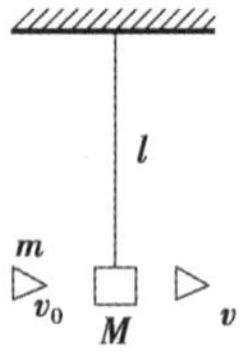

题 3.25 图

3.26　一质量均匀柔软的绳竖直悬挂着,绳的下端刚好触到水平桌面上。如果把绳的上端放开,绳将落在桌面上。试证明:在绳下落过程中的任意时刻,作用于桌面上的压力等于已落到桌面上绳的重力的 3 倍。

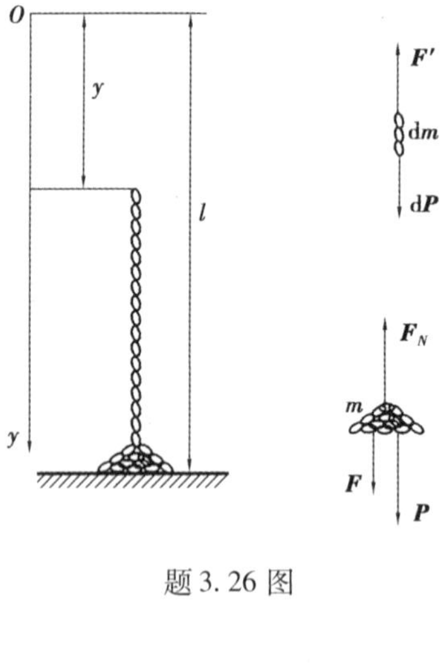

题 3.26 图

第4章

刚体力学基础

本章将着重讲述刚体绕定轴的转动，其主要内容包括角速度和角加速度、转动惯量、力矩、转动动能、角动量等物理量，以及转动定律和角动量守恒定律等。

4.1 刚体的定轴转动

4.1.1 刚体

前几章，我们讲述了质点这个理想模型的运动规律，一般说来，在外力作用下，物体的形状和大小是要发生变化的。但如果在外力作用下，物体的形状和大小不发生变化，也就是说，物体内任意两点间的距离都保持恒定，这种理想化了的物体就叫作刚体。如在外力作用下，物体的形状和大小变化甚微，以致可忽略不计，这种物体也可近似地看作刚体。刚体虽然是一个特殊的质点系统，但我们仍然可以运用质点的运动规律来加以研究，从而使牛顿力学的研究范围从质点向刚体拓展开来。

4.1.2 刚体的平动与转动

刚体的运动可分为平动和转动两种，而转动又可分为定轴转动和非定轴转动。若刚体中所有点的运动轨迹都保持完全相同，或者说刚体内任意两点间的连线总是平行于它们的初始位置间的连线，如图4.1(a)中的参考线，则刚体的这种运动叫作平动。当刚体中所有的点都绕某一直线做圆周运动时，这种运动叫作转动[图4.1(b)]，这条直线叫作转轴。

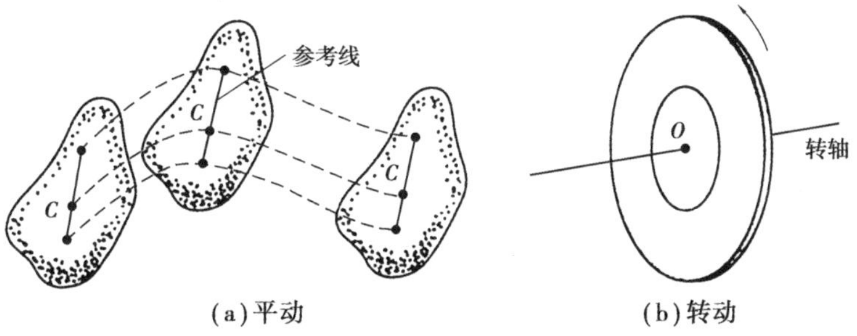

图4.1

如果转轴的位置或方向是随时间改变的(如旋转陀螺),这个转轴为瞬时转轴。如果转轴的位置或方向是固定不动即不随时间改变的(如车床上工件的转动),这种转轴为固定转轴,此时刚体的运动叫作刚体的定轴转动。

一般刚体的运动可看成是平动和转动的合成运动。如一密度均匀的圆盘在水平面上做无滑动的滚动。从图 4.2 中可以看出,除圆盘的中心沿直线向前移动外,盘上其他各点既向前移动又绕通过圆盘中心且垂直盘面的轴转动。

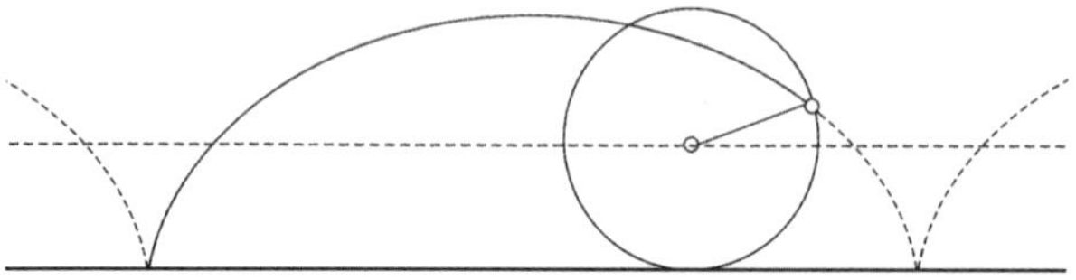

图 4.2

4.1.3　刚体绕固定轴的转动

如图 4.3(a)所示,有一刚体绕固定轴 z 轴转动。刚体上各点都绕固定轴 z 轴做圆周运动。为描述刚体绕定轴的转动,我们在刚体内选取一个垂直于 Oz 轴的平面作为参考平面,并在此平面上取一参考线,且把该参考线作为坐标轴 Ox,原点 O 为转轴与平面的交点,如图 4.3(b)所示。这样,刚体的方位可由原点 O 到参考平面上的任一点 P 的位矢 $\boldsymbol{r}$ 与 Ox 轴的夹角 θ 确定。角 θ 也叫作角坐标。当刚体绕固定轴 Oz 轴转动时,角坐标 θ 要随时间 t 改变。也就是说,角坐标 θ 是时间 t 的函数,即 $\theta=\theta(t)$。

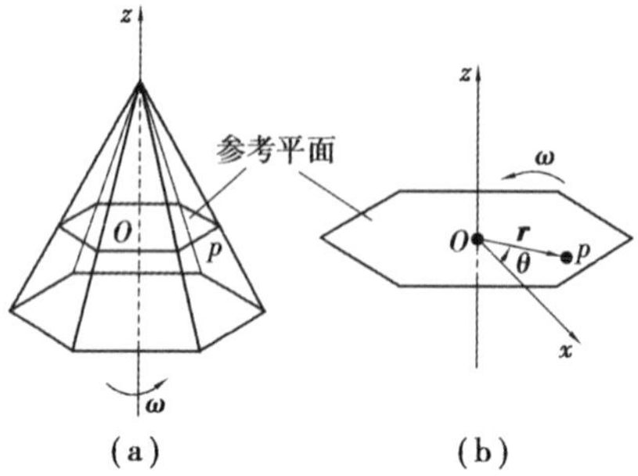

图 4.3

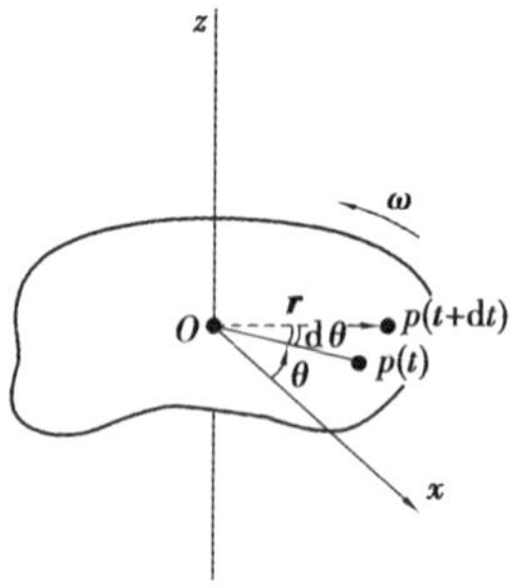

图 4.4

刚体绕固定轴 Oz 转动有两种情形,从上向下看,不是顺时针转动就是逆时针转动。因此,为区别这两种转动,我们规定:当 $\boldsymbol{r}$ 从 Ox 轴开始沿逆时针方向转动时,角坐标 θ 为正;当 $\boldsymbol{r}$ 从 Ox 轴开始沿顺时针方向转动时,角坐标 θ 为负。按照这个规定,转动正方向为逆时针方向。于是对于绕定轴转动的刚体,可由角坐标 θ 的正负来表示其方位。

如图 4.4 所示,有一刚体绕固定轴 Oz 转动。在时刻 t,刚体上点 P 的位矢 $\boldsymbol{r}$ 对 Ox 轴的角坐标为 θ。经过时间间隔 $\mathrm{d}t$,点 P 的角坐标为 $\theta+\mathrm{d}\theta$。$\mathrm{d}\theta$ 为刚体在 $\mathrm{d}t$ 时间内的角位移。于是,刚体对转轴的角速度为

$$\omega=\frac{\mathrm{d}\theta}{\mathrm{d}t} \tag{4.1}$$

按照上面关于角坐标 θ 正,负的规定,如 $\mathrm{d}\theta>0$,有 $\omega>0$,这时刚体绕定轴做逆时针转动;如 $\mathrm{d}\theta<0$,有 $\omega<0$,这时刚体绕定轴做顺时针转动。图 4.5 是两个绕定轴转动的相同的圆盘,它们

的角速度 ω 大小相等，但转动方向相反，轮 A 逆时针转动，轮 B 顺时针转动。这表明，角速度是一个有方向的量。应当指出，只有刚体在绕定轴转动的情况下，其转动方向才可用角速度的正负来表示。

在一般情况下，刚体的转轴在空间的方位是随时间改变的（如旋转陀螺），这时刚体的转动方向就不能用角速度的正负来表示，而需要用角速度矢量 $\boldsymbol{\omega}$ 来表示。

关于角速度 $\boldsymbol{\omega}$ 的方向可由右手定则确定：把右手的拇指伸直，其余四指弯曲，使弯曲的方向与刚体转动方向一致，这时拇指所指的方向就是角速度 $\boldsymbol{\omega}$ 的方向。

刚体绕定轴转动时，如果其角速度发生了变化，刚体就具有了角加速度。设在时刻 t_1，角速度为 $\boldsymbol{\omega}_1$，在时刻 t_2，角速度为 $\boldsymbol{\omega}_2$，则在时间间隔 $\Delta t=t_2-t_1$ 内，此刚体角速度的增量为 $\Delta\boldsymbol{\omega}=\boldsymbol{\omega}_2-\boldsymbol{\omega}_1$。当 Δt 趋近于零时，$\Delta\boldsymbol{\omega}/\Delta t$ 趋近于某一极限值，它为刚体绕定轴转动的角加速度 $\boldsymbol{\alpha}$，即

$$\boldsymbol{\alpha}=\lim_{\Delta t\to 0}\frac{\Delta\boldsymbol{\omega}}{\Delta t}=\frac{\mathrm{d}\boldsymbol{\omega}}{\mathrm{d}t} \tag{4.2}$$

对于绕定轴转动的刚体，角加速度 $\boldsymbol{\alpha}$ 的方向也可由其正负来表示。在如图4.5(a)所示的情况下，角速度 $\boldsymbol{\omega}_2$ 的方向与 $\boldsymbol{\omega}_1$ 的方向相同，且 $\omega_2>\omega_1$，那么 $\Delta\omega>0$，α 为正值，刚体做加速转动；在如图4.5(b)所示的情况下，$\boldsymbol{\omega}_2$ 的方向虽与 $\boldsymbol{\omega}_1$ 的方向相同，但 $\omega_2<\omega_1$，那么 $\Delta\omega<0$，α 为负值，刚体做减速转动。

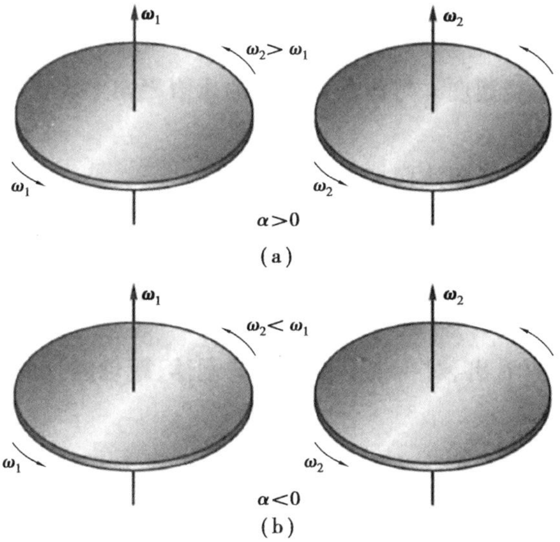

图4.5

4.1.4　角量和线量的关系

当刚体绕定轴转动时，组成刚体的所有质点都绕定轴做圆周运动。因此，描述刚体运动状态的角量和线量之间的关系，可以用第1章第1.5节有关圆周运动中相应的角量和线量关系来表述。

如图4.6所示，有一刚体以角速度 ω 绕定轴 OO' 转动。刚体内点 P 的线速度与角速度之间的关系为

$$v=r\omega \tag{4.3}$$

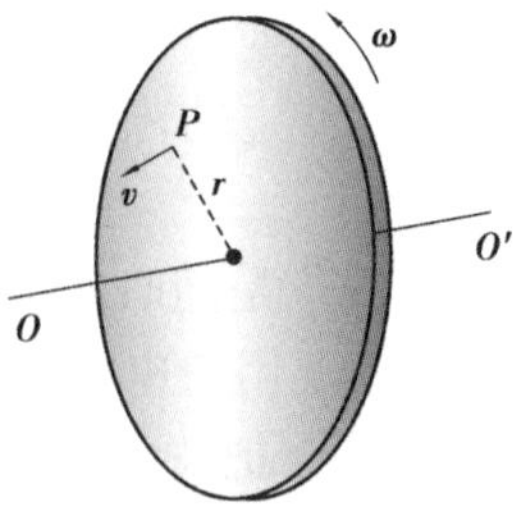

图 4.6

显然，刚体上各点的线速度 v 与各点到转轴的垂直距离 r 成正比，距轴越远，线速度越大。

点 P 的切向加速度和法向加速度则分别为

$$a_t = r\alpha \tag{4.4}$$

$$a_n = r\omega^2 \tag{4.5}$$

由上两式同样可以看出，对一绕定轴转动的刚体，距轴越远处，其切向加速度和法向加速度也越大。

4.2 力矩转动定律和转动惯量 平行轴定理

上一节里只讨论了刚体定轴转动的运动学问题，这一节将讨论刚体定轴转动的动力学问题，即研究刚体绕定轴转动时所遵守的定律。为此，先引进力矩这个物理量。

4.2.1 力矩

经验告诉我们，对绕定轴转动的刚体来说，外力对刚体转动的影响，不仅与力的大小有关，而且还与力的作用点的位置和力的方向有关。我们用力矩这个物理量来描述力对刚体转动的作用。

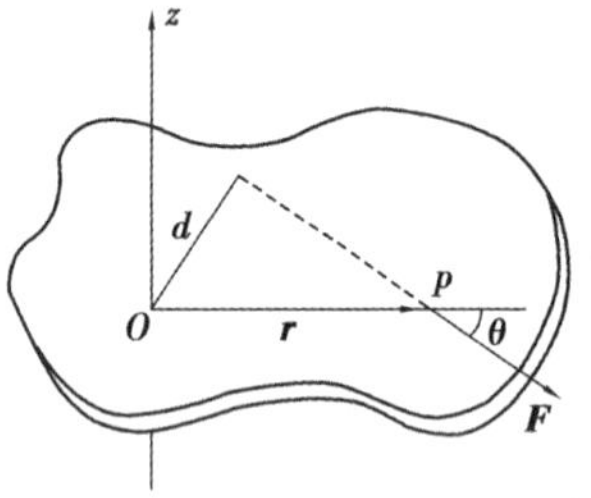

图 4.7

图 4.7 是刚体在 Oxy 平面上的一个横截平面，它可绕通过点 O 且垂直于该平面的 Oz 轴旋转。力 $\boldsymbol{F}$ 亦作用在此平面上的点 P，点 P 相对点 O 的位矢为 $\boldsymbol{r}$。$\boldsymbol{F}$ 和 $\boldsymbol{r}$ 之间的夹角为 θ，而从点 O 到力 $\boldsymbol{F}$ 的作用线的垂直距离 d 叫作力对转轴的力臂，其值 $d = r\sin\theta$。力 $\boldsymbol{F}$ 的大小和力臂 d 的乘积，就叫作力 $\boldsymbol{F}$ 对转轴的力矩，用 $\boldsymbol{M}$ 表示，即

$$\boldsymbol{M} = \boldsymbol{r} \times \boldsymbol{F} \tag{4.6}$$

上式中力矩的大小为 $M = Fd = Fr\sin\theta$，其方向沿 $\boldsymbol{r} \times \boldsymbol{F}$ 方向，满足右手螺旋定则。若两个一样的可绕定轴转动的圆盘，有大小相等、方向相反的外力 $\boldsymbol{F}$ 分别作用于这两个静止圆盘的边缘上，这两个力的力矩所产生的转动效果是不同的。当外力矩驱使转盘沿转动正方向即逆时针方向旋转时，外力矩为正；当外力矩则驱使转盘沿转动负方向即顺时针方向旋转时，外力矩为负。由此可见，力矩是有大小、有方向的矢量。对于绕定轴转动的刚体，力矩的正负反映了力矩的矢量性。

如图 4.8 所示，如果有几个外力同时作用在一个绕定轴转动的刚体上，而且这几个外力都在与转轴相垂直的平面内，则它们的合外力矩等于这几个外力矩的代数和，即

$$M = -F_1 r_1 \sin\theta_1 + F_2 r_2 \sin\theta_2 + F_3 r_3 \sin\theta_3$$

若 $M>0$，合力矩的方向沿 Oz 轴正向；若 $M<0$，合力矩的方向则与 Oz 轴正向相反。在国际单位制中，力矩的单位名称为牛顿米，符号为 N · m。力矩的量纲为 ML^2T^{-2}。

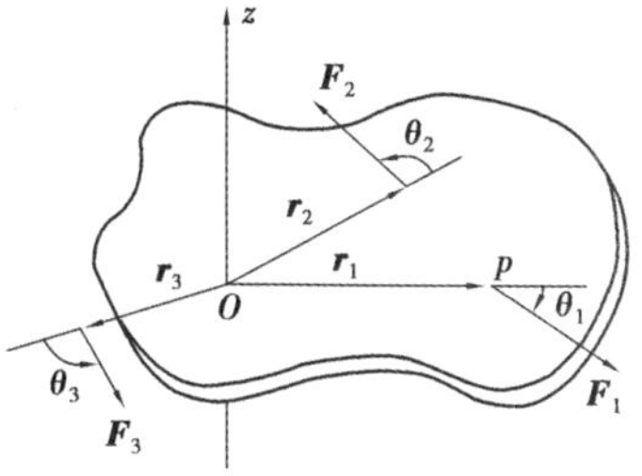

图 4.8

上面我们仅讨论了作用于刚体的外力的力矩，而实际上，刚体内各质点间还有内力作用，在讨论刚体的定轴转动时，这些内力的力矩要不要计算呢？在图 4.9 中，设刚体由 n 个质点组成，其中第 1 个质点和第 2 个质点间相互作用力在与转轴 Oz 垂直的平面内的分力各为$\boldsymbol{F}'_{12}$和$\boldsymbol{F}'_{21}$，它们大小相等、方向相反，且在同一直线上，即$\boldsymbol{F}'_{12}=-\boldsymbol{F}'_{21}$，如取刚体为一系统，那么这两个力属系统内力。从图 4.9 中可以看出，$r_1\sin\theta_1=r_2\sin\theta_2=d$。这两个力对转轴 Oz 的合内力矩为

$$M = M_{21} - M_{12} = F'_{21} r_2 \sin\theta_2 - F'_{12} r_1 \sin\theta_1 = 0$$

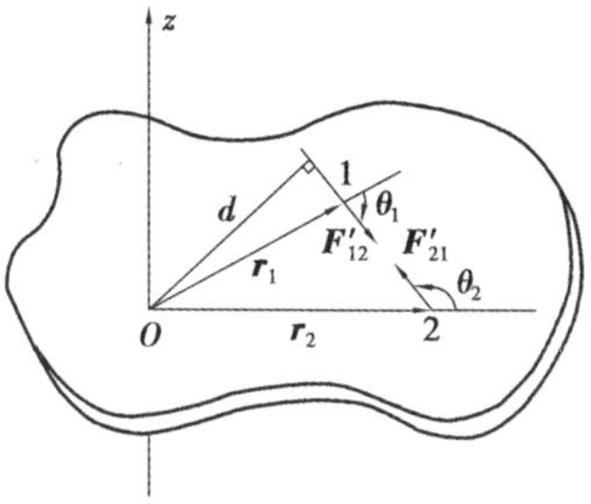

图 4.9

上述结果表明，沿同一作用线的大小相等、方向相反的两个质点间相互作用力对转轴的合力矩为零。

由于刚体内质点间相互作用的内力总是成对出现的，并遵守牛顿第三定律，故刚体内各质点间的作用力对转轴的合内力矩亦应为零，即

$$M = \sum M_{ij} = 0 \tag{4.7}$$

4.2.2　转动定律

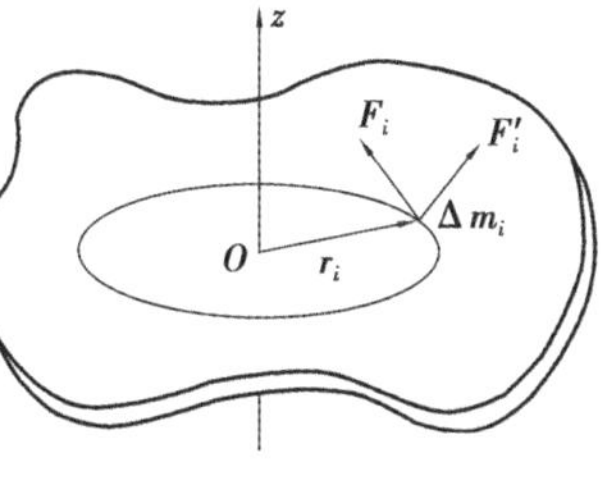

图 4.10

如图 4.10 所示，刚体可看成由 n 个质点组成，此刚体绕固定轴 Oz 转动，在刚体上取质点 i，其质量为Δm_i，它绕 Oz 轴做半径为 r_i 的圆周运动。设质点 i 受两个力作用，一个是外力$\boldsymbol{F}_i$，

另一个是刚体中其他质点作用的内力$\boldsymbol{F}_i'$,并设外力$\boldsymbol{F}_i$和内力$\boldsymbol{F}_i'$均在与Oz轴相垂直的同一平面内。由牛顿第二定律得,质点i的运动方程为

$$\boldsymbol{F}_i + \boldsymbol{F}_i' = \Delta m_i \boldsymbol{a}_i$$

如以F_{it}和F_{it}'分别表示外力$\boldsymbol{F}_i$和内力$\boldsymbol{F}_i'$在切向的分力,那么质点i的切向运动方程为

$$F_{it} + F'_{it} = \Delta m_i a_{it}$$

式中a_{it}为质点i的切向加速度。由式(4.4)知切向加速度与角加速度α之间的关系为$a_t = r\alpha$。所以上式为

$$F_{it} + F'_{it} = \Delta m_i r_i \alpha$$

上式两边各乘以r_i,得

$$F_{it} r_i + F'_{it} r_i = \Delta m_i r_i^2 \alpha \tag{4.8}$$

式中$F_{it}r_i$和$F_{it}'r_i$分别是外力F_i和内力F_i'切向分力的力矩。考虑到外力和内力在法向的分力F_{in}和F_{in}'均通过转轴Oz,所以其力矩为零。故上式左边也可理解为作用在质点i上的外力矩与内力矩之和。若遍及所有质点,由式(4.8)可得

$$\sum F_{it} r_i + \sum F'_{it} r_i = \sum (\Delta m_i r_i^2)\alpha$$

由本节4.2.1的讨论知道,刚体内各质点间的内力对转轴的合内力矩为零,即$\sum F_{it}' r_i = 0$。故上式为

$$\sum F_{it} r_i = \sum (\Delta m_i r_i^2)\alpha$$

而$\sum F_{it} r_i$则为刚体内所有质点所受的外力对转轴的力矩的代数和,即合外力矩,用M表示,有$M = \sum F_{it} r_i$。这样上式为

$$M = \sum (\Delta m_i r_i^2)\alpha$$

式中的$\sum \Delta m_i r_i^2$只与刚体的形状、质量分布以及转轴的位置有关,也就是说,它只与绕定轴转动的刚体本身的性质和转轴的位置有关,叫作转动惯量。对于绕定轴转动的刚体,它为一常量,以J表示,即

$$J = \sum \Delta m_i r_i^2 \tag{4.9}$$

这样,就有

$$M = J\alpha \tag{4.10}$$

式(4.10)表明,刚体绕定轴转动时,刚体的角加速度与它所受的合外力矩成正比,与刚体的转动惯量成反比,这个关系叫作定轴转动时刚体的转动定律,简称转动定律。如同牛顿第二定律是解决质点运动问题的基本定律一样,转动定律是解决刚体定轴转动问题的基本定律。

4.2.3 转动惯量

把式(4.10)与描述质点运动的牛顿第二定律的数学表达式相对比可以看出,它们的形式很相似:外力矩M和外力F相对应,角加速度α与加速度a相对应,转动惯量J与质量m相对应。转动惯量的物理意义也可以这样理解:当以相同的力矩分别作用于两个绕定轴转动的不同刚体时,它们所获得的角加速度一般是不一样的。转动惯量大的刚体所获得的角加速度小,即角速度改变得慢,也就是保持原有转动状态的惯性大;反之,转动惯量小的刚体所获得的角加速度大,即角速度改变得快,也就是保持原有转动状态的惯性小。因此我们说,转动惯量是

描述刚体在转动中的惯性大小的物理量。

由 $J=\sum(\Delta m_i r_i^2)$ 可以看出，转动惯量 J 等于刚体上各质点的质量与各质点到转轴的距离二次方的乘积之和。如果刚体上的质点是连续分布的，则其转动惯量可用积分进行计算，即

$$J=\int r^2 \mathrm{d}m \tag{4.11}$$

在国际单位制中，转动惯量的单位名称为千克二次方米，符号为 $\mathrm{kg\cdot m^2}$。转动惯量的量纲为 $\mathrm{ML^2}$。

必须指出，只有几何形状简单、质量连续且均匀分布的刚体，才能用积分的方法算出它们的转动惯量。对于任意刚体的转动惯量，通常是用实验的方法测定出来的。表4.1给出了几种刚体的转动惯量，如以 ρ 代表刚体的体密度，$\mathrm{d}V$ 为质量元 $\mathrm{d}m$ 的体积元，于是转动惯量可写成

$$J=\int_V \rho r^2 \mathrm{d}V$$

表4.1　几种刚体的转动惯量

刚体	刚体形状	刚体特征	转动惯量
细棒	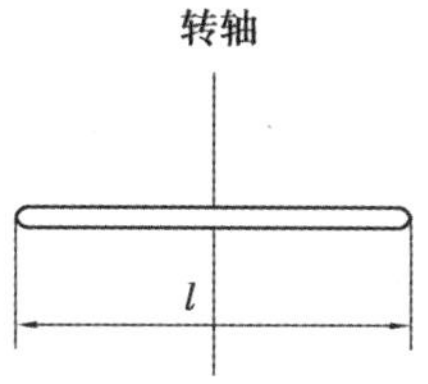 	转轴通过中心与棒垂直	$J=\frac{ml^2}{12}$
细棒	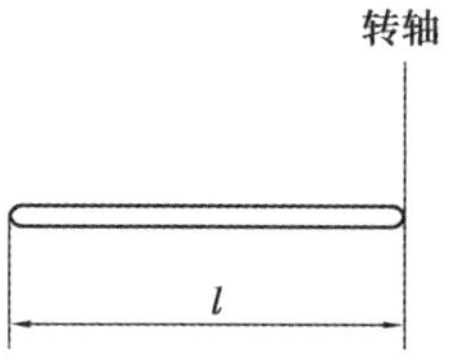 	转轴通过端点与棒垂直	$J=\frac{ml^2}{3}$
圆环	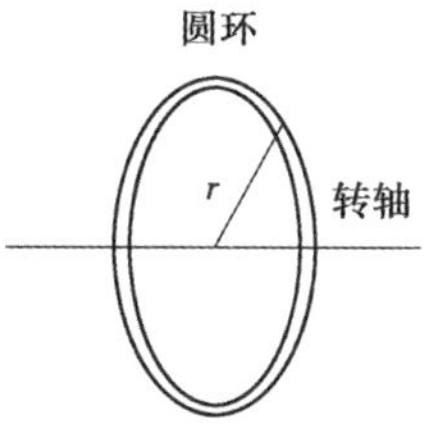 	转轴通过中心与环面垂直	$J=mr^2$
圆环	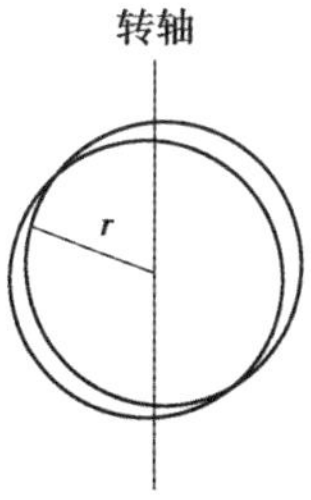 	转轴沿直径	$J=\frac{mr^2}{2}$

续表

刚体	刚体形状	刚体特征	转动惯量
薄圆盘	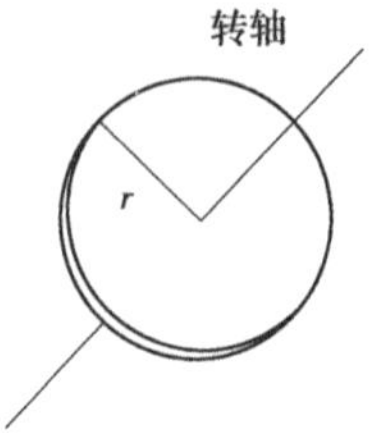	转轴通过中心与盘面垂直	$J=\frac{mr^2}{2}$
球壳	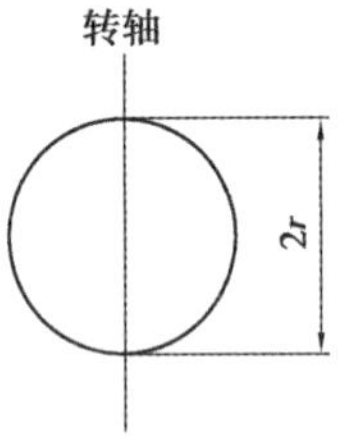	转轴沿直径	$J=\frac{2mr^2}{3}$
球体	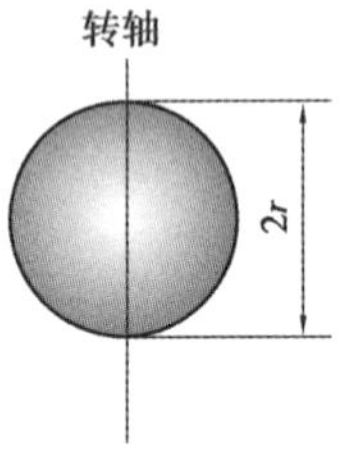	转轴沿直径	$J=\frac{2mr^2}{5}$
圆柱筒	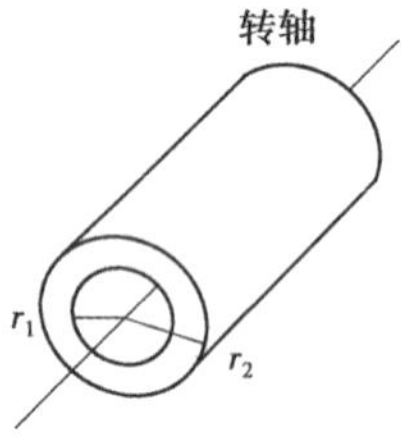	转轴沿几何轴	$J=\frac{m}{2}(r_1^2+r_2^2)$
圆柱体	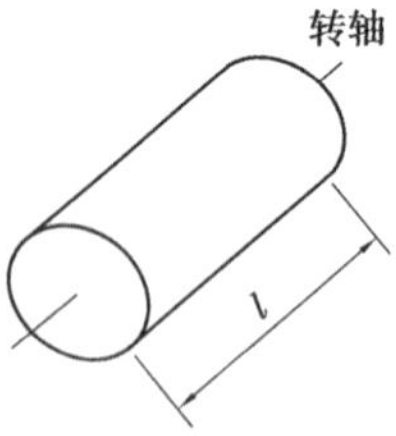	转轴沿几何轴	$J=\frac{mr^2}{2}$

刚体的转动惯量与以下 3 个因素有关:①与刚体的体密度 ρ 有关;②与刚体的几何形状(及体密度 ρ 的分布)有关;③与转轴的位置有关。

4.2.4 平行轴定理

如图 4.11 所示,设通过刚体质心的轴线为 z_C 轴,刚体相对这个轴线的转动惯量为 J_C。如

果有另一轴线 z 与通过质心的轴线 z_C 相平行，则刚体对通过 z 轴的转动惯量为

$$J = J_C + md^2 \tag{4.12}$$

式中 m 为刚体的质量，d 为两平行轴之间的距离。上述关系叫作转动惯量的平行轴定理。由式(4.12)可以看出，刚体对通过质心轴线的转动惯量最小，而对任何与质心轴线相平行的线的转动惯量 J 都大于 J_C，即 $J>J_C$。平行轴定理不仅有助于计算转动惯量，而对研究刚体的滚动也是很有帮助的。

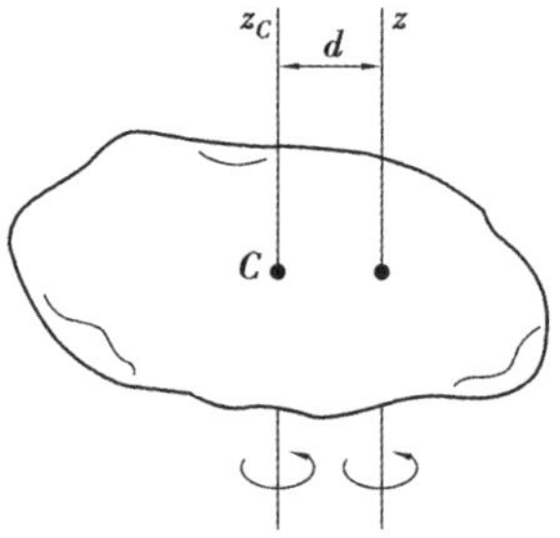

图 4.11

[例 4.1]有一质量为 m、长为 l 的均匀细长棒，求通过棒中心并与棒垂直的轴的转动惯量。

解：设细棒的线密度为 λ，如图 4.12 所示，取一距离转轴 OO' 为 r 处的质量元 $\mathrm{d}m=\lambda \mathrm{d}r$，可得

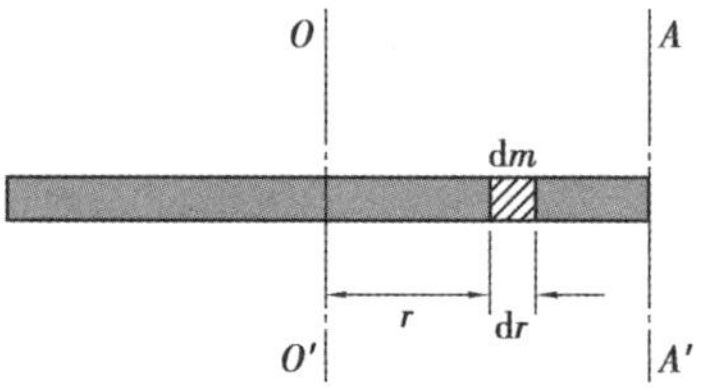

图 4.12

$$J = \int r^2 \mathrm{d}m = \int \lambda r^2 \mathrm{d}r$$

由于转轴通过棒的中心，有

$$J_C = 2\lambda \int_0^{l/2} r^2 \mathrm{d}r = \frac{1}{12}\lambda l^3 = \frac{ml^2}{12}$$

利用平行轴定理，我们可以求得通过细棒端点且与棒垂直的轴线 AA' 的转动惯量为

$$J = J_C + md^2 = \frac{1}{12}ml^2 + m\left(\frac{l}{2}\right)^2 = \frac{1}{3}ml^2$$

[例 4.2]如图 4.13 所示，质量为 m_A 的物体 A 静止在光滑水平面上，它和一质量不计的绳索相连接，此绳索跨过一半径为 R、质量为 m_C 的圆柱形滑轮 C，并系在另一质量为 m_B 的物体 B 上，B 竖直悬挂。圆柱形滑轮可绕其几何中心轴转动。当滑轮转动时，它与绳索间没有滑动，且滑轮与轴承间的摩擦力可略去不计。问：

(1)这两物体的线加速度为多少？水平和竖直两段绳索的张力各为多少？

(2)物体 B 从静止落下距离 y 时，其速率为多少？

解：(1)在计及滑轮的质量时，应考虑它的转动。物体 A 和 B 是做平动，它们加速度 a 的

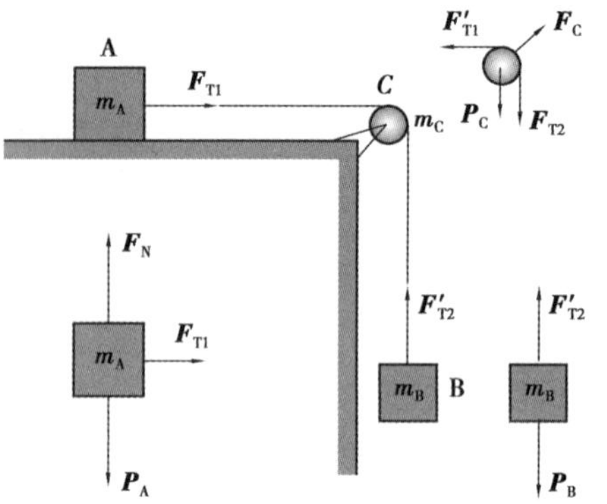

图 4.13

大小取决于每个物体所受的合力。滑轮 C 做转动,它的角加速度 α 取决于作用在它上面的合外力矩。首先将 3 个物体隔离出来,并作如图 4.13 所示的受力图。张力 F_{T1} 和 F_{T2} 的大小是不能假定相等的,但 $F_{T2}=F'_{T2}$,$F_{T1}=F'_{T1}$。

应用牛顿第二定律,并考虑到绳索不伸长,故对 A、B 两物体,得

$$F_{T1}=m_A a$$

$$m_B g-F_{T2}=m_B a$$

滑轮 C 受到重力 P_C、张力 F'_{T1}和 F_{T2} 以及轴对它的力 F_C 等的作用。由于 P_C 及 F_C 通过滑轮的中心轴,所以仅有张力 F'_{T1}和 F_{T2} 对它有力矩作用。因为 $F'_{T1}=F_{T1}$,由转动定律有

$$RF_{T2}-RF_{T1}=J\alpha$$

滑轮 C 以其中心为轴的转动惯量是 $J=\frac{1}{2}m_C R^2$。因为绳索在滑轮上无滑动,在滑轮边缘上一点的切向加速度与绳索和物体的加速度大小相等,它与滑轮转动的角加速度的关系为 $a=R\alpha$。把上述各量代入上式,有

$$F_{T2}-F_{T1}=\frac{1}{2}m_C a$$

解式得

$$F_{T1}=\frac{m_A m_B g}{m_A+m_B+\frac{1}{2}m_C}$$

$$a=\frac{m_B g}{m_A+m_B+\frac{1}{2}m_C}$$

$$F_{T2}=\frac{(m_A+\frac{1}{2}m_C)m_B g}{m_A+m_B+\frac{1}{2}m_C}$$

在上述方程中,如令 $m_C=0$,或滑轮的质量较之物体 A 和 B 的质量很小,即 m_C 可以略去不计时,就可得

$$F_{T1}=F_{T2}=\frac{m_A m_B}{m_A+m_B}g$$

若略去滑轮的质量，则为质点情况。

(2)因为物体 B 是由静止出发做匀加速直线运动，所以它下落距离 y 时的速率为

$$v=\sqrt{2ay}=\sqrt{\frac{2m_Bgy}{m_A+m_B+\frac{1}{2}m_C}}$$

4.3　角动量　角动量守恒

在第 3 章中，我们研究了力对改变质点运动状态所起的作用。我们曾从力对时间的累积作用出发，引出动量定理，从而得到动量守恒定律；还从力对空间的累积作用出发，引出动能定理，从而得到机械能守恒定律和能量守恒定律。对于刚体，上一节我们讨论了在外力矩作用下刚体绕定轴转动的转动定律，同样，力矩作用于刚体总是在一定的时间和空间里进行的。为此，这一节将讨论力矩对时间的累积作用，得出角动量定理和角动量守恒定律。下一节讨论力矩对空间的累积作用，得出刚体的转动动能定理。

4.3.1　质点的角动量定理和角动量守恒定律

1)质点的角动量

如图 4.14 所示，设有一个质量为 m 的质点位于直角坐标系中点 A，该点相对原点 O 的位矢为 $\boldsymbol{r}$，并具有速度 $\boldsymbol{v}$(即动量为 $\boldsymbol{p}=m\boldsymbol{v}$)。我们定义，质点 m 对原点 O 的角动量为

$$\boldsymbol{L}=\boldsymbol{r}\times\boldsymbol{p}=m\boldsymbol{r}\times\boldsymbol{v} \tag{4.13}$$

质点的角动量 L 是一个矢量，它的方向垂直于 $\boldsymbol{r}$ 和 $\boldsymbol{v}$(或 $\boldsymbol{p}$)的平面，并遵守右手定则：右手拇指伸直，当四指由 $\boldsymbol{r}$ 经小于 180°的角 θ 转向 $\boldsymbol{v}$(或 $\boldsymbol{p}$)时，拇指的指向就是 $\boldsymbol{L}$ 的方向。至于质点角动量 $\boldsymbol{L}$ 的值，由矢量的矢积运算法则知

$$L=rmv\sin\theta \tag{4.14}$$

式中 θ 为 $\boldsymbol{r}$ 与 $\boldsymbol{v}$(或 $\boldsymbol{p}$)之间的夹角。应当指出，质点的角动量是与位矢 $\boldsymbol{r}$ 和动量 $\boldsymbol{p}$ 有关的，也就是与参考点 O 的选择有关。因此在讲述质点的角动量时，必须指明是对哪一点的角动量。若质点在半径为 r 的圆周上运动时，以圆心 O 为参考点，那么 $\boldsymbol{r}$ 与 $\boldsymbol{v}$(或 $\boldsymbol{p}$)总是相垂直的。于是质点对圆心 O 的角动量 $\boldsymbol{L}$ 的大小为

$$L=rm=v=mr^2\omega \tag{4.15}$$

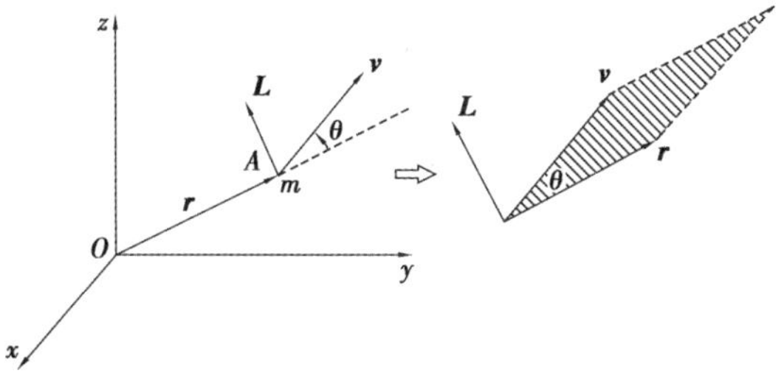

图 4.14

2)质点的角动量定理

设质量为 m 的质点,在合力 $\boldsymbol{F}$ 作用下,其运动方程为

$$\boldsymbol{F}=\frac{\mathrm{d}(m\boldsymbol{v})}{\mathrm{d}t}$$

由于质点对参考点 O 的位矢为 $\boldsymbol{r}$,故以 $\boldsymbol{r}$ 叉乘上式两边,有

$$\boldsymbol{r}\times\boldsymbol{F}=\boldsymbol{r}\times\frac{\mathrm{d}}{\mathrm{d}t}(m\boldsymbol{v}) \tag{4.16}$$

考虑到

$$\frac{\mathrm{d}}{\mathrm{d}t}(\boldsymbol{r}\times m\boldsymbol{v})=\boldsymbol{r}\times\frac{\mathrm{d}}{\mathrm{d}t}(m\boldsymbol{v})+\frac{\mathrm{d}\boldsymbol{r}}{\mathrm{d}t}\times m\boldsymbol{v}$$

而且

$$\frac{\mathrm{d}\boldsymbol{r}}{\mathrm{d}t}\times\boldsymbol{v}=\boldsymbol{v}\times\boldsymbol{v}=0$$

故式(4.16)可写成

$$\boldsymbol{r}\times\boldsymbol{F}=\frac{\mathrm{d}}{\mathrm{d}t}(\boldsymbol{r}\times m\boldsymbol{v})$$

比照式(4.6)的情形,式中 $\boldsymbol{r}\times\boldsymbol{F}$ 称为合力 $\boldsymbol{F}$ 对参考点 O 的合力矩 $\boldsymbol{M}$。于是上式为

$$\boldsymbol{M}=\frac{\mathrm{d}}{\mathrm{d}t}(\boldsymbol{r}\times m\boldsymbol{v})=\frac{\mathrm{d}\boldsymbol{L}}{\mathrm{d}t} \tag{4.17}$$

式(4.17)表明,作用于质点的合力对参考点 O 的力矩,等于质点对该点 O 的角动量随时间的变化率。这与牛顿第二定律 $\boldsymbol{F}=\frac{\mathrm{d}\boldsymbol{p}}{\mathrm{d}t}$ 在形式上是相似的,只是用 $\boldsymbol{M}$ 代替了 $\boldsymbol{F}$,用 $\boldsymbol{L}$ 代替了 $\boldsymbol{p}$。上式还可写成 $\boldsymbol{M}\mathrm{d}t=\mathrm{d}\boldsymbol{L}$,$\boldsymbol{M}\mathrm{d}t$ 为力矩 $\boldsymbol{M}$ 与作用时间 $\mathrm{d}t$ 的乘积,叫作冲量矩。取积分有

$$\int_{t_1}^{t_2}\boldsymbol{M}\mathrm{d}t=\boldsymbol{L}_2-\boldsymbol{L}_1 \tag{4.18}$$

式中 $\boldsymbol{L}_1$ 和 $\boldsymbol{L}_2$ 分别为质点在时刻 t_1 和 t_2 对参考点 O 的角动量,$\int_{t_1}^{t_2}\boldsymbol{M}\mathrm{d}t$ 为质点在时间间隔 t_2-t_1 内所受的冲量矩。因此,上式的物理意义是:对同一参考点 O,质点所受的冲量矩等于质点角动量的增量。这就是质点的角动量定理。

3)质点的角动量守恒定律

由式(4.17)可以看出,若质点所受合力矩为零,即 $\boldsymbol{M}=0$,则有

$$\boldsymbol{L}=\boldsymbol{r}\times m\boldsymbol{v}=\text{常矢量} \tag{4.19}$$

上式表明,当质点所受对参考点 O 的合力矩为零时,质点对该参考点 O 的角动量为一常矢量,这就是质点的角动量守恒定律。

应当注意,质点的角动量守恒的条件是合力矩 $\boldsymbol{M}=0$。这可能有两种情况:一种是合力 $\boldsymbol{F}=0$;另一种是合力 $\boldsymbol{F}$ 虽不为零,但合力 $\boldsymbol{F}$ 通过参考点 O,使合力矩为零。质点做匀速圆周运动就是第二种情况,此时,作用于质点的合力是指向圆心的所谓有心力,故其力矩为零,所以质点做匀速圆周运动时,它对圆心的角动量是守恒的。不仅如此,只要作用于质点的力是有心力,有心力对力心的力矩总是零,所以,在有心力作用下质点对力心的角动量都是守恒的。太阳系中行星的轨道为椭圆,太阳位于两焦点之一,太阳作用于行星的引力是指向太阳的有心力,因此如以太阳为参考点 O,则行星的角动量是守恒的。在国际单位制中,角动量的单位名

称为千克二次方米每秒,符号为 $kg \cdot m^2/s$,角动量的量纲为 ML^2T^{-1}。

4.3.2 刚体绕定轴转动的角动量定理和角动量守恒定律

1)刚体定轴转动的角动量

如图4.15所示,有一刚体以角速度 $\boldsymbol{\omega}$ 绕定轴 Oz 转动。由于刚体绕定轴转动,刚体上每一个质点都以相同的角速度绕轴 Oz 做圆周运动。其中质元 Δm_i 在轴 Oz 方向的角动量为 $\Delta m_i \boldsymbol{v}_i r_i = \Delta m_i r_i^2 \boldsymbol{\omega}$,于是刚体上所有质元对轴 Oz 的角动量,即刚体在定轴 Oz 方向的角动量为

$$\boldsymbol{L} = \sum_i \Delta m_i r_i^2 \boldsymbol{\omega} = \left(\sum_i \Delta m_i r_i^2\right) \boldsymbol{\omega}$$

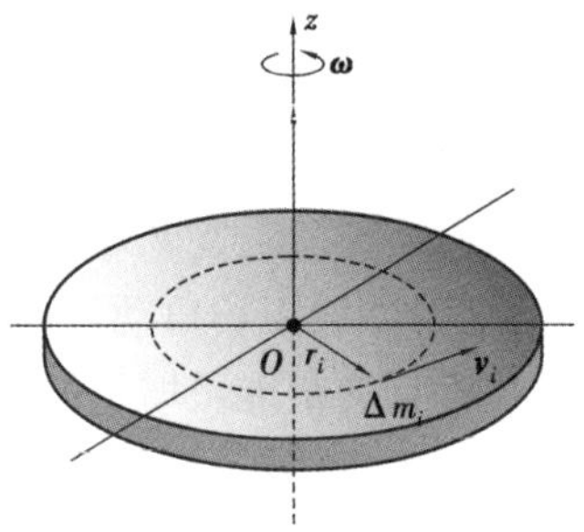

图4.15

式中 $\sum_i \Delta m_i r_i^2$ 为刚体统轴 Oz 的转动惯量 J。于是刚体对定轴 Oz 的角动量为

$$\boldsymbol{L} = J\boldsymbol{\omega} \tag{4.20}$$

2)刚体定轴转动的角动量定理

从式(4.17)可知,作用在质元 Δm_i 上的合力矩 $\boldsymbol{M}_i$ 应等于质元的角动量随时间的变化率,即

$$\boldsymbol{M}_i = \frac{d\boldsymbol{L}_i}{dt}$$

而合力矩 $\boldsymbol{M}_i$ 中含有外力作用在质元 Δm_i 的力矩,即外力矩 $\boldsymbol{M}_i^{ex}$,以及刚体内质元间作用力的力矩,即内力矩 M_i^{in}。

对绕定轴 Oz 转动的刚体来说,刚体内各质元的内力矩之和应为零,即 $\sum M_i^{in} = 0$。故由上式可得,作用于绕定轴 Oz 转动刚体的合外力对转轴的力矩 $\boldsymbol{M}$ 为

$$\boldsymbol{M} = \boldsymbol{M}_i^{ex} = \frac{d}{dt}\left(\sum \boldsymbol{L}_i\right) = \frac{d}{dt}\left(\sum \Delta m_i r_i^2 \boldsymbol{\omega}\right)$$

亦可写成

$$\boldsymbol{M} = \frac{d\boldsymbol{L}}{dt} = \frac{d}{dt}(J\boldsymbol{\omega}) \tag{4.21}$$

上式表明,刚体绕某定轴转动时,作用于刚体的合外力矩等于刚体绕此定轴的角动量随时间的变化率。对照式(4.10)可见,式(4.21)是转动定律的另一表达方式,但其意义更加普遍。即使在绕定轴转动物体的转动惯量 J 因内力作用而发生变化时,式(4.10)已不适用,但式(4.21)仍然成立。这与质点动力学中,牛顿第二定律的表达式 $\boldsymbol{F} = d\boldsymbol{p}/dt$ 较之 $\boldsymbol{F} = m\boldsymbol{a}$ 更普遍是一样的。设有一转动惯量为 J 的刚体绕定轴转动,在合外力矩 $\boldsymbol{M}$ 的作用下,在时间 $\Delta t = t_2 - t_1$ 内,其角速度由 $\boldsymbol{\omega}_1$ 变为 $\boldsymbol{\omega}_2$。由式(4.21)得

$$\int_{t_1}^{t_2} \boldsymbol{M} dt = \int_{L_1}^{L_2} d\boldsymbol{L} = \boldsymbol{L}_2 - \boldsymbol{L}_1 = J\boldsymbol{\omega}_2 - J\boldsymbol{\omega}_1 \tag{4.22a}$$

式中 $\int_{t_1}^{t_2} \boldsymbol{M} dt$ 叫作力矩对给定轴的冲量矩,又叫角冲量。

如果物体在转动过程中,其内部各质点相对于转轴的位置发生了变化,那么物体的转动惯

量 J 也必然随时间变化。若在 Δt 时间内,转动惯量由 J_1 变为 J_2,则式(4.22a)中的 $J\boldsymbol{\omega}_1$ 应改为 $J_1\boldsymbol{\omega}_1$,$J\boldsymbol{\omega}_2$ 应改为 $J_2\boldsymbol{\omega}_2$。下面的关系式仍是成立的,即

$$\int_{t_1}^{t_2}\boldsymbol{M}\mathrm{d}t = J_2\boldsymbol{\omega}_2 - J_1\boldsymbol{\omega}_1 \tag{4.22b}$$

式(4.22)表明,当转轴给定时,作用在物体上的冲量矩等于角动量的增量,这一结论叫作角动量定理。它与后面的角动量守恒定律在形式上很相似。

顺便注意一下,在物理学中,量纲相同的物理量,多数有物理意义上的内在联系,但有的则没有,例如,冲量矩和角动量的量纲相同,而且冲量矩是角动量增量的量度。同理,功和能的量纲相同,而且功是能量增量的量度。上述例子,它们在物理意义上都有内在联系。另外,功和力矩,量纲虽然相同,但物理意义不同,对于量纲虽相同,而物理意义不同的物理量,应特别注意它们之间的区别。

3)刚体定轴转动的角动量守恒定律

当作用在质点上的合外力矩等于零时,由质点的角动量定理可以导出质点的角动量守恒定律。同样,当作用在绕定轴转动的刚体上的合外力矩等于零时,由角动量定理也可导出角动量守恒定律。

由式(4.21)可以看出,当合外力矩为零时,可得

$$J\boldsymbol{\omega} = \text{常量} \tag{4.23}$$

这就是说,如果物体所受的合外力矩等于零,或者不受外力矩的作用,物体的角动量保持不变。这个结论叫作角动量守恒定律。

[**例** 4.3]在光滑的水平桌面上,放有质量为 M 的木块,木块与一弹簧相连,弹簧的另一端固定在 O 点,弹簧的刚度系数为 k,设有一质量为 m 的子弹以初速度 $\boldsymbol{v}_0$ 垂直于 OA 射向木块并留在木块内,如图 4.16 所示。弹簧原长为 l_0,子弹击中木块后,木块运动到 B 点,弹簧长度变为 l,此时 OB 垂直于 OA。求在 B 点时,木块的运动速度 $\boldsymbol{v}_2$。

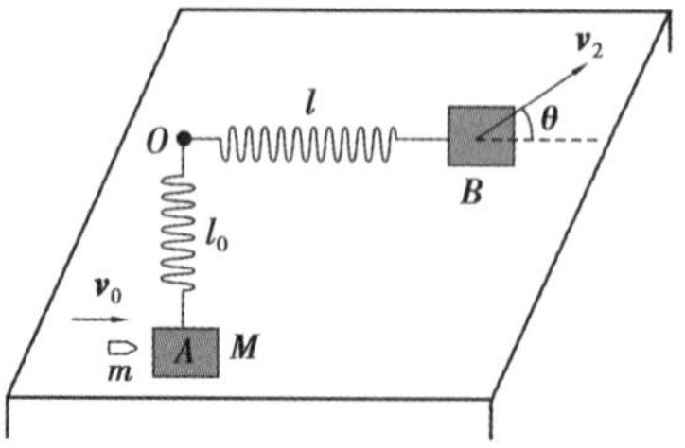

图 4.16

解:击中瞬间,在水平面内,设子弹与木块组成的系统的速度为 $\boldsymbol{v}_1$,沿 $\boldsymbol{v}_0$ 方向动量守恒,即有

$$mv_0 = (m + M)v_1$$

在由 A 点运动到 B 点的过程中,系统的机械能守恒,即

$$\frac{1}{2}(m + M)v_1^2 = \frac{1}{2}(m + M)v_2^2 + \frac{1}{2}k(l - l_0)^2$$

在由 A 点运动到 B 点的过程中木块在水平面内只受指向 O 点的弹性力,故木块对 O 点的角动量守恒。设 $\boldsymbol{v}_2$ 与 OB 方向成 θ 角,则有

$$l_0(m + M)v_1 = l(m + M)v_2\sin\theta$$

联立求得 $\boldsymbol{v}_2$ 的大小为

$$v_2 = \sqrt{\frac{m^2}{(m+M)^2}v_0^2 - \frac{k(l-l_0)^2}{m+M}}$$

$\boldsymbol{v}_2$ 与 OB 成的夹角为

$$\theta = \arcsin \frac{l_0 m v_0}{l\sqrt{m^2 v_0^2 - k(l-l_0)^2(m+M)}}$$

4.4　力矩的功　刚体绕定轴转动的动能定理

4.4.1　力矩的功

质点在外力作用下发生位移时,我们说力对质点做了功。当刚体在外力矩的作用下绕定轴转动而发生角位移时,我们就说力矩对刚体做了功。这就是力矩的空间累积作用。

如图4.17所示,设刚体在切向力 F_t 的作用下,绕转轴 OO' 转过的角位移为 $d\theta$。这时力 F_t 的作用点的位移为 $ds=rd\theta$。根据功的定义,力 F_t 在这段位移内所做的功为

$$dW = F_t ds = F_t r d\theta$$

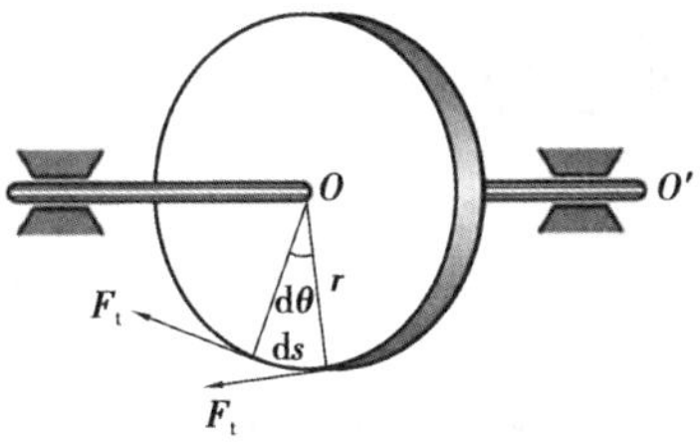

图4.17

由于力 F_t 对转轴的力矩为 $M=F_t r$,所以

$$dW = Md\theta$$

上式表明,力矩所做的元功 dW 等于力矩 M 与角位移 $d\theta$ 的乘积。

如果力矩的大小和方向都不变,则当刚体在此力矩作用下转过角 θ 时,力矩做的功为

$$W = \int_0^\theta dW = M\int_0^\theta d\theta = M\theta \tag{4.24}$$

即力矩对绕定轴转动的刚体所做的功,等于力矩的大小与转过的角度 θ 的乘积。

如果作用在绕定轴转动的刚体上的力矩是变化的,那么,变力矩所做的功则为

$$W = \int M d\theta \tag{4.25}$$

应当指出,式(4.24)和式(4.25)中的 M 是作用在绕定轴转动刚体上的合外力矩,故上述两式应理解为合外力矩对刚体所做的功。

4.4.2　力矩的功率

单位时间力矩对刚体所做的功称为力矩的功率,用 P 表示。设刚体在力矩作用下绕定轴

转动时,在时间 $\mathrm{d}t$ 内转过 $\mathrm{d}\theta$ 角,则力矩的功率为

$$P=\frac{\mathrm{d}W}{\mathrm{d}t}=M\frac{\mathrm{d}\theta}{\mathrm{d}t}=M\omega \tag{4.26}$$

即力矩的功率等于力矩与角速度的乘积,当功率一定时,转速越低,力矩越大;反之,转速越高,力矩越小。

4.4.3 转动动能

刚体可看成是由许许多多的质点所组成的。刚体的转动动能等于各质点动能的总和。设刚体上各质元的质量与线速率分别为 $\Delta m_1,\Delta m_2,\cdots,\Delta m_i$ 与 $v_1,v_2,\cdots v_i$,各质量元到转轴的垂直距离为 $r_1,r_2,\cdots,r_i$。当刚体以角速率 ω 绕定轴转动时,第 i 个质量元的动能为

$$\frac{1}{2}\Delta m_i v_i^2=\frac{1}{2}\Delta m_i r_i^2\omega^2$$

整个刚体的动能为

$$E_{\mathrm{k}}=\sum_i\frac{1}{2}\Delta m_i r_i^2\omega^2=\frac{1}{2}\left(\sum_i\Delta m_i r_i^2\right)\omega^2$$

式中 $\sum\limits_i\Delta m_i r_i^2$ 为刚体的转动惯量,故

$$E_{\mathrm{k}}=\frac{1}{2}J\omega^2 \tag{4.27}$$

即刚体绕定轴转动的转动动能等于刚体的转动惯量与角速度二次方的乘积的一半。这与质点的动能 $E_{\mathrm{k}}=\dfrac{1}{2}mv^2$,在形式上是完全相似的。

4.4.4 刚体绕定轴转动的动能定理

设在合外力矩 M 的作用下,刚体绕定轴转过角位移为 $\mathrm{d}\theta$,合外力矩对刚体所做的元功为

$$\mathrm{d}\omega=M\mathrm{d}\theta$$

由转动定律 $M=J\alpha=J\dfrac{\mathrm{d}\omega}{\mathrm{d}t}$,上式亦可写成

$$\mathrm{d}W=J\frac{\mathrm{d}\omega}{\mathrm{d}t}\mathrm{d}\theta=J\frac{\mathrm{d}\theta}{\mathrm{d}t}\mathrm{d}\omega=J\omega\mathrm{d}\omega$$

上式中的 J 为常量,在 Δt 时间内,由合外力矩对刚体做功,使得刚体的角速率从 ω_1 变到 ω_2,合外力矩对刚体所做的功为

$$W=\int\mathrm{d}W=J\int_{\omega_1}^{\omega_2}\omega\mathrm{d}\omega$$

即

$$W=\frac{1}{2}J\omega_2^2-\frac{1}{2}J\omega_1^2 \tag{4.28}$$

上式表明,合外力和绕定轴转动的刚体所做的功等于刚体转动动能的增量。这就是刚体绕定轴转动的动能定理。

在第 3 章第 3.4 节中曾指出质点系的动能的增量是作用在质点系上所有外力和质点系内所有内力做功的结果,然而对刚体来说,虽然任意两质点间亦有作用力与反作用力这一对内

力,但两质点间却没有相对位移,故内力矩不做功。所以刚体内力矩做功的总和也就为零了。因此绕定轴转动的刚体,其转动动能的增量就等于合外力矩做的功。

[**例** 4.4]如图4.18所示,一长为 l、质量为 m' 的杆可绕支点 O 自由转动。一质量为 m、速率为 v 的子弹射入杆内距支点为 a 处,使杆的偏转角为30°。问子弹的初速率为多少?

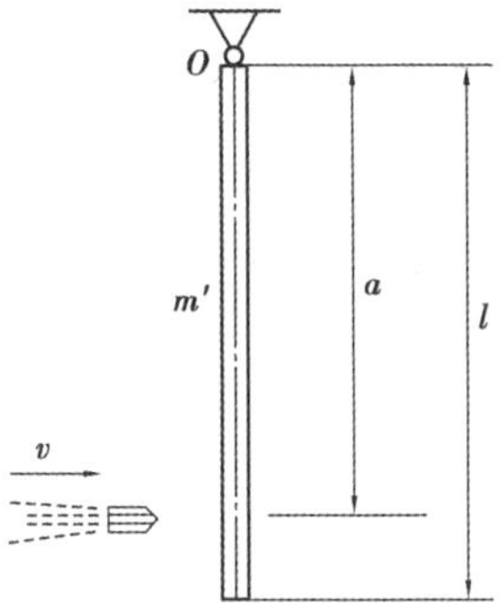

图4.18

解:把子弹和杆看作一个系统。系统所受的外力有重力和轴对细杆的约束力。在子弹射入杆的极短时间里,重力和约束力均通过轴 O,因此它们对轴 O 的力矩均为零,系统的角动量应当守恒,于是有

$$mva = \left(\frac{1}{3}m'l^2 + ma^2\right)\omega$$

子弹射入杆后,细杆在摆动过程中只有重力做功,故如以子弹、细杆和地球为一系统,则此系统机械能守恒。于是有

$$\frac{1}{2}\left(\frac{1}{3}m'l^2 + ma^2\right)\omega^2 = mga(1 - \cos 30°) + m'g\frac{l}{2}(1 - \cos 30°)$$

解得

$$v = \frac{1}{ma}\sqrt{\frac{g}{6}(2 - \sqrt{3})(m'l + 2ma)(m'l^2 + 3ma^2)}$$

为了便于理解刚体绕定轴转动的规律性,必须注意规律形式和研究思路的类比方法。下面我们把质点运动与刚体定轴转动的一些重要物理量和重要公式类比列成表4.2,供大家采用。

表4.2　质点运动与刚体定轴转动对照

质点运动		刚体定轴转动	
速度	$\boldsymbol{v}=\frac{\mathrm{d}\boldsymbol{r}}{\mathrm{d}t}$	角速度	$\boldsymbol{\omega}=\frac{\mathrm{d}\boldsymbol{\theta}}{\mathrm{d}t}$
加速度	$\boldsymbol{a}=\frac{\mathrm{d}\boldsymbol{v}}{\mathrm{d}t}$	角加速度	$\boldsymbol{\alpha}=\frac{\mathrm{d}\boldsymbol{\omega}}{\mathrm{d}t}$
力	$\boldsymbol{F}$	力矩	$\boldsymbol{M}$
质量	m	转动惯量	$J = \int r^2\mathrm{d}m$
动量	$\boldsymbol{p}=m\boldsymbol{v}$	角动量	$\boldsymbol{L}=J\boldsymbol{\omega}$
牛顿第二定律	$\boldsymbol{F}=m\boldsymbol{a}$ $\boldsymbol{F}=\frac{\mathrm{d}\boldsymbol{p}}{\mathrm{d}t}$	转动定律	$\boldsymbol{M}=J\boldsymbol{\alpha}$ $\boldsymbol{M}=\frac{\mathrm{d}\boldsymbol{L}}{\mathrm{d}t}$
动量定理	$\int\boldsymbol{F}\mathrm{d}t = m\boldsymbol{v}_2 - m\boldsymbol{v}_1$	角动量定理	$\int\boldsymbol{M}\mathrm{d}t = J\boldsymbol{\omega}_2 - J\boldsymbol{\omega}_1$
动量守恒定律	$\boldsymbol{F}=0$,$m\boldsymbol{v}$=常矢量	角动量守恒定律	$\boldsymbol{M}=0$,$J\boldsymbol{\omega}$=常量
动能	$\frac{1}{2}mv^2$	转动动能	$\frac{1}{2}J\omega^2$

续表

质点运动		刚体定轴转动	
功	$W=\int \boldsymbol{F}\cdot \mathrm{d}\boldsymbol{r}$	力矩的功	$W=\int M\mathrm{d}\theta$
动能定理	$W=\frac{1}{2}mv_2^2-\frac{1}{2}mv_1^2$	转动动能定理	$W=\frac{1}{2}J\omega_2^2-\frac{1}{2}J\omega_1^2$

第 4 章习题

4.1　对于定轴转动刚体上的不同点来说,具有相同值的物理量有(　　)。

A. 线速度、法向加速度、切向加速度　　B. 切向加速度、角位移、角速度

C. 角位移、角速度、角加速度　　D. 角速度、角加速度、线速度

4.2　有一任意形状的刚体,可绕定轴转动,刚体上作用有 F_1 和 F_2 两个力,其合力为 F,对轴的力矩为 M。

(1)当 $F=0$ 时,M 也等于零　　(2)当 $F=0$ 时,M 不一定等于零

(3)当 $M=0$ 时,F 一定等于零　　(4)当 $M=0$ 时,F 不一定等于零

在上述说法中正确的是(　　)。

A. (2)　　B. (1)、(3)　　C. (4)　　D. (2)、(4)

4.3　均匀细棒 OA 可绕通过其一端 O 而与棒垂直的水平固定光滑轴转动,如题 4.3 图所示,使棒从水平位置由静止开始自由下落,在棒摆到竖直位置的过程中,下述说法正确的是(　　)。

A. 角速度从小到大,角加速度不变

B. 角速度从小到大,角加速度从小到大

C. 角速度从小到大,角加速度从大到小

D. 角速度不变,角加速度为零

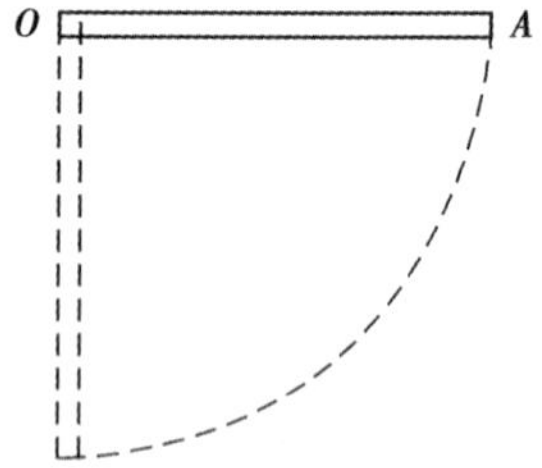

题 4.3 图

4.4　一圆盘绕通过盘心且垂直于盘面的水平轴转动,轴间摩擦不计。如题 4.4 图所示射来两个质量相同,速度大小相同、方向相反并在一条直线上的子弹,它们同时射入圆盘并且留在盘内,则子弹射入后的瞬间,圆盘和子弹系统的角动量 L 以及圆盘的角速度 ω 的变化情况为(　　)。

A. L 不变,ω 增大　　B. 两者均不变

C. L 不变,ω 减小　　D. 两者均不确定

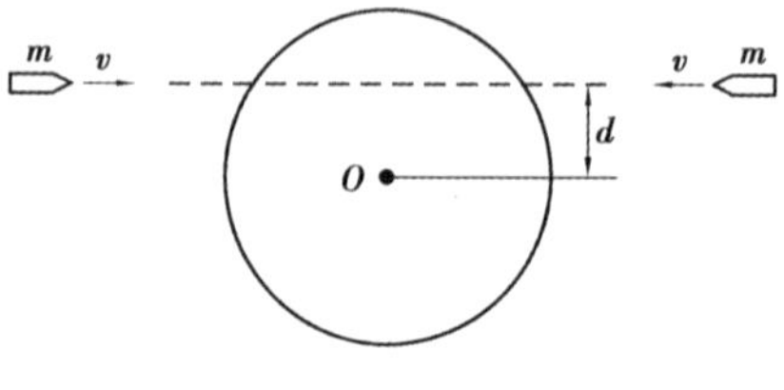

题 4.4 图

4.5　花样滑冰运动员可绕自身的竖直转轴转动，开始时两臂伸开，角速度为 ω_0，转动惯量为 J_0，当他将两臂收回时，角速度变为 $\frac{5}{2}\omega_0$，此时他的转动惯量为(　　)。

A. $\frac{5}{2}J_0$　　B. $\frac{2}{\sqrt{5}}J_0$　　C. $\frac{2}{5}J_0$　　D. $\frac{\sqrt{2}}{5}J_0$

4.6　关于力矩有以下几种说法：

(1)对某个定轴转动刚体而言，内力矩不会改变刚体的角加速度；

(2)一对作用力和反作用力对同一轴的力矩之和必为零；

(3)质量相等，形状和大小不同的两个刚体，在相同力矩的作用下，它们的运动状态一定相同。

对上述说法下述判断正确的是(　　)。

A. 只有(2)是正确的　　B. (1)、(2)是正确的

C. (2)、(3)是正确的　　D. (1)、(2)、(3)都是正确的

4.7　两个均质圆盘 A 和 B 的密度分别为 ρ_A 和 ρ_B，若 $\rho_A>\rho_B$，但两圆盘的质量与厚度相同，如果两盘对通过盘心且垂直于盘面轴的转动惯量各为 J_A 和 J_B，则(　　)。

A. $J_A>J_B$　　B. $J_A<J_B$　　C. $J_A=J_B$　　D. J_A，J_B 哪个大，不能确定

4.8　假设卫星环绕地球中心做椭圆运动，则在运动过程中，卫星对地球中心的(　　)。

A. 角动量守恒，动能守恒　　B. 角动量守恒，机械能守恒

C. 角动量不守恒，机械能守恒　　D. 角动量不守恒，动量也不守恒

E. 角动量守恒，动量也守恒

4.9　一飞轮以转速 $n=1\ 500$ r/min 转动(表示每分钟 1 500 转)，受到制动后均匀地减速，经 $t=50$ s 后静止。

(1)求角加速度 α 和飞轮从制动开始到静止所转过的转数 N；

(2)求制动开始后 $t=25$ s 时飞轮的角速度 ω；

(3)设飞轮的半径 $r=1$ m，求在 $t=25$ s 时飞轮边缘上一点的速度和加速度。

4.10　如题 4.10 图(a)所示，圆盘的质量为 m，半径为 R。求：(1)以 O 为中心，将半径为 $R/2$ 的部分挖去，剩余部分对 OO 轴的转动惯量；(2)剩余部分对 $O'O'$ 轴(即通过圆盘边缘且平行于盘中心轴)的转动惯量。

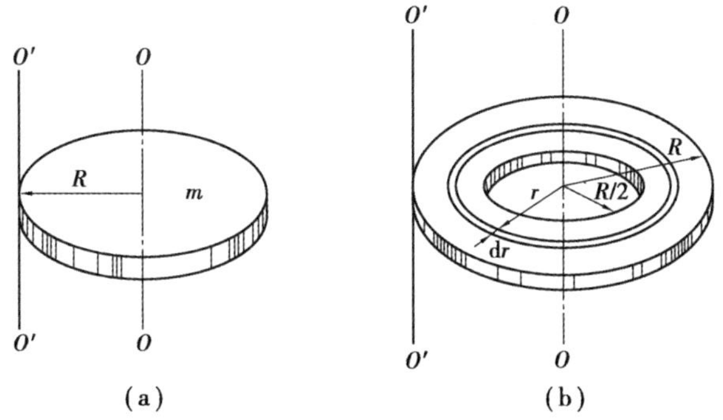

题 4.10 图

4.11　一飞轮在时间 t 内转过角度 $\theta=at+bt^3-ct^4$,式中 a、b、c 都是常量,求它的角加速度。

4.12　一燃气轮机在试车时,燃气作用在涡轮上的力矩为 2.03×10^3 N·m,涡轮的转动惯量为 25.0 kg·m^2。当轮的转速由 2.80×10^3 r/min 增大到 1.12×10^4 r/min 时,所经历的时间 t 为多少?

4.13　一半径为 R,质量为 m 的匀质圆盘,平放在粗糙的水平桌面上。设圆盘与桌面间的摩擦因数为 μ,圆盘最初以角速度 ω_0 绕通过中心且垂直盘面的轴旋转,问它将经过多少时间才停止转动?

4.14　如题 4.14 图所示,在倾角为 θ 的光滑斜面顶端固定一定滑轮,用一根绳绕若干圈后引出,系一质量为 M 的物体,已知滑轮的质量为 m,半径为 R,滑轮可看作均匀圆盘,滑轮的轴没有摩擦,试求物体 M 沿斜面下滑的加速度 a。

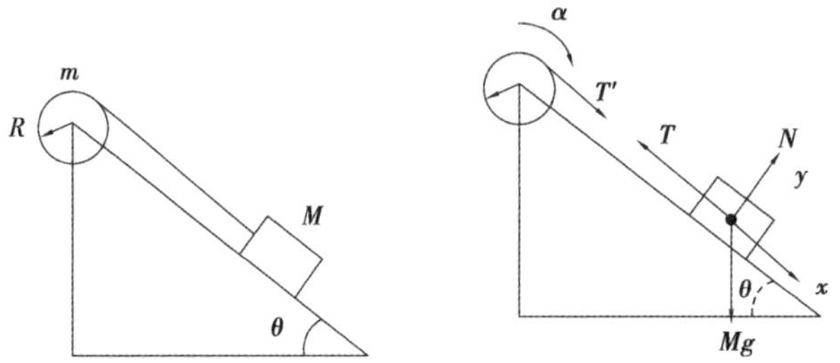

(a)　　　　(b)

题 4.14 图

4.15　如题 4.15 图所示装置,定滑轮的半径为 r,绕转轴的转动惯量为 J,滑轮两边分别悬挂质量为 m_1 和 m_2 的物体 A、B。A 置于倾角为 θ 的斜面上,它和斜面间的摩擦因数为 μ,若 B 向下做加速运动时,求:(1)其下落加速度的大小;(2)滑轮两边绳子的张力。(设绳的质量及伸长均不计,绳与滑轮间无滑动,滑轮轴光滑)

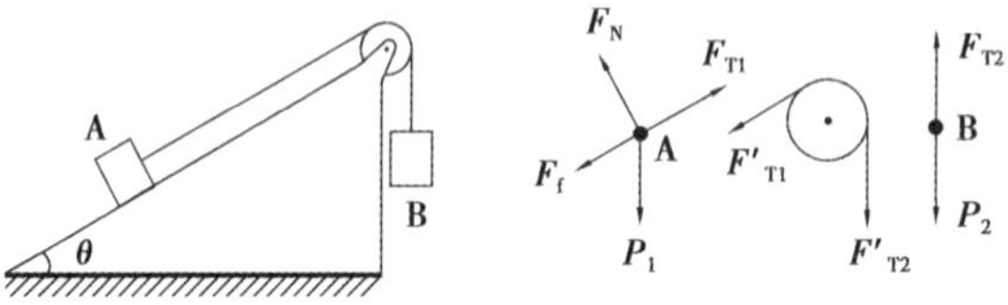

(a)　　　　(b)

题 4.15 图

4.16　如题 4.16 图所示,一质量为 m 的子弹以水平速度射入一静止悬于顶端长棒的下端,穿出后速度损失 3/4,求子弹穿出后棒的角速度。已知棒长为 l,质量为 M。

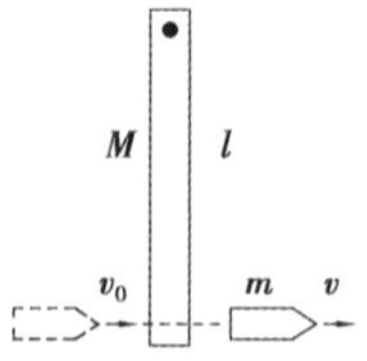

题 4.16 图

4.17　长为 l 的均匀细杆，绕过其一端 O 并与杆垂直的水平轴转动。设杆从水平位置由静止释放，求当杆与水平线成 θ 角时，杆的质心的速度（设转轴光滑）。

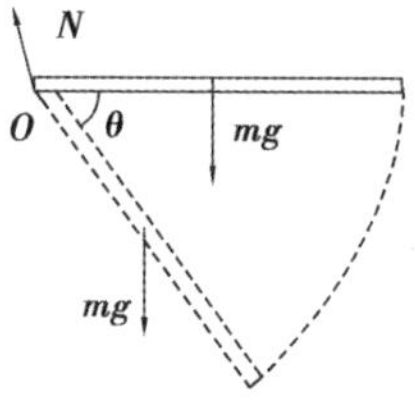

题 4.17 图

4.18　如题 4.18 图所示，质量 $m_1=16$ kg 的实心圆柱体 A，其半径为 $r=15$ cm，可以绕其固定水平轴转动，阻力忽略不计。一条轻的柔绳绕在圆柱体上，其另一端系一个质量 $m_2=8$ kg 的物体 B，求：

（1）物体由静止开始下降 1 s 后的距离；

（2）绳的张力 T。

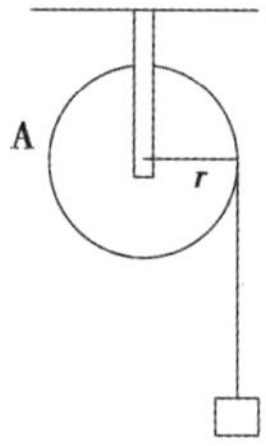

题 4.18 图

4.19　一半径为 R、质量为 m 的匀质圆盘，以角速度 ω 绕其中心轴转动，现将它平放在一水平板上，盘与板表面的摩擦因数为 μ。

（1）求圆盘所受的摩擦力矩；

（2）经多少时间后，圆盘转动才能停止？

$$M=\int \mathrm{d}M=\int_0^R \frac{2r^2\mu mg}{R^2}\mathrm{d}r=\frac{2}{3}\mu mgR$$

$$\Delta t=\frac{J\omega}{M}=\frac{3\omega R}{4\mu g}$$

4.20　质量很小长度为 l 的均匀细杆，可绕过其中心 O 并与纸面垂直的轴在竖直平面内转动。当细杆静止于水平位置时，有一只小虫以速率 v_0 垂直落在距点 O 为 1/4 处，并背离点 O 向细杆的端点 A 爬行。设小虫与细杆的质量均为 m，欲使细杆以恒定的角速度转动，小虫应以多大速率向细杆端点爬行？

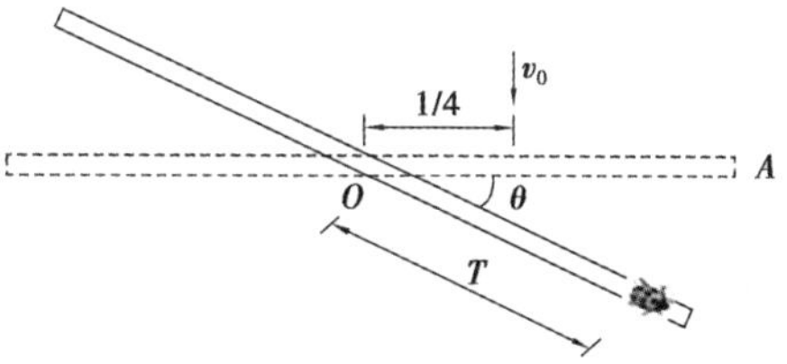

题 4.20 图

4.21　一质量为 m'、半径为 R 的均匀圆盘，通过其中心且与盘面垂直的水平轴以角速度 ω 转动，若在某时刻，一质量为 m 的小碎块从盘边缘裂开，且恰好沿垂直方向上抛，问它可能达到的高度是多少？破裂后圆盘的角动量为多大？

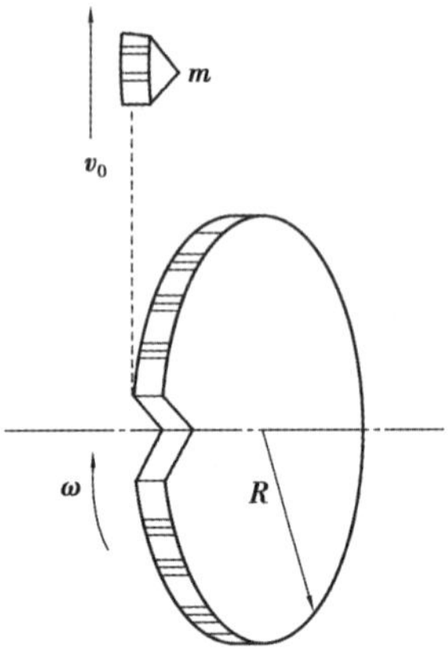

题 4.21 图

4.22　在光滑的水平面上有一木杆，其质量 $m_1=1.0$ kg，长 $l=40$ cm，可绕通过其中点并与之垂直的轴转动。一质量为 $m_2=10$ g 的子弹，以 $v=2.0\times10^2$ m/s 的速度射入杆端，其方向与杆及轴正交。若子弹陷入杆中，试求所得到的角速度。

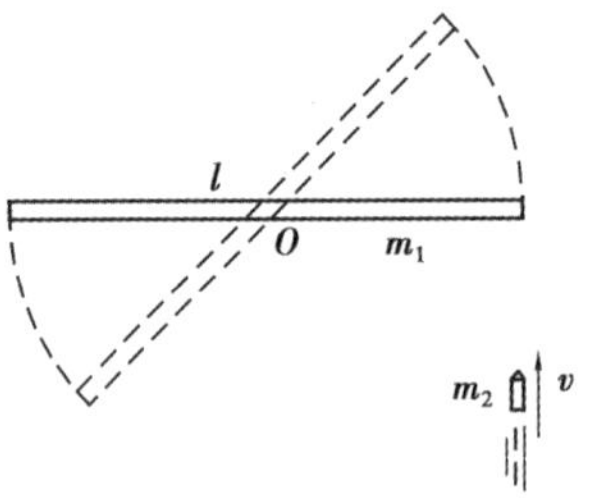

题 4.22 图

4.23　半径分别为 r_1、r_2 的两个薄伞形轮，它们各自对通过盘心且垂直盘面转轴的转动惯量为 J_1 和 J_2。开始时轮Ⅰ以角速度 ω_0 转动，与轮Ⅱ成正交啮合后（如题 4.23 图所示），两轮的角速度分别为多大？

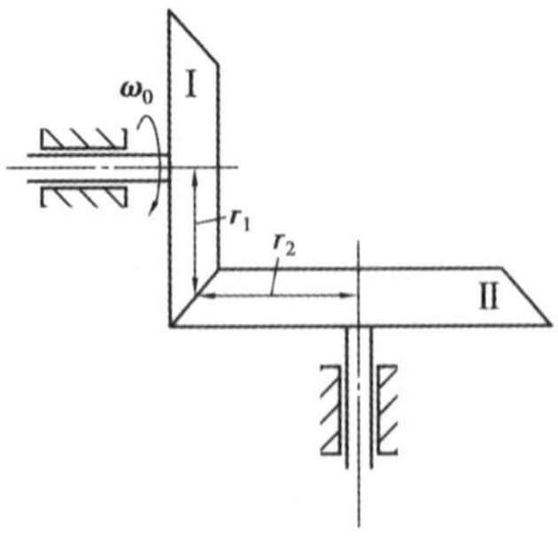

题 4.23 图

4.24　一质量为 20.0 kg 的小孩，站在一半径为 3.00 m、转动惯量为 450 $kg\cdot m^2$ 的静止水平转台的边缘上，此转台可绕通过转台中心的竖直轴转动，转台与轴间的摩擦不计。如果此小孩相对转台以 1.00 m/s 的速率沿转台边缘行走，转台的角速率有多大？

4.25　质量为 m 的子弹，穿过如题 4.25 图所示的摆，速率由 v 减少到 $\frac{1}{2}v$，已知摆是一质量为 m'，长度为 l 的均匀细棒，摆锤的质量也为 m'，子弹的速度最小应为多少？

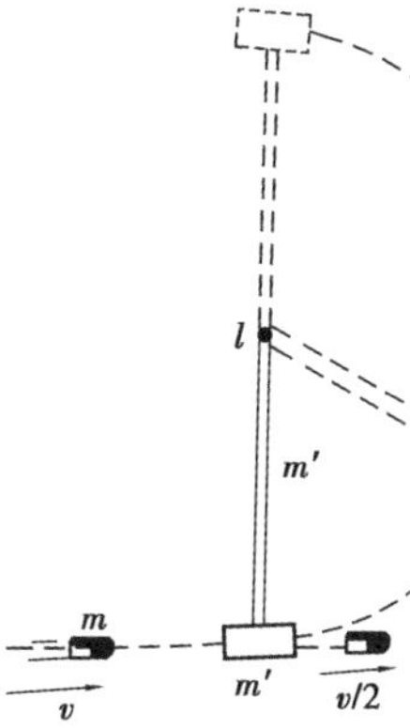

题 4.25 图

4.26　为使运行中的飞船停止绕其中心轴的转动，可在飞船的侧面对称地安装两个切向控制喷管（如题 4.26 图所示），利用喷管高速喷射气体来制止旋转。若飞船绕其中心轴的转动惯量 $J=2.0\times10^3$ $kg\cdot m^2$，旋转的角速度 $\omega=0.2$ rad/s，喷口与轴线之间的距离 $r=1.5$ m；喷气以恒定的流量 $Q=1.0$ kg/s 和速率 $u=50$ m/s 从喷口喷出，为使该飞船停止旋转，喷气应喷射多长时间？

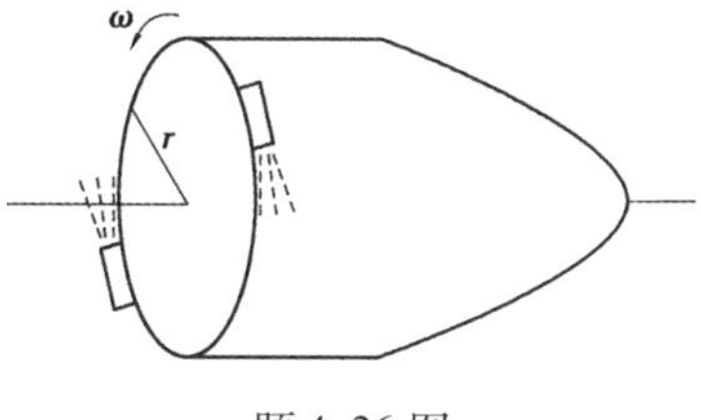

题 4.26 图

4.27　一质量为 m'、半径为 R 的转台，以角速度 ω_A 转动，转轴的摩擦略去不计。(1)有一质量为 m 的蜘蛛垂直地落在转台边缘上。此时，转台的角速度 ω_B 为多少？(2)若蜘蛛随后慢慢地爬向转台中心，当它离转台中心的距离为 r 时，转台的角速度 ω_c 为多少？设蜘蛛下落前距离转台很近。

4.28　一质量为 1.12 kg，长为 1.0 m 的均匀细棒，支点在棒的上端点，开始时棒自由悬挂。以 100 N 的力打击它的下端点，打击时间为 0.02 s。(1)若打击前棒是静止的，求打击时其角动量的变化；(2)求棒的最大偏转角。

4.29　我国 1970 年 4 月 24 日发射的第一颗人造卫星，其近地点为 4.39×10^5 m，远地点为 2.38×10^6 m。试计算卫星在近地点和远地点的速率。（设地球半径为 6.38×10^6 m）

4.30 地球对自转轴的转动惯量为 $0.33m_ER^2$,其中 m_E 为地球的质量,R 为地球的半径。(1)求地球自转时的动能;(2)由于潮汐的作用,地球自转的速度逐渐减小,一年内自转周期增加 3.5×10^{-5} s,求潮汐对地球的平均力矩。

4.31 如题 4.31 图所示,一质量为 m 的小球由一绳索系着,以角速度 ω_0 在无摩擦的水平面上,做半径为 r_0 的圆周运动。如果在绳的另一端作用一竖直向下的拉力,使小球做半径为 $r_0/2$ 的圆周运动。试求:(1)小球新的角速度;(2)拉力所做的功。

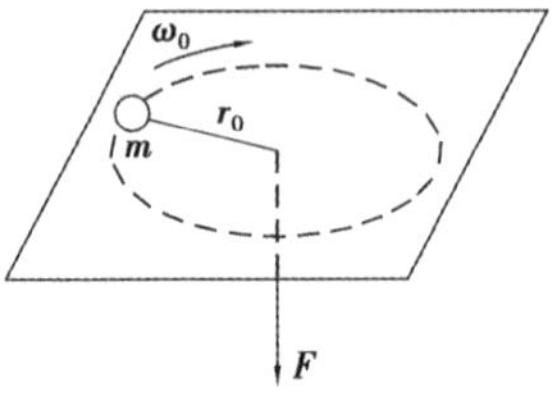

题 4.31 图

第5章

静电场

电磁运动是物质的又一种基本运动形式。电磁相互作用是自然界已知的四种基本相互作用之一，也是人们认识得较深入的一种相互作用。在日常生活和生产活动中，在对物质结构的深入认识过程中，都要涉及电磁运动。因此，理解和掌握电磁运动的基本规律，在理论上和实践上都有极重要的意义。

一般来说，运动电荷将同时激发电场和磁场，电场和磁场是相互关联的。但是，在某种情况下，例如当我们所研究的电荷相对某参考系静止时，电荷在这个静止参考系中就只激发电场，而无磁场。这个电场就是本章所要讨论的静电场。

本章的主要内容包括静电场的基本定律——库仑定律，静电场的两条基本定理——高斯定理和环路定理，描述静电场的两个基本物理量——电场强度和电势等。

5.1 电荷的量子化 电荷守恒定律

按照原子理论，在每个原子里，电子环绕由中子和质子组成的原子核运动，这些电子的状态可视为如图 5.1 所示的原子结构图。原子核的线度比电子云的线度要小得多。一般来说，原子核的线度约为 5×10^{-15} m，电子云的线度（即原子的直径）约为 2×10^{-10} m。这就是说，原子的线度约为原子核线度的 10^5 倍。原子中的中子不带电，质子带正电，电子带负电，质子与电子所具有的电荷量（简称电荷）的绝对值是相等的。在正常情况下，每个原子中的电子数与质子数相等，故物体呈电中性。当物体经受摩擦等作用而造成物体中的电子过多或不足时，我们就说物体带了电。

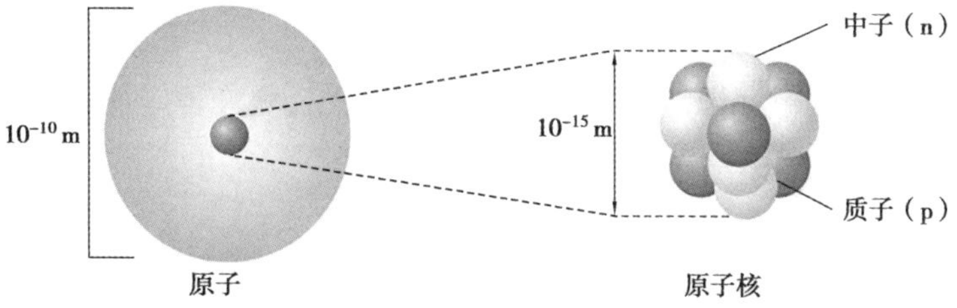

图 5.1

5.1.1 电荷的量子化

1897 年 J. J. 汤姆孙从实验中测量阴极射线粒子的电荷值与质量之比时,得出阴极射线粒子的电荷值与质量之比较之氢离子要大约 2 000 倍。这种粒子后来被称为电子。所以一般认为 J. J. 汤姆孙是电子的发现者。电子的电荷$-e$与质量 m 之比称为电子的比荷($-e/m$)。通过数年努力,1913 年 R. A. 密立根终于从实验中得出带电体的电荷是"$\pm e$""的整数倍的结论,即 $q=\pm ne$,n 为 1,2,3,…。这是自然界存在不连续性(即量子化)的又一个例子。电荷的这种只能取离散的、不连续的量值的性质,叫做电荷的量子化。电子的电荷绝对值 e 称为元电荷,或称为电荷的量子。电荷的单位名称为库仑,简称库,符号为 C,在通常的计算中,电子的电荷绝对值的近似值为 $e=1.602\times10^{-19}C$。

现在知道的自然界中的微观粒子,包括电子、质子、中子在内,已有几百种,其中带电粒子所具有的电荷或者是$+e$、$-e$,或者是它们的整数倍。因此可以说,电荷量子化是一个普遍的量子化规则。量子化是近代物理学中的一个基本概念,当研究的范围达到原子线度大小时,很多物理量如角动量、能量等也都是量子化的。这些内容将在光的量子性、原子结构等章节中再加以介绍。

5.1.2 电荷守恒定律

实验指出,对于一个系统,如果没有净电荷出入其边界,则该系统的正、负电荷的电量的代数和将保持不变,这就是电荷守恒定律。在正常状态下,物体是电中性的,物体里正、负电荷的代数和为零,如果在一个系统中有两个电中性的物体,由于某些原因,使一些电子从一个物体移到另一个物体上,则前者带正电,后者带负电,不过两物体正、负电荷的代数和仍为零。总之,不管系统中的电荷如何迁移,系统的电荷的代数和保持不变。宏观物体的带电、电中和以及物体内的电流等现象实质上是微观带电粒子在物体内运动的结果。因此,电荷守恒实际上也就是在各种变化中,系统内粒子的总电荷数守恒。

现代物理研究已表明,在粒子的相互作用过程中,电荷是可以产生和消失的。然而电荷守恒并未因此而遭到破坏。例如,一个高能光子与一个重原子核作用时,该光子可以转化为一个正电子和一个负电子(这叫电子对的"产生");而一个正电子和一个负电子在一定条件下相遇,又会同时消失而产生两个或三个光子(这叫电子对的"湮灭")。在已观察到的各种过程中,正、负电荷总是成对出现或成对消失。由于光子不带电,正、负电子又各带有等量异号的电荷,所以这种电荷的产生和消失并不改变系统中的电荷数的代数和,因而电荷守恒定律仍然保持有效。

电荷守恒定律就像能量守恒定律、动量守恒定律和角动量守恒定律那样,也是自然界的基本守恒定律,无论是在宏观领域里,还是在原子、原子核和粒子范围内,电荷守恒定律都是成立的。

5.2 库仑定律

1785 年法国物理学家库仑用扭秤实验测定了两个带电球体之间相互作用的电力。库仑在实验的基础上提出了两个点电荷之间相互作用的规律,即库仑定律。“点电荷”是一个抽象的模型,当两个带电体本身的线度 d 比问题中所涉及的距离 r 小很多,即 $d \ll r$ 时,带电体就可近似当成“点电荷”。库仑定律的表述为:在真空中,两个静止的点电荷之间的相互作用力,其大小与它们电荷的乘积成正比,与它们之间距离的二次方成反比。作用力的方向沿着两点电荷的连线,同名电荷相斥,异名电荷相吸。如图 5.2 所示,两个点电荷分别为 q_1 和 q_2,由电荷 q_1 指向电荷 q_2 的矢量用 $\boldsymbol{r}$ 表示,那么,电荷 q_2 受到电荷 q_1 的作用力 $\boldsymbol{F}$ 为

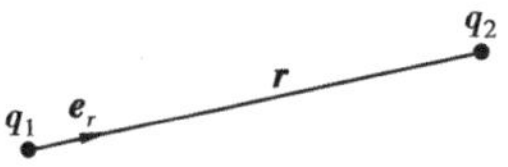

图 5.2　库仑定律

$$\boldsymbol{F} = \frac{1}{4\pi\varepsilon_0}\frac{q_1 q_2}{r^2}\boldsymbol{e}_r \tag{5.1}$$

式中 $\boldsymbol{e}_r$ 为从电荷 q_1 指向电荷 q_2 的单位矢量,即 $\boldsymbol{e}_r = \boldsymbol{r}/r$。$\varepsilon_0$ 叫作真空电容率,是电学中常用到的一个物理量。一般计算时,其值为

$$\varepsilon_0 = 8.85 \times 10^{-12}\ \mathrm{C}^2/(\mathrm{N} \cdot \mathrm{m}^2) = 8.85 \times 10^{-12}\ \mathrm{F/m} \tag{5.2}$$

由上式可以看出,当 q_1 和 q_2 同号时,$q_1 q_2 > 0$,q_2 受到斥力作用;当 q_1 和 q_2 异号时,$q_1 q_2 < 0$,q_2 受到引力作用。静止电荷间的电作用力,又称为库仑力。应当指出,两静止点电荷之间的库仑力遵守牛顿第三定律。由于我们所研究的电荷或是处于静止,或是速率非常小($v \ll c$),都属于低速的情况,牛顿第二定律以及由牛顿第二定律所导出的结论,也都能适用于有库仑力作用的情形。

另外,如果点电荷 q_0 同时受到许多点电荷 $q_1, q_2, \cdots$ 的作用,则所受合力 $\boldsymbol{F}$ 是各点电荷单独存在时对 q_0 作用力$\boldsymbol{F}_1, \boldsymbol{F}_2, \cdots$的矢量和,在电荷连续分布时为各电荷微元 $\mathrm{d}q$ 对 q_0 作用力 $\mathrm{d}\boldsymbol{F}$ 的矢量积分,即

$$\boldsymbol{F} = \sum_i \boldsymbol{F}_i = \frac{1}{4\pi\varepsilon_0}\sum_i \frac{q_i q_0}{r_i^2}\boldsymbol{e}_i$$

或

$$\boldsymbol{F} = \int \mathrm{d}\boldsymbol{F} = \frac{q_0}{4\pi\varepsilon_0}\int \frac{\boldsymbol{e}}{r^2}\mathrm{d}q \tag{5.3}$$

式中 r_i(或 r)分别是 q_i(或 $\mathrm{d}q$)与 q_0 的距离,$\boldsymbol{e}_i$(或 $\boldsymbol{e}$)分别是由 q_i(或 $\mathrm{d}q$)指向 q_0 的径向单位矢量。式(5.3)称为电力叠加原理,满足式(5.3)的叠加称为线性叠加。叠加原理是独立于库仑定律的另一规律,它表明具有可叠加性。

综上,电力的基本特征包括平方反比定律、与电量成正比、径向性和球对称性、可叠加性,弄清楚各自的由来,对于正确理解基本规律十分重要。

5.3　电场强度

5.3.1　静电场

电荷在其周围的空间激发电场,电场的基本性质是能给予其中任何其他电荷以作用力——电场力,电荷与电荷之间的相互作用是以电场为媒介物传递的。上述结论可用下面的

图式概括:

电荷⟷ 电场 ⟷电荷

这样引入的电场对电荷周围空间各点赋予了一种局域性,即如果知道了某一小区域的 $\boldsymbol{E}$,无需更多的要求,我们就可以知道任意电荷在此区域内的受力情况,从而可以进一步知道它的运动。这时也不需要知道是些什么电荷产生了这个电场。如果知道在空间各点的电场,我们就有了对这整个系统的完整的描述,并可以由它揭示出所有电荷的位置和大小。

物理学的近代研究表明,任何电荷在其周围都将激发起电场,电荷间的相互作用是通过电场的作用来实现的。场是一种特殊形态的物质,它和物质的另一种形态——实物一起,构成了物质世界非常丰富的图景。静电场存在于静止电荷的周围,并分布在一定的空间。场和实物的最明显区别在于:场分布范围非常广泛,具有分散性,而实物则集中在有限范围内,具有集中性。所以对场的描述需要逐点进行,不像实物那样只需作整体描述。

我们知道,处于万有引力场中的物体要受到万有引力的作用,并且当物体移动时,引力要对它做功。同样,处于静电场中的电荷也要受到电场力的作用,并且当电荷在电场中运动时电场力也要对它做功。所以电场的基本性质是能给予其中任何其他电荷以作用力——电场力,电荷与电荷之间的相互作用是以电场为媒介传递的。上述结论可用下面的图式概括:

电荷⇌电场⇌电荷

我们将从施力和做功这两方面来研究静电场的性质,分别引出描述电场性质的两个物理量——电场强度和电势。

5.3.2 电场强度

为了表述电场对处于其中的电荷施以作用力的性质,我们把一个试验电荷 q_0 放到电场中不同位置,观察电场对试验电荷 q_0 的作用力的情况。试验电荷必须满足如下要求:①试验电荷必须是点电荷;②它的电荷量应足够小,以致把它放进电场中时对原有的电场几乎没有什么影响。为叙述方便,我们取试验电荷为正电荷 $+q_0$。如图 5.3 所示,在静止电荷 Q 周围的静电场中,先后将试验电荷 $+q_0$ 放到电场中 A, B 和 C 三个不同的位置处。我们发现,试验电荷 $+q_0$ 在电场中不同位置处所受到的电场力 $\boldsymbol{F}$ 的值和方向均不相同。另一方面,就电场中某一点而言,试验电荷 q_0 在该处所受的电场力 $\boldsymbol{F}$ 只与 q_0 的大小有关;但 $\boldsymbol{F}$ 与 q_0 之比,则与 q_0 无关,为一不变的矢量。显然,这个不变的矢量只与该点处的电场有关,所以称该矢量为电场强度,用符号 $\boldsymbol{E}$ 表示,有

$$\boldsymbol{E}=\frac{\boldsymbol{F}}{q_0} \tag{5.4}$$

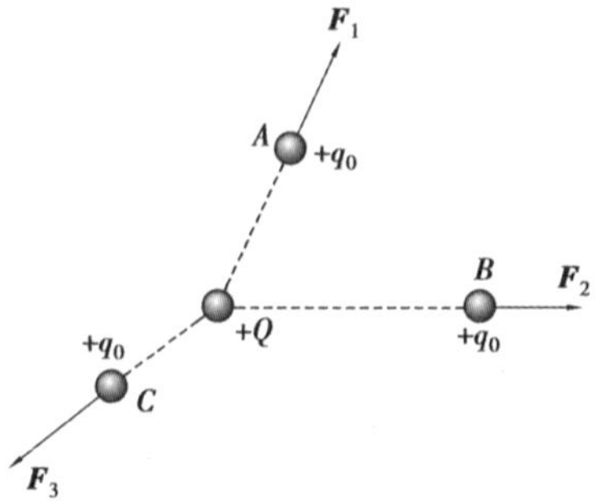

图 5.3

式(5.4)为电场强度的定义式。它表明,电场中某点处的电场强度 $\boldsymbol{E}$ 等于位于该点处的单位试验电荷所受的电场力。电场强度是空间位置的函数,由于我们取试验电荷为正电荷,故 $\boldsymbol{E}$ 的方向与试验电荷所受力 $\boldsymbol{F}$ 的方向相同。在国际单位制中,电场强度的单位为牛顿每库仑,符号为 N/C;电场强度的单位亦为伏特每米,符号为 V/m。V/m 与 N/C 是一样的,不过 V/m 较 N/C 使用更普遍。

应当指出,在已知电场强度分布的电场中,若某点的电场强度为 $\boldsymbol{E}$,那么由式(5.4)知电荷 q 在该点所受的电场力 $\boldsymbol{F}$ 为

$$\boldsymbol{F}=q\boldsymbol{E}$$

5.3.3　点电荷的电场强度

由库仑定律及电场强度定义式,可求得真空中点电荷周围电场的电场强度。如图5.4(a)所示,在真空中,点电荷 Q 位于直角坐标系的原点 O,由原点 O 指向场点 P 的位矢为 $\boldsymbol{r}$。若把试验电荷 q_0 置于场点 P,由库仑定律[式(5.1)]和电场强度定义[式(5.4)]可得场点 P 的电场强度为

$$\boldsymbol{E}=\frac{\boldsymbol{F}}{q_0}=\frac{1}{4\pi\varepsilon_0}\frac{Q}{r^2}\boldsymbol{e}_r \tag{5.5}$$

式中 $\boldsymbol{e}_r$ 为位矢 $\boldsymbol{r}$ 的单位矢量。上式是在真空中点电荷 Q 所激发的电场中,任意点 P 处的电场强度表示式。从式(5.5)可以看出,如果点电荷为正电荷(即 $Q>0$),$\boldsymbol{E}$ 的方向与 $\boldsymbol{e}_r$ 的方向相同;如点电荷为负电荷(即 $Q<0$),则 $\boldsymbol{E}$ 的方向与 $\boldsymbol{e}_r$ 的方向相反[图5.4(b)]。

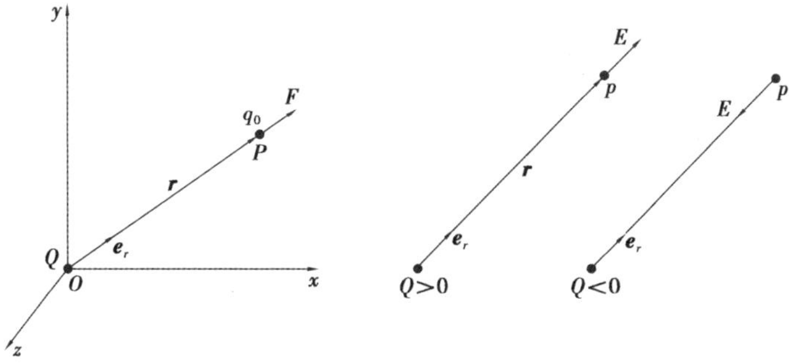

图5.4

如图5.5所示,若将正点电荷 Q 放在原点 O,并以 r 为半径作一球面,则球面上各处 $\boldsymbol{E}$ 的大小相等,$\boldsymbol{E}$ 的方向均沿径矢 $\boldsymbol{r}$,故真空中点电荷的电场是具有对称性的非均匀场。

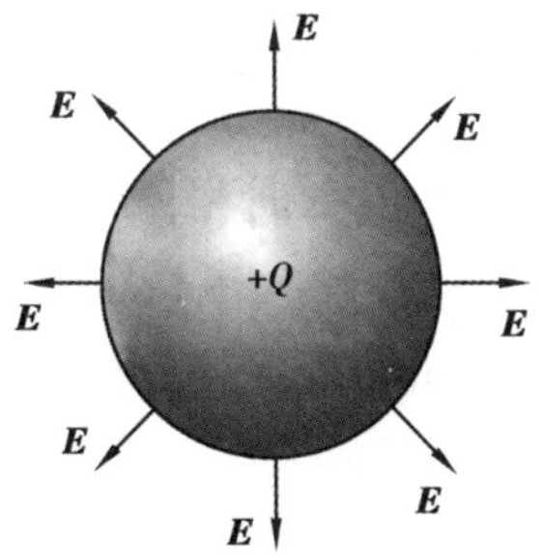

图5.5

5.3.4 电场强度叠加原理

如果静电场由许多点电荷 $q_1,q_2,\cdots$产生,则在空间某点的试探电荷 q_0 所受的作用力 $\boldsymbol{F}$ 是各点电荷单独存在时所产生的电场对 q_0 的作用力$\boldsymbol{F}_1,\boldsymbol{F}_2,\cdots$的矢量和,在电荷连续分布时为各电荷微元产生的电场对 q_0 作用力 $\mathrm{d}\boldsymbol{F}$ 的矢量积分,此即 5.2 节中的电力叠加原理。

$$\boldsymbol{F} = \sum_i \boldsymbol{F}_i \text{ 或 } \boldsymbol{F} = \int \mathrm{d}\boldsymbol{F}$$

除以 q_0,得

$$\boldsymbol{E} = \sum_i \boldsymbol{E}_i = \frac{1}{4\pi\varepsilon_0}\sum_i \frac{q_i}{r_i^2}\boldsymbol{e} \tag{5.6}$$

式中$\boldsymbol{E}_1=\boldsymbol{F}_1/q_0,\boldsymbol{E}_2=\boldsymbol{F}_2/q_0,\cdots$代表 $q_1,q_2,\cdots$在某点单独产生的场强,$\mathrm{d}\boldsymbol{E}=\mathrm{d}\boldsymbol{F}/q_0$ 是电荷微元 $\mathrm{d}q$ 在某点的场强,$\boldsymbol{E}=\boldsymbol{F}/q_0$ 是某点的总场强。注意,式(5.6)是矢量和或矢量积分。式(5.6)表明,点电荷组(或连续分布电荷)的电场在某点的场强等于各点电荷(或各电荷微元)单独存在时产生的电场在该点场强的矢量叠加,称为场强叠加原理。

根据电场强度叠加原理,我们可以计算电荷连续分布的电荷系的电场强度。这只是计算电场强度的一种方法,还有其他的方法,以后再陆续介绍。如图 5.6 所示,有一体积为 V,电荷连续分布的带电体,现在来计算点 P 处的电场强度。首先,在带电体上取一电荷元 $\mathrm{d}q$,其线度相对于 V 可视为无限小,从而可将 $\mathrm{d}q$ 作为一个点电荷对待,于是,$\mathrm{d}q$ 在点 P 的电场强度为

$$\mathrm{d}\boldsymbol{E} = \frac{1}{4\pi\varepsilon_0}\frac{\mathrm{d}q}{r^2}\boldsymbol{e}_r$$

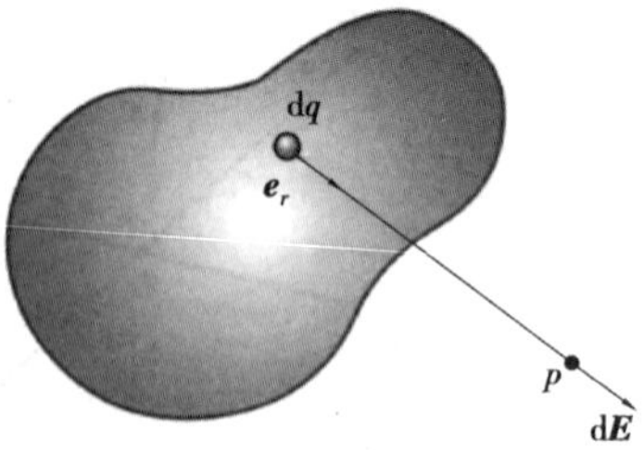

图 5.6

式中 $\boldsymbol{e}_r$ 为由 $\mathrm{d}q$ 指向点 P 的单位矢量。其次,取各电荷元对点 P 处的电场强度,并求矢量积分。于是可得电荷系在点 P 处的电场强度 $\boldsymbol{E}$ 为

$$\boldsymbol{E} = \int_V \mathrm{d}\boldsymbol{E} = \int_V \frac{1}{4\pi\varepsilon_0}\frac{\boldsymbol{e}_r}{r^2}\mathrm{d}q \tag{5.7}$$

若 $\mathrm{d}V$ 为电荷元 $\mathrm{d}q$ 的体积元,ρ 为其体电荷密度,则 $\mathrm{d}q=\rho\mathrm{d}V$。于是,式(5.7)也可写成

$$\boldsymbol{E} = \int_V \mathrm{d}\boldsymbol{E} = \int_V \frac{1}{4\pi\varepsilon_0}\frac{\rho\boldsymbol{e}_r}{r^2}\mathrm{d}V \tag{5.8}$$

顺便指出,对于电荷连续分布的线带电体和面带电体来说,电荷元 $\mathrm{d}q$ 分别为 $\mathrm{d}q=\lambda\mathrm{d}l$ 和 $\mathrm{d}q=\sigma\mathrm{d}S$,其中 λ 为线电荷密度,σ 为面电荷密度,则由式(5.7)可得它们的电场强度分别为

$$\boldsymbol{E} = \int_l \mathrm{d}\boldsymbol{E} = \int_l \frac{1}{4\pi\varepsilon_0}\frac{\lambda\boldsymbol{e}_r}{r^2}\mathrm{d}l$$

$$\boldsymbol{E} = \int_S \mathrm{d}\boldsymbol{E} = \int_S \frac{1}{4\pi\varepsilon_0}\frac{\sigma \boldsymbol{e}_r}{r^2}\mathrm{d}S \tag{5.9}$$

5.3.5　电偶极子的电场强度

由两个电荷量相等、符号相反、相距为 $\boldsymbol{r}_0$ 的点电荷 $+q$ 和 $-q$ 构成的电荷系称为电偶极子。从 $-q$ 指向 $+q$ 的矢量 $\boldsymbol{r}_0$ 为电偶极子的轴，$q\boldsymbol{r}_0$ 称为电偶极子的电偶极矩（简称电矩），用符号 $\boldsymbol{p}$ 表示，有 $\boldsymbol{p}=q\boldsymbol{r}_0$。在研究电介质的极化等问题时，常要用到电偶极子的概念，以及电偶极子对电场的影响。下面分别讨论：①电偶极子轴线延长线上一点的电场强度；②电偶极子轴线的中垂线上一点的电场强度。

①如图5.7所示，取电偶极子轴线的中点为坐标原点 O，沿极轴的延长线为 Ox 轴，轴上任意点 A 距原点 O 的距离为 x。由式(5.5)可得点电荷 $+q$ 和 $-q$ 在点 A 激发的电场强度分别为

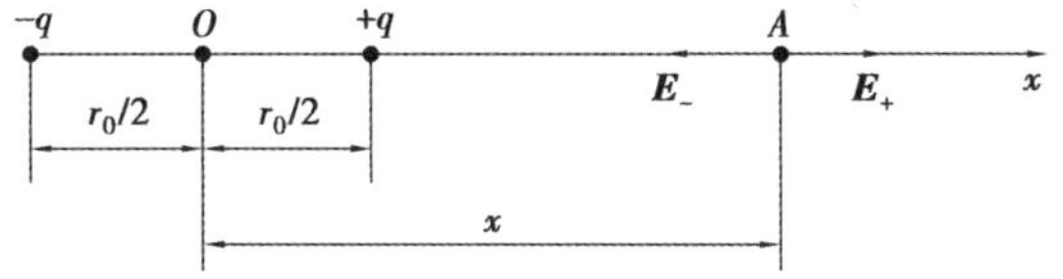

图5.7

$$\boldsymbol{E}_+ = \frac{1}{4\pi\varepsilon_0}\frac{q}{(x-r_0/2)^2}\boldsymbol{i}$$

$$\boldsymbol{E}_- = -\frac{1}{4\pi\varepsilon_0}\frac{q}{(x+r_0/2)^2}\boldsymbol{i}$$

上两式表明，$\boldsymbol{E}_+$ 和 $\boldsymbol{E}_-$ 都沿 Ox 轴，但方向相反。由电场强度叠加原理可知点 A 处的 $\boldsymbol{E}$ 为

$$\boldsymbol{E} = \boldsymbol{E}_+ + \boldsymbol{E}_- = \frac{q}{4\pi\varepsilon_0}\frac{2xr_0}{(x^2-r_0^2/4)^2}\boldsymbol{i}$$

当场点 A 到电偶极子的距离比电偶极子中 $-q$ 和 $+q$ 之间的距离大得多即 $x \gg r_0$ 时，则 $(x^2-r_0^2/4)\approx x^2$，于是上式可写为

$$\boldsymbol{E} = \frac{1}{4\pi\varepsilon_0}\frac{2r_0 q}{x^3}\boldsymbol{i}$$

由于电矩 $\boldsymbol{p}=q\boldsymbol{r}_0=qr_0\boldsymbol{i}$，所以上式为

$$\boldsymbol{E} = \frac{1}{4\pi\varepsilon_0}\frac{2\boldsymbol{p}}{x^3} \tag{5.10}$$

式(5.10)表明，在电偶极子轴线的延长线上任意点 A 处的电场强度 $\boldsymbol{E}$ 的大小与电偶极子的电矩 $\boldsymbol{p}$ 的大小成正比，与电偶极子中点 O 到点 A 的距离 x 的3次方成反比；电场强度 $\boldsymbol{E}$ 的方向与电矩 $\boldsymbol{p}$ 的方向相同。

②以电偶极子轴线中点为坐标原点 O，并取 Ox 轴和 Oy 轴如图5.8所示。由式(5.5)可得点电荷 $+q$ 和 $-q$ 对中垂线上任意点 B 的电场强度分别为

$$\boldsymbol{E}_+ = \frac{1}{4\pi\varepsilon_0}\frac{q}{r_+^2}\boldsymbol{e}_+ \tag{5.11a}$$

$$\boldsymbol{E}_- = -\frac{1}{4\pi\varepsilon_0}\frac{q}{r_-^2}\boldsymbol{e}_- \tag{5.11b}$$

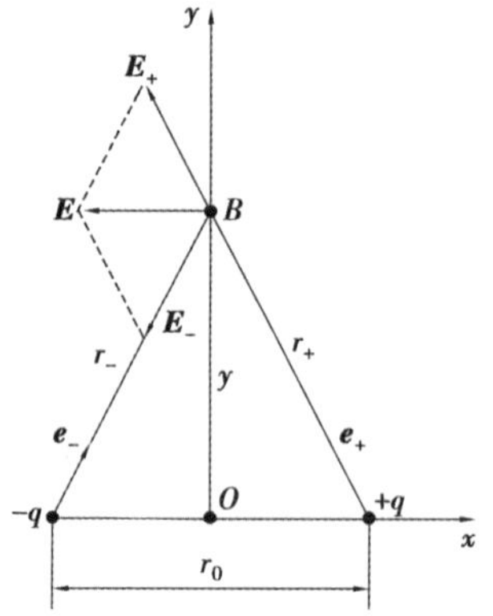

图 5.8

式中 r_+ 和 r_- 分别是 $+q$ 和 $-q$ 与点 B 间的距离,$\boldsymbol{e}_+$ 和 $\boldsymbol{e}_-$ 分别是从 $+q$ 和 $-q$ 指向点 B 的单位矢量。

从图中可以看出,$r_-=r_+$,且令其为 r,即有

$$r_+=r_-=r=\sqrt{y^2+\left(\frac{r_0}{2}\right)^2} \tag{5.12}$$

而单位矢量 $\boldsymbol{e}_+=\boldsymbol{r}_+/r_+=\boldsymbol{r}_+/r$,其中 $\boldsymbol{r}_+$ 为

$$\boldsymbol{r}_+=\left(-\frac{r_0}{2}\boldsymbol{i}+y\boldsymbol{j}\right)$$

所以,单位矢量 $\boldsymbol{e}_+=\left(-\frac{r_0}{2}\boldsymbol{i}+y\boldsymbol{j}\right)/r$, 于是式(5.11a)为

$$\boldsymbol{E}_+=\frac{1}{4\pi\varepsilon_0}\frac{q}{r^3}\left(y\boldsymbol{j}-\frac{r_0}{2}\boldsymbol{i}\right) \tag{5.13a}$$

同时, $\boldsymbol{e}_-=\left(\frac{r_0}{2}\boldsymbol{i}+y\boldsymbol{j}\right)/r$, 所以式(5.11b)为

$$\boldsymbol{E}_-=-\frac{1}{4\pi\varepsilon_0}\frac{q}{r^3}\left(y\boldsymbol{j}+\frac{r_0}{2}\boldsymbol{i}\right) \tag{5.13b}$$

根据电场强度叠加原理,可得点 B 处的电场强度 $\boldsymbol{E}$ 为

$$\boldsymbol{E}=\boldsymbol{E}_++\boldsymbol{E}_-=-\frac{1}{4\pi\varepsilon_0}\frac{qr_0\boldsymbol{i}}{r^3}$$

将式(5.13a)和(5.13b)代入上式,且电偶极矩 $\boldsymbol{p}=qr_0\boldsymbol{i}$,故有

$$\boldsymbol{E}=-\frac{1}{4\pi\varepsilon_0}\frac{\boldsymbol{p}}{\left(y^2+\frac{r_0^2}{4}\right)^{3/2}}$$

当 $y\gg r_0$ 时,$y^2+(r_0/2)^2\approx y^2$,于是上式为

$$\boldsymbol{E}=-\frac{1}{4\pi\varepsilon_0}\frac{\boldsymbol{p}}{y^3} \tag{5.14}$$

式(5.14)表明,在电偶极子的中垂线上任意点 B 处的电场强度 $\boldsymbol{E}$ 的大小与电矩 $\boldsymbol{p}$ 的大小成正比,与电偶极子的中点到点 B 的距离 y 的 3 次方成反比;电场强度 $\boldsymbol{E}$ 的方向与电矩 $\boldsymbol{p}$ 的方向相反。

[**例** 5.1]在真空中长为 l 的细杆上均匀分布着电荷,其线电荷密度为 λ。在杆的延长线

上,距杆的一端为 d 的一点上,有一点电荷 q_0,如图 5.9 所示。求该点的电场强度和点电荷 q_0 所受的静电力。

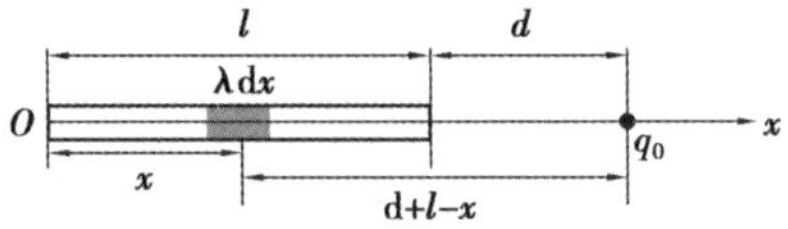

图 5.9

解:选杆的左端为坐标原点,x 轴沿杆,向右为正方向。在 x 处取一电荷元 dx,它在点电荷所在处产生的电场强度为

$$\mathrm{d}\boldsymbol{E} = \frac{\lambda \mathrm{d}x}{4\pi\varepsilon_0(d + l - x)^2}\boldsymbol{i}$$

整个杆上电荷在该点的电场强度为

$$\boldsymbol{E} = \frac{\lambda}{4\pi\varepsilon_0}\int_0^l \frac{\mathrm{d}x}{(d + l - x)^2}\boldsymbol{i} = \frac{\lambda l}{4\pi\varepsilon_0 d(d + l)}\boldsymbol{i}$$

点电荷 q_0 所受的静电力为

$$\boldsymbol{F} = \frac{q_0\lambda l}{4\pi\varepsilon_0 d(d + l)}\boldsymbol{i}$$

5.4　电通量　高斯定理

上一节我们研究了描述电场性质的一个重要物理量——电场强度,并从叠加原理出发讨论了点电荷系和带电体的电场强度。为了更形象地描述电场,这一节将在介绍电场线的基础上,引进电通量的概念,并导出静电场的重要定理——高斯定理。

5.4.1　**电场线**

如图 5.10 所示是几种带电系统的电场线。在电场线上每一点处电场强度 $\boldsymbol{E}$ 的方向沿着该点的切线,并以电场线箭头的指向表示电场强度的方向。

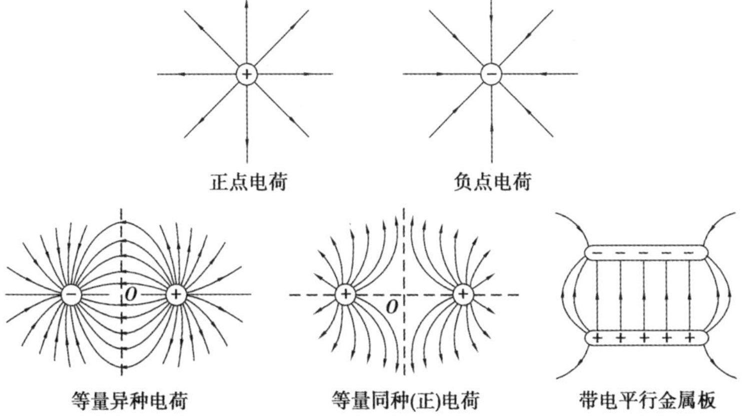

图 5.10

静电场的电场线有如下特点:①电场线总是始于正电荷,终止于负电荷,不形成闭合曲线;②任何两条电场线都不能相交,这是因为电场中每一点处的电场强度只能有一个确定的方向。

电场线不仅能表示电场强度的方向,而且电场线在空间的密度分布还能表示电场强度的大小。在某区域内,电场线的密度较大,该处 $\boldsymbol{E}$ 也较强;电场线的密度较小,则该处 $\boldsymbol{E}$ 也较弱。

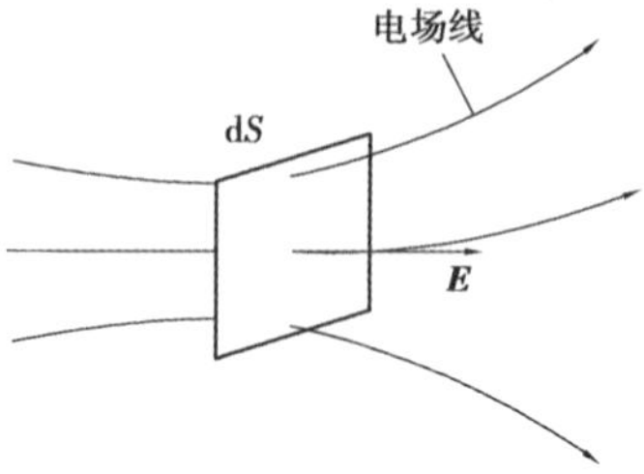

图 5.11

为了给出电场线密度和电场强度间的数量关系,我们对电场线的密度作如下规定:在电场中任一点,想象地作一个面积元 dS,并使它与该点的 $\boldsymbol{E}$ 垂直(图 5.11),dS 面上各点的 $\boldsymbol{E}$ 可认为是相同的,则通过面积元 dS 的电场线数 dN 与该点的 $\boldsymbol{E}$ 的大小有如下关系:

$$\frac{\mathrm{d}N}{\mathrm{d}S}=E \tag{5.15}$$

这就是说,通过电场中某点垂直于 $\boldsymbol{E}$ 的单位面积的电场线数等于该点处电场强度 $\boldsymbol{E}$ 的大小。dN/dS 也叫作电场线密度。

虽然电场中并不存在电场线,但引入电场线概念可以形象地描绘出电场的总体情况,对于分析某些实际问题很有帮助。在研究某些复杂的电场时,常用模拟的方法把它们的电场线画出来,这对诸如研究电子管内部的电场,高压电力设备附近的电场分布是非常直观有用的。

5.4.2 电通量

我们把通过电场中某一个面的电场线数目,叫作通过这个面的电通量,用符号 Φ_e 表示。下面先讨论匀强电场中的电通量 Φ_e。在匀强电场中取一个平面 S,并使它和电场强度方向垂直[图 5.12(a)]。由于匀强电场的电场强度处处相等,所以电场线密度也应处处相等。这样,通过面 S 的电通量为

$$\Phi_e=ES$$

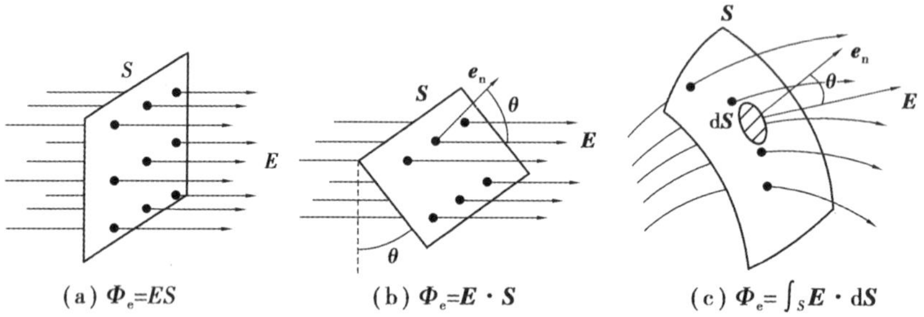

(a) $\Phi_e=ES$　(b) $\Phi_e=\boldsymbol{E}\cdot\boldsymbol{S}$　(c) $\Phi_e=\int_S\boldsymbol{E}\cdot\mathrm{d}\boldsymbol{S}$

图 5.12

如果平面 S 与匀强电场不垂直,那么面 S 在电场空间可取许多方位。为了把面 S 在电场中的大小和方位同时表示出来,我们引入面积矢量 $\boldsymbol{S}$,规定其大小为 S,其方向用它的单位法线矢量 $\boldsymbol{e}_n$ 来表示,有 $\boldsymbol{S}=S\boldsymbol{e}_n$。在图 5.12(b)中,$\boldsymbol{e}_n$ 与 $\boldsymbol{E}$ 之间的夹角为 θ。因此,这时通过面 $\boldsymbol{S}$ 的电通量为

$$\Phi_e=ES\cos\theta \tag{5.16a}$$

由矢量标积的定义可知,$ES\cos\theta$ 为矢量 $\boldsymbol{E}$ 和 $\boldsymbol{S}$ 的标积,故上式可用矢量表示为

$$\Phi_e=\boldsymbol{E}\cdot\boldsymbol{S}=\boldsymbol{E}\cdot\boldsymbol{e}_nS \tag{5.16b}$$

如果电场是非匀强电场,并且面 $\boldsymbol{S}$ 是任意曲面(图 5.12(c)),则可以把曲面分成无限多个

面积元 d$\boldsymbol{S}$，每个面积元 d$\boldsymbol{S}$ 都可看成一个小平面，在面积元 d$\boldsymbol{S}$ 上，$\boldsymbol{E}$ 也处处相等。仿照上面的办法，若 $\boldsymbol{e}_n$ 为面积元 d$\boldsymbol{S}$ 的单位法线矢量，则 $\boldsymbol{e}_n \mathrm{d}S = \mathrm{d}\boldsymbol{S}$ 如 $\boldsymbol{e}_n$ 与 $\boldsymbol{E}$ 成 θ 角，于是，通过面积元 d$\boldsymbol{S}$ 的电通量为

$$\mathrm{d}\Phi_e = E\mathrm{d}S\cos\theta = \boldsymbol{E}\cdot\mathrm{d}\boldsymbol{S} \tag{5.17}$$

所以通过曲面 $\boldsymbol{S}$ 的电通量 Φ_e，就等于通过面 $\boldsymbol{S}$ 上所有面积元 d$\boldsymbol{S}$ 电通量 $\mathrm{d}\Phi_e$ 的总和，即

$$\Phi_e = \int_S \mathrm{d}\Phi_e = \int_S E\cos\theta\mathrm{d}S = \int_S \boldsymbol{E}\cdot\mathrm{d}\boldsymbol{S} \tag{5.18}$$

如果曲面是闭合曲面，式(5.18)中的曲面积分应换成对闭合曲面积分，闭合曲面积分用"$\oint_S$"表示，故通过闭合曲面的电通量为

$$\Phi_e = \oint_S E\cos\theta\mathrm{d}S = \oint_S \boldsymbol{E}\cdot\mathrm{d}\boldsymbol{S} \tag{5.19}$$

一般来说，通过闭合曲面的电场线，有些是"穿进"的，有些是"穿出"的。这也就是说，通过曲面上各个面积元的电通量 $\mathrm{d}\Phi_e$ 有正有负。为此规定：曲面上某点的法线矢量的方向是垂直指向曲面外侧的。依照这个规定，如图 5.13 所示，在曲面的 A 处，电场线从外穿进曲面里，$\theta > \pi/2$，所以 $\mathrm{d}\Phi_e$ 为负；在 B 处，电场线从曲面里向外穿出，$\theta < \pi/2$，所以 $\mathrm{d}\Phi_e$ 为正；而在 C 处，电场线与曲面相切，$\theta = \pi/2$，所以 $\mathrm{d}\Phi_e$ 为零。

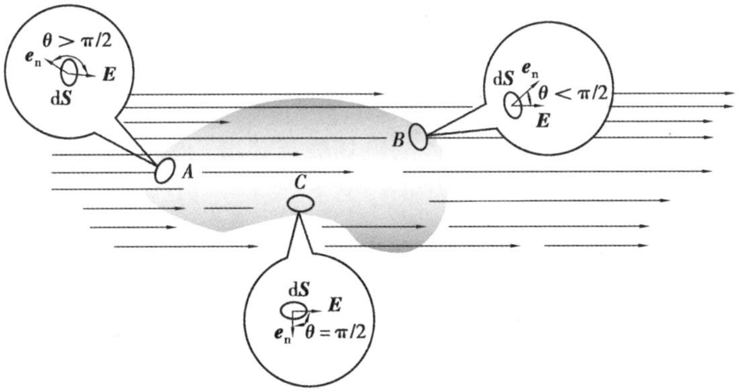

图 5.13

[例 5.2] 三棱柱体放在如图 5.14 所示的匀强电场中。求通过此三棱柱的电通量。

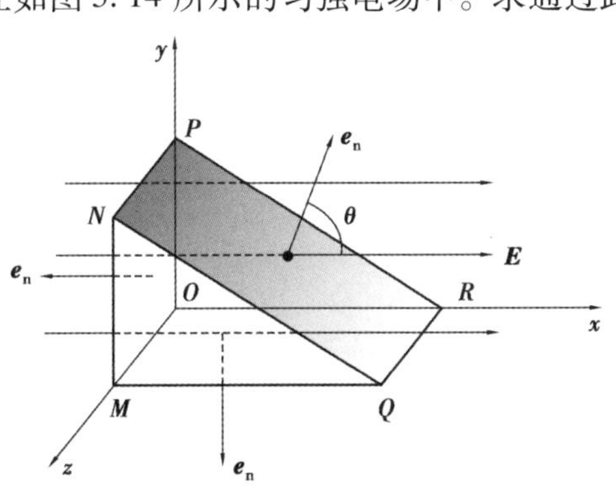

图 5.14

解:三棱柱体的表面为一闭合曲面,由 5 个平面构成。其中 $MNPOM$ 所围的面积为 S_1,$MNQM$ 和 $OPRO$ 所围的面积为 S_2 和 S_3,$MORQM$ 和 $NPRQN$ 所围的面积为 S_4 和 S_5,那么,在此匀强电场中通过 S_1,S_2,S_3,S_4 和 S_5 的电通量分别为 Φ_{e1},Φ_{e2},Φ_{e3},Φ_{e4} 和 Φ_{e5},故通过闭合曲面的电场强度通量为

$$\Phi_e = \Phi_{e1} + \Phi_{e2} + \Phi_{e3} + \Phi_{e4} + \Phi_{e5}$$

由式(5.18)可求得通过 S_1 的电场强度通量为

$$\Phi_{e1} = \int_{S_1} \boldsymbol{E} \cdot \mathrm{d}\boldsymbol{S}$$

从图中可见,面 $\boldsymbol{S}_1$ 的正法线矢量 $\boldsymbol{e}_n$ 的方向与 $\boldsymbol{E}$ 的方向之间夹角为 π,故

$$\Phi_{e1} = ES_1\cos\pi = -ES_1$$

而面 $\boldsymbol{S}_2$,$\boldsymbol{S}_3$ 和 $\boldsymbol{S}_4$ 的正法线矢量 $\boldsymbol{e}_n$ 均与 $\boldsymbol{E}$ 垂直,故

$$\Phi_{e2} = \Phi_{e3} = \Phi_{e4} = \int_S \boldsymbol{E} \cdot \mathrm{d}\boldsymbol{S} = 0$$

对于面 $\boldsymbol{S}_5$,其正法线矢量 $\boldsymbol{e}_n$ 与 $\boldsymbol{E}$ 的夹角 $0<\theta<\pi/2$,故

$$\Phi_{e5} = \int_{S_5} \boldsymbol{E} \cdot \mathrm{d}\boldsymbol{S} = E\cos\theta S_5$$

而 $S_5\cos\theta = S_1$,所以

$$\Phi_{e5} = ES_{e1}$$

把它们代入有

$$\Phi_e = \Phi_{e1} + \Phi_{e2} + \Phi_{e3} + \Phi_{e4} + \Phi_{e5} = -ES_1 + ES_1 = 0$$

上述结果表明,在匀强电场中穿入三棱柱体的电场线与穿出三棱柱体的电场线相等,即穿过闭合曲面(三棱柱体表面)的电场强度通量为零。

5.4.3 高斯定理

既然电场是由电荷所激发的,那么,通过电场空间某一给定闭合曲面的电场强度通量与激发电场的场源电荷必有确定的关系。这就是著名的高斯定理。我们先从简单情况开始,逐步导出这个定理。

设真空中有一个正点电荷 q,被置于半径为 R 的球面中心 O(图 5.15)。由点电荷电场强度公式可知,球面上各点电场强度 $\boldsymbol{E}$ 的大小均等于

$$E = \frac{1}{4\pi\varepsilon_0}\frac{q}{R^2}$$

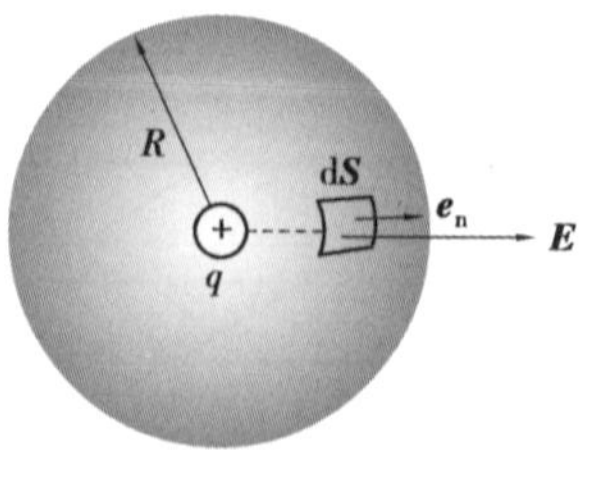

图 5.15

$\boldsymbol{E}$ 的方向则沿径矢方向向外。在球面上任取一面积元 $\mathrm{d}\boldsymbol{S}$,其正单位法线矢量 $\boldsymbol{e}_n$ 与场强 $\boldsymbol{E}$ 的方向相同,即 $\boldsymbol{E}$ 与面积元垂直。根据式(5.17),通过 $\mathrm{d}\boldsymbol{S}$ 的电通量为

$$d\Phi_e = \boldsymbol{E} \cdot d\boldsymbol{S} = E dS = \frac{1}{4\pi\varepsilon_0} \frac{q}{R^2} dS$$

于是通过整个球面的电场强度通量为

$$\Phi_e = \oint_S d\Phi_e = \oint_S \boldsymbol{E} \cdot d\boldsymbol{S} = \frac{1}{4\pi\varepsilon_0} \frac{q}{R^2} \oint_S dS = \frac{1}{4\pi\varepsilon_0} \frac{q}{R^2} 4\pi R^2$$

得

$$\Phi_e = \oint_S \boldsymbol{E} \cdot d\boldsymbol{S} = \frac{q}{\varepsilon_0} \tag{5.20}$$

即通过球面的电通量等于球面所包围的电荷 q 除以真空电容率。于是，从电场线的观点看来，若 q 为正电荷，从 $+q$ 穿出球面的电场线数为 q/ε_0；若 q 为负电荷，则穿入球面并会聚于 $-q$ 的电场线数为 q/ε_0。

上面讨论的是一种很特殊的情况，包围点电荷的闭合曲面是以点电荷为球心的球面。如果包围点电荷的闭合曲面形状是任意的，式(5.20)仍能成立。下面将予以证明。

如图 5.16 所示，点电荷 $+q$ 放在点 O 处，它被任意形状的闭合曲面所包围。我们将此闭合曲面分成许多面积元。设点电荷 $+q$ 至某一面积元 $d\boldsymbol{S}$ 的矢量为 $\boldsymbol{r}$，此面积元的正法线矢量 $\boldsymbol{e}_n$ 与面积元所在处电场强度 $\boldsymbol{E}$ 之间的夹角为 θ。由式(5.17)可知，穿过面积元 $d\boldsymbol{S}$ 的电通量为

$$d\Phi_e = \boldsymbol{E} \cdot d\boldsymbol{S} = E dS \cos\theta$$

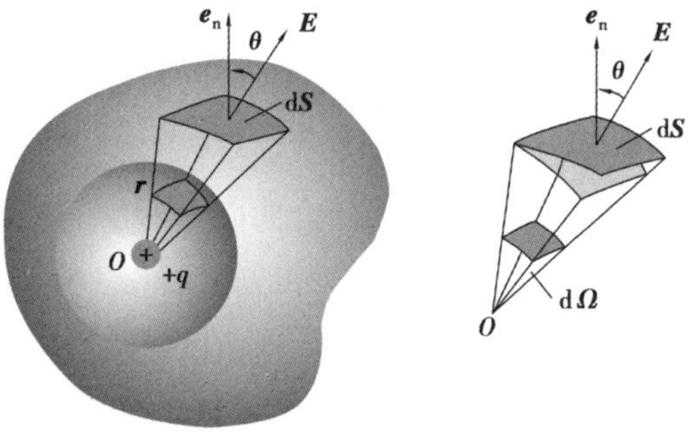

图 5.16

将点电荷的电场强度公式(5.5)代入上式，有

$$d\Phi_e = \frac{q}{4\pi\varepsilon_0} \frac{dS\cos\theta}{r^2} = \frac{q}{4\pi\varepsilon_0} \frac{dS'}{r^2}$$

从数学上可知，$dS\cos\theta/r^2$ 为面积元 dS 对点 O 所张开的立体角 $d\Omega$，即 $d\Omega = dS\cos\theta/r^2$，故上式为

$$d\Phi_e = \frac{q}{4\pi\varepsilon_0} d\Omega$$

由上式可以看出，在点电荷的电场中，通过任意面积元 $d\boldsymbol{S}$ 的电通量，只与点电荷 q，以及面积元 $d\boldsymbol{S}$ 对 q 所在点张开的立体角的大小有关，于是包围 q 的任意闭合曲面的电通量为

$$\Phi_e = \oint_S d\Phi_e = \oint_S \boldsymbol{E} \cdot d\boldsymbol{S} = \frac{q}{4\pi\varepsilon_0} \oint_S d\Omega$$

式中立体角对闭合曲面的积分 $\oint_S d\Omega = 4\pi$。于是上式为

$$\Phi_e = \oint_S \boldsymbol{E} \cdot d\boldsymbol{S} = \frac{q}{\varepsilon_0}$$

这与式(5.20)是相同的。

从以上讨论中可以看出,在点电荷 q 的电场中,通过包围 q 的闭合曲面的电通量与闭合曲面的形状无关,其值都等于 q/ε_0。当 $q>0$ 时,$\Phi_e>0$,这表示电场线从闭合曲面内向外穿出,或者说电场线从正电荷发出;当 $q<0$ 时,$\Phi_e<0$,这表示电场线从外面穿进闭合曲面,或者说电场线会聚于负电荷。

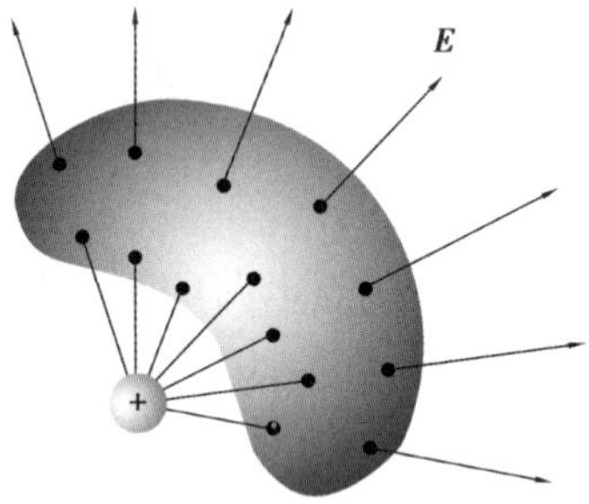

图 5.17

如果点电荷位于闭合曲面之外(图 5.17),那么通过此闭合曲面的电通量又将为多少呢?从图 5.17 中可以看出,进入闭合曲面的电场线数与穿出闭合曲面的电场线数相等,故穿过闭合曲面的电通量为零。由此不难推断,若在电场中所取的闭合曲面内不含有电荷,或者所含电荷的代数和为零时,穿过此闭合曲面的电通量必为零,即

$$\Phi_e = \oint_S \boldsymbol{E} \cdot d\boldsymbol{S} = 0 \quad (\text{闭合曲面内不含净电荷})$$

下面我们进一步讨论在闭合曲面内含有任意电荷系时,穿过闭合曲面的电通量。

已知任意电荷系可看成多个点电荷的集合体,而由电场强度的叠加原理知道,多个点电荷在电场空间某点激发的电场强度应是各点电荷在该点激发的电场强度的矢量和,因此,穿过电场中任意闭合曲面的电场强度通量应为

$$\begin{aligned}\oint_S \boldsymbol{E} \cdot d\boldsymbol{S} &= \oint \boldsymbol{E}_1 \cdot d\boldsymbol{S} + \oint \boldsymbol{E}_2 \cdot d\boldsymbol{S} + \cdots + \oint \boldsymbol{E}_n \cdot d\boldsymbol{S} \\ &= \Phi_{e1} + \Phi_{e2} + \cdots + \Phi_{en}\end{aligned}$$

式中 $\Phi_{e1},\Phi_{e2},\cdots,\Phi_{en}$ 是电荷 $q_1,q_2,\cdots,q_n$ 各自激发的电场穿过闭合曲面的电通量。由上面的讨论已知,当电荷 q_i 在闭合曲面内时,电通量 $\varphi_{ei}>0$;当电荷 q_i 在闭合曲面外时,电场强度通量 $\Phi_{ei}=0$。所以,穿过闭合曲面的电场强度仅与此闭合曲面内的电荷有关。于是,有

$$\oint \boldsymbol{E} \cdot d\boldsymbol{S} = \frac{1}{\varepsilon_0}\sum_{i=1}^{n} q_i^{\text{in}} \tag{5.21}$$

式中 $\sum_{i=1}^{n} q_i^{\text{in}}$ 是闭合曲面内所含电荷的代数和。式(5.21)表明,在真空静电场中,穿过任意闭合曲面的电场强度通量等于该闭合曲面所包围的所有电荷的代数和除以 ε_0。这就是真空中静电场的高斯定理。在高斯定理中,我们常把所选取的闭合曲面称为高斯面,所以,穿过任意高斯面的电通量只与高斯面所包围的电荷系有关,而与高斯面的形状无关,也与电荷系的电荷分布情况无关。

应当指出，虽然高斯定理是在库仑定律的基础上得出的，但库仑定律是从电荷间的作用反映静电场的性质，而高斯定理则是从场和场源电荷间的关系反映静电场的性质。从场的研究方面来看，高斯定理比库仑定律更基本，应用范围更广泛。库仑定律只适用于静电场，而高斯定理不但适用于静电场，而且对变化的电场也是适用的，它是电磁场理论的基本方程之一。关于这一点，我们将在第 8 章电磁感应和电磁场中论述。

5.4.4　高斯定理应用举例

高斯定理的一个应用就是计算带电体周围电场的电场强度。如所论及的电场是均匀的电场，或者电场的分布是对称的，就为我们选取合适的闭合曲面（即高斯面）提供了条件，从而使面积分变得简单易算。所以分析电场的对称性是应用高斯定理求电场强度的一个十分重要的问题，必须予以重视。下面举几个例子，说明如何应用高斯定理来计算对称分布的电场的电场强度。

[**例** 5.3]设有一半径为 R，均匀带电为 Q 的球面。求球面内部和外部任意点的电场强度。

解：电荷 Q 可近似认为均匀分布在半径为 R 的球面上。由于电荷分布是球对称的，所以 $\boldsymbol{E}$ 的分布也是球对称的。因此，如以半径 r 作一球面，则在同一球面上各点 $\boldsymbol{E}$ 的大小相等，且 $\boldsymbol{E}$ 与球面上各处的面积元相垂直。

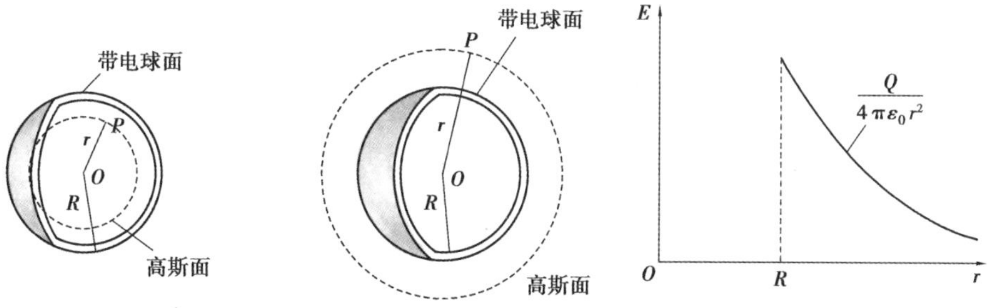

(a) 高斯面在带电球面内部，$\sum q=0$　(b) 高斯面在带电球面外部，$\sum q=Q$　(c) 均匀带电球面 E 随 r 的变化曲线

图 5.18

取点 P 在如图 5.18(a) 所示的球面内部，以球心到点 P 的距离为 $r(<R)$，以 r 为半径作的球面——高斯面内没有电荷，即 $\sum q=0$。由高斯定理式(5.21)可得

$$\oint_S \boldsymbol{E}\cdot \mathrm{d}\boldsymbol{S}=E4\pi r^2=0$$

有

$$E=0(r<R) \qquad ①$$

上式表明，均匀带电球面内部的电场强度为零。

如图 5.19(b) 所示，因为电荷 Q 均匀分布在半径为 R 的球面上，所以，以球心到球面外部点 P 的距离 $r(>R)$ 为半径作一球面。此球面上的电场强度 $\boldsymbol{E}$ 的分布是对称分布，故可取此球面为高斯面，它所包围的电荷为 Q。由高斯定理可得

$$\oint_S \boldsymbol{E}\cdot \mathrm{d}\boldsymbol{S}=E4\pi r^2=\frac{Q}{\varepsilon_0}$$

于是点 P 的电场强度为

$$E=\frac{1}{4\pi\varepsilon_0}\frac{Q}{r^2}(r>R) \qquad ②$$

上式表明,均匀带电球面在其外部的电场强度,与等量电荷全部集中在球心时的电场强度相同。

由式①和式②可作图 5.18(c)所示的 E-r 曲线。从曲线上可以看出,球面内($r<R$)的 E 为零,球面外($r>R$)的 E 与 r^2 成反比,球面处($r=R$)的电场强度有跃变。

[**例** 5.4]设有一无限长均匀带电直线,单位长度上的电荷,即线电荷密度为 λ。求距直线为 r 处的电场强度。

解:由于带电直线无限长,且电荷分布是均匀的,所以其电场强度 $\boldsymbol{E}$ 沿垂直于该直线的径矢方向,而且在距直线等距离处各点 $\boldsymbol{E}$ 的大小相等。这就是说,无限长均匀带电直线的电场是轴对称的。如图 5.19 所示,直线沿 z 轴放置;点 P 在 xy 平面上,距 z 轴为 r。我们取以 z 轴为轴线的正圆柱面为高斯面,它的高度为 h,底面半径为 τ。由于 $\boldsymbol{E}$ 与上、下底面的法线垂直,所以通过圆柱两个底面的电通量为零,而通过圆柱侧面的电通量为 $E2\pi rh$。又因为此高斯面所包围的电荷为 λh。所以,根据高斯定理有

$$E2\pi rh=\frac{\lambda h}{\varepsilon_0}$$

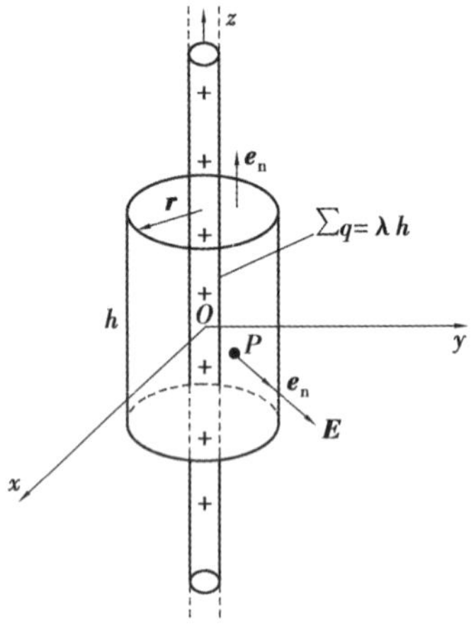

图 5.19

由此可得

$$E=\frac{\lambda}{2\pi\varepsilon_0 r}$$

即无限长均匀带电直线外一点的电场强度,与该点距带电直线的垂直距离 r 成反比,与线电荷密度 λ 成正比。

[**例** 5.5]设有一无限大的均匀带电平面,单位面积上所带的电荷即面电荷密度为 σ。求距离该平面为 r 处某点的电场强度。

解:由于均匀带电平面是无限大的,带电平面两侧附近的电场具有对称性,所以平面两侧的电场强度垂直于该平面[图 5.20(a)]。取如图 5.20(a)所示的高斯面,此高斯面是个圆柱面,它穿过带电平面,且对带电平面是对称的。其侧面的法线与电场强度垂直,所以,通过侧面的电通量为零。而底面的法线与电场强度平行,且底面上电场强度大小相等,所以通过两底面

的电通量各为 ES,此处 S 是底面的面积。已知带电平面的面电荷密度为 σ,根据高斯定理可有

$$2ES = \frac{\sigma S}{\varepsilon_0}$$

得

$$E = \frac{\sigma}{2\varepsilon_0}$$

上式表明,无限大均匀带电平面的 $\boldsymbol{E}$ 的大小与场点到平面的距离无关,而且 $\boldsymbol{E}$ 的方向与带电平面垂直。无限大带电平面的电场为均匀电场。

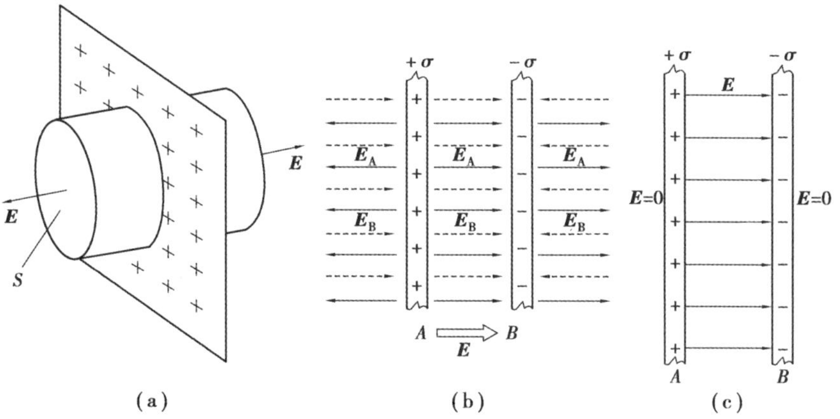

图 5.20

利用上述结果,可求得两带等量异号电荷的无限大平行平面之间的电场强度。设两无限大平行平面 A 和 B 的面电荷密度分别为 $+\sigma$ 和 $-\sigma$。它们所建立的电场强度分别为 $\boldsymbol{E}_A$ 和 $\boldsymbol{E}_B$,大小均为 $\sigma/2\varepsilon_0$;而它们的方向,在两个平面之间是相同的,在两平面之外则相反,如图 5.20(b)所示,由电场强度叠加原理可得两无限大均匀带电平面之外的电场强度 $E=0$;而两带电平面之间的电场强度 $\boldsymbol{E}$ 的大小为

$$E = \frac{\sigma}{\varepsilon_0}$$

$\boldsymbol{E}$ 的方向由带正电的平面指向带负电的平面。由上述结果可以看出,两无限大均匀带电平面之间的电场是均匀电场。

从上面所举的几个例子以及其他类似的问题可以看出,在应用高斯定理求电场强度时,高斯面上的电场分布必须具有对称性。只有在这种情况下,才能用高斯定理较简便地求得电场强度。

5.5　静电场的环路定理　电势能

在牛顿力学中,我们曾论证了保守力——万有引力和弹性力对质点做功只与起始和终了位置有关,而与路径无关这一重要特性,并由此而引入相应的势能概念。那么静电场力——库仑力的情况是怎样呢?是否也具有保守力做功的特性?

5.5.1 静电场力所做的功

如图 5.21 所示,有一正点电荷 q 固定于原点 O,试验电荷 q_0 在 q 的电场中由点 A 沿任意路径 ACB 到达点 B。在路径上点 C 处取位移元 $\mathrm{d}\boldsymbol{l}$,从原点 O 到点 C 的位矢为 $\boldsymbol{r}$。电场力对 q_0 做的元功为

$$\mathrm{d}W = q_0\boldsymbol{E} \cdot \mathrm{d}\boldsymbol{l}$$

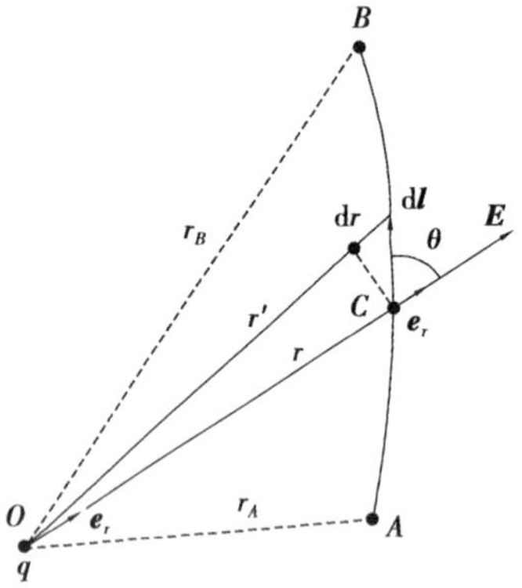

图 5.21

已知点电荷的电场强度为

$$\boldsymbol{E} = \frac{1}{4\pi\varepsilon_0}\frac{q}{r^2}\boldsymbol{e}_r$$

式中 $\boldsymbol{e}_r$ 为沿位矢的单位矢量,于是元功可写为

$$\mathrm{d}W = \frac{1}{4\pi\varepsilon_0}\frac{qq_0}{r^2}\boldsymbol{e}_r \cdot \mathrm{d}\boldsymbol{l}$$

从图 5.21 可以看出,$\boldsymbol{e}_r \cdot \mathrm{d}\boldsymbol{l}=\mathrm{d}l\cos\theta=\mathrm{d}r$,式中 θ 是 $\boldsymbol{E}$ 与 $\mathrm{d}\boldsymbol{l}$ 之间的夹角。所以上式可写成

$$\mathrm{d}W = \frac{1}{4\pi\varepsilon_0}\frac{qq_0}{r^2}\mathrm{d}r$$

于是,在试验电荷 q_0 从点 A 移至点 B 的过程中,电场力所做的功为

$$W = \int \mathrm{d}W = \frac{qq_0}{4\pi\varepsilon_0}\int_{r_A}^{r_B}\frac{\mathrm{d}r}{r^2} = \frac{qq_0}{4\pi\varepsilon_0}\left(\frac{1}{r_A} - \frac{1}{r_B}\right) \tag{5.22}$$

式中 r_A 和 r_B 分别为试验电荷移动时的起点和终点距点电荷 q 的距离。上式表明,在点电荷 q 的非匀强电场中,电场力对试验电荷 q_0 所做的功,只与其移动时的起始和终了位置有关,与所经历的路径无关。

任意带电体都可看成由许多点电荷组成的点电荷系。由电场强度叠加原理已知,点电荷系的电场强度 $\boldsymbol{E}$ 为各点电荷电场强度的叠加,即 $\boldsymbol{E}=\boldsymbol{E}_1+\boldsymbol{E}_2+\cdots$,因此任意点电荷系的电场力对试验电荷 q_0 所做的功,等于组成此点电荷系的各点电荷的电场力所做功的代数和,即

$$W = q_0\int_l \boldsymbol{E} \cdot \mathrm{d}\boldsymbol{l} = q_0\int_l \boldsymbol{E}_1 \cdot \mathrm{d}\boldsymbol{l} + q_0\int_l \boldsymbol{E}_2 \cdot \mathrm{d}\boldsymbol{l} + \cdots$$

上式中每一项都与路径无关,所以它们的代数和也必然与路径无关。由此得出如下结论:一试验电荷 q_0 在静电场中从一点沿任意路径运动到另一点时,静电场力对它所做的功,仅与试验电荷 q_0 及路径的起点和终点的位置有关,而与该路径的形状无关。

5.5.2　静电场的环路定理

在静电场中,若将试验电荷 q_0 沿闭合路径移动一周,电场力做的功可表示为

$$W=\oint_l q_0\boldsymbol{E}\cdot \mathrm{d}\boldsymbol{l}=q_0\oint_l \boldsymbol{E}\cdot \mathrm{d}\boldsymbol{l}$$

由电场力做功与路径无关,只与起始和终了位置有关这一性质出发,下面即将证明:将试验电荷沿闭合路径移动一周,电场力做的功为零,即

$$q_0\oint_l \boldsymbol{E}\cdot \mathrm{d}\boldsymbol{l}=0 \tag{5.23}$$

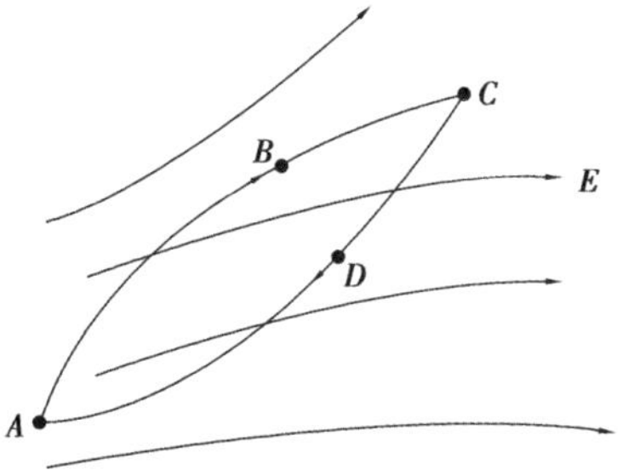

图 5.22

如图 5.22 所示,设试验电荷 q_0 在静电场中运动,经历的闭合路径为 $ABCDA$,电场力做的功为

$$W=q_0\oint_l \boldsymbol{E}\cdot \mathrm{d}\boldsymbol{l}=q_0\int_{ABC}\boldsymbol{E}\cdot \mathrm{d}\boldsymbol{l}+q_0\int_{CDA}\boldsymbol{E}\cdot \mathrm{d}\boldsymbol{l} \tag{5.24}$$

由于

$$\int_{CDA}\boldsymbol{E}\cdot \mathrm{d}\boldsymbol{l}=-\int_{ADC}\boldsymbol{E}\cdot \mathrm{d}\boldsymbol{l}$$

而且电场力做功与路径无关,即

$$q_0\int_{ADC}\boldsymbol{E}\cdot \mathrm{d}\boldsymbol{l}=q_0\int_{ABC}\boldsymbol{E}\cdot \mathrm{d}\boldsymbol{l}$$

这样,把它们代入式(5.24)得

$$q_0\oint_l \boldsymbol{E}\cdot \mathrm{d}\boldsymbol{l}=q_0\int_{ABC}\boldsymbol{E}\cdot \mathrm{d}\boldsymbol{l}-q_0\int_{ADC}\boldsymbol{E}\cdot \mathrm{d}\boldsymbol{l}=0$$

此结果即式(5.23)。

在式(5.23)中,由于 q_0 不为零,故式(5.23)成立的条件,必须为

$$\oint_l \boldsymbol{E}\cdot \mathrm{d}\boldsymbol{l}=0 \tag{5.25}$$

上式表明,在静电场中,电场强度 $\boldsymbol{E}$ 沿任意闭合路径的线积分为零。$\boldsymbol{E}$ 沿任意闭合路径的线积分又叫作 $\boldsymbol{E}$ 的环流,故上式也表明,在静电场中电场强度 $\boldsymbol{E}$ 的环流为零,这叫作静电场的环路定理。它与高斯定理一样,也是表述静电场性质的一个重要定理。

至此,我们明白了静电场力与万有引力、弹性力一样,也都是保守力;静电场也是保守场。

5.5.3　电势能

在力学中,由于重力、弹性力这一类保守力做功具有与路径无关的特点,我们曾引进重力

势能和弹性势能。从上面的讨论中我们知道,静电场力也是保守力,它对试验电荷所做的功也具有与路径无关的特性,因此电荷在静电场中的一定位置上具有一定的电势能,这个电势能是属于电荷-电场系统的。这样静电场力对电荷所做的功就等于电荷电势能的改变量。如果以 E_{pA} 和 E_{pB} 分别表示试验电荷 q_0 在电场中点 A 和点 B 处的电势能,则试验电荷从 A 移动到 B,静电场力对它做的功为

$$W_{AB}=E_{pA}-E_{pB}=-(E_{pB}-E_{pA})$$

或

$$q_0\int_{AB}\boldsymbol{E}\cdot\mathrm{d}\boldsymbol{l}=E_{pA}-E_{pB}=-(E_{pB}-E_{pA}) \tag{5.26}$$

电势能也和重力势能一样,是一个相对的量。因此,要决定电荷在电场中某一点电势能的值,也必须先选择一个电势能参考点,并设该点的电势能为零。这个参考点的选择是任意的,处理问题时怎样方便就怎样选取。在式(5.26)中,若选 q_0 在点 B 处的电势能为零,即 $E_{pB}=0$,则有

$$E_{pA}=q_0\int_{AB}\boldsymbol{E}\cdot\mathrm{d}\boldsymbol{l}\,(E_{pB}=0) \tag{5.27}$$

这表明,试验电荷 q_0 在电场中某点处的电势能,就等于把它从该点移到零势能处静电场力所做的功,在国际单位制中,电势能的单位是焦耳,符号为 J。

5.6 电势

电势是描述静电场性质的另一个重要物理量。在式(5.26)中,如取

$$V_A=E_{pA}/q_0,\quad V_B=E_{pB}/q_0$$

V_A 和 V_B 分别称为点 A 和点 B 的电势,那么式(5.26)可写成

$$V_A=\int_{AB}\boldsymbol{E}\cdot\mathrm{d}\boldsymbol{l}+V_B \tag{5.28}$$

从上式可以看出,要确定点 A 的电势,不仅要知道将单位正试验电荷从点 A 移至点 B 时电场力所做的功,而且还要知道点 B 的电势。所以点 B 的电势 V_B 常叫作参考电势。原则上参考电势 V_B 可取任意值。但是为方便起见,对电荷分布在有限空间的情况来说,通常取点 B 在无限远处,并令无限远处的电势能和电势为零,即 $E_{pB}=0$,$V_B=0$。于是,电场中点 A 的电势为

$$V_A=\int_{A\infty}\boldsymbol{E}\cdot\mathrm{d}\boldsymbol{l} \tag{5.29}$$

上式表明,电场中某一点 A 的电势 V_A,在数值上等于把单位正试验电荷从点 A 移到无限远处时,静电场力所做的功。上式亦可写成

$$V_A=-\int_{\infty A}\boldsymbol{E}\cdot\mathrm{d}\boldsymbol{l}$$

这样,电场中某一点 A 的电势,在数值上也等于把单位正试验电荷从无限远处移到点 A 时,电场力所做功的负值。

电势是标量。在国际单位制中,电势的单位是伏特,简称伏,符号为 V。电场中点 A 和点 B 两点间的电势差用符号 U_{AB} 表示。式(5.28)可写成

$$U_{AB}=V_A-V_B=-(V_B-V_A)=\int_{AB}\boldsymbol{E}\cdot\mathrm{d}\boldsymbol{l} \tag{5.30}$$

这就是说,静电场中 A、B 两点的电势差 U_{AB},在数值上等于把单位正试验电荷从点 A 移到点 B 时,静电场力做的功。因此,如果知道了 A,B 两点间的电势差 U_{AB},就可以很方便地求得把电荷 q 从点 A 移到点 B 时静电场力做的功 W_{AB},即

$$W_{AB}=q\int_{AB}\boldsymbol{E}\cdot\mathrm{d}\boldsymbol{l}=qU_{AB}=q(V_A-V_B)=-q(V_B-V_A) \tag{5.31}$$

5.6.1　点电荷电场的电势

设在点电荷 q 的电场中,点 A 距点电荷 q 的距离为 r。由式(5.29)和式(5.5)可得点 A 的电势为

$$V=\int_r^{\infty}\boldsymbol{E}\cdot\mathrm{d}\boldsymbol{l}=\frac{q}{4\pi\varepsilon_0}\frac{1}{r} \tag{5.32}$$

上式表明,当 $q>0$ 时,电场中各点的电势都是正值,随 r 的增加而减小;但当 $q<0$ 时,电场中各点的电势则是负值,而在无限远处的电势虽为零,但电势却最高。

5.6.2　电势的叠加原理

如图5.23所示,真空中有一点电荷系,各电荷分别为 $q_1,q_2,\cdots,q_i,\cdots,q_n$,其中有的是正电荷,有的是负电荷。这个点电荷系所激发的电场中某点的电势如何计算呢?从电场强度叠加原理可知,点电荷系的电场中某点的电场强度 $\boldsymbol{E}$,等于各个点电荷独立存在时在该点建立的电场强度的矢量和,即

$$\boldsymbol{E}=\boldsymbol{E}_1+\boldsymbol{E}_2+\cdots+\boldsymbol{E}_i+\cdots+\boldsymbol{E}_n$$

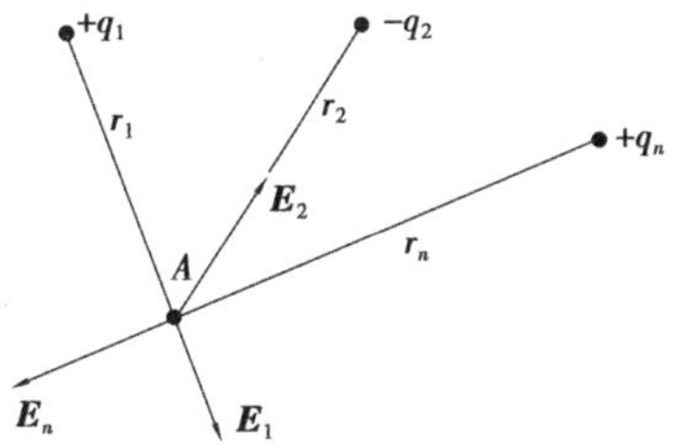

图5.23

于是,根据电势的定义式(5.29),可得点电荷系电场中点 A 的电势为

$$\begin{aligned}V_A&=\int_{A\infty}\boldsymbol{E}\cdot\mathrm{d}\boldsymbol{l}\\&=\int_{A\infty}\boldsymbol{E}_1\cdot\mathrm{d}\boldsymbol{l}+\int_{A\infty}\boldsymbol{E}_2\cdot\mathrm{d}\boldsymbol{l}+\cdots+\int_{A\infty}\boldsymbol{E}_n\cdot\mathrm{d}\boldsymbol{l}\\&=V_1+V_2+\cdots+V_n\end{aligned}$$

式中 $V_1,V_2,\cdots,V_n$ 分别为点电荷 $q_1,q_2,\cdots,q_n$ 独立激发的电场中点 A 的电势。由点电荷电势的计算式(5.32),上式可写成

$$V_A=\sum_{i=1}^{n}\frac{1}{4\pi\varepsilon_0}\frac{q_i}{r_i} \tag{5.33}$$

上式表明,点电荷系所激发的电场中某点的电势,等于各点电荷单独存在时在该点建立的电势

的代数和。这一结论叫作静电场的电势叠加原理。

若一带电体上的电荷是连续分布的,则可把它分成如图 5. 24 所示的无限多个电荷元,电荷元 $\mathrm{d}q$ 在电场中点 A 的电势为

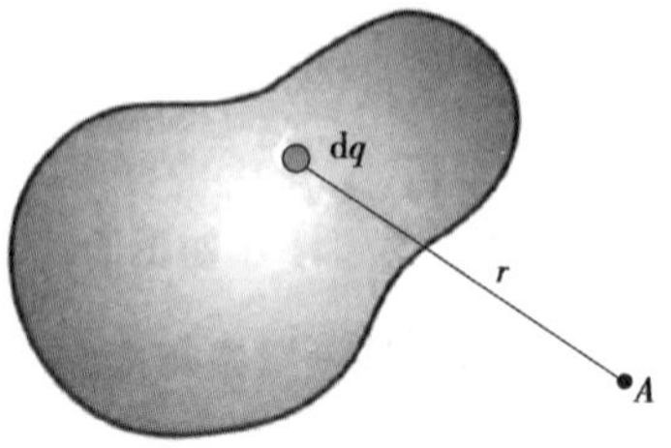

图 5. 24

$$\mathrm{d}V = \frac{1}{4\pi\varepsilon_0}\frac{\mathrm{d}q}{r}$$

而该点的电势则为这些电荷元电势的叠加,即

$$V = \frac{1}{4\pi\varepsilon_0}\int\frac{\mathrm{d}q}{r} \tag{5.34}$$

在真空中,当电荷系的电荷分布已知时,计算电势的方法有两种:

①利用式(5. 28)计算点 A 的电势,即

$$V_A = \int_{AB}\boldsymbol{E}\cdot\mathrm{d}\boldsymbol{l} + V_B$$

但应注意参考点 B 的电势的选取,只有电荷分布在有限空间里,才能选点 B 在无限远处,且其电势为零($V_\infty = 0$);还应注意,在积分路径上 $\boldsymbol{E}$ 的函数表达式必须是知道的。

②利用式(5. 34)所表达的点电荷电势的叠加原理计算,即

$$V = \frac{1}{4\pi\varepsilon_0}\int\frac{\mathrm{d}q}{r}$$

下面举几个用上述两种方法计算电势的例子,供大家分析比较。

5. 6. 3　电势的计算举例

[**例** 5. 6]在真空中,有一电荷为 Q,半径为 R 的均匀带电球面。试求:(1)球面外两点间的电势差;(2)球面内任意两点间的电势差;(3)球面外任意点的电势;(4)球面内任意点的电势。

解:(1)由例 5. 3 可知均匀带电球面外一点的场强为

$$\boldsymbol{E} = \frac{1}{4\pi\varepsilon_0}\frac{Q}{r^2}\boldsymbol{e}_r \tag{①}$$

$\boldsymbol{e}_r$ 为沿径矢的单位矢量。若在如图 5. 25(a)所示的径向取 A、B 两点,它们与球心的距离分别为 r_A 和 r_B,那么,由式(5. 30)可得 A,B 两点之间的电势差为

$$V_A - V_B = \int_{r_A}^{r_B}\boldsymbol{E}\cdot\mathrm{d}\boldsymbol{r}$$

从图 5. 25(a)中可见 $\mathrm{d}\boldsymbol{r} = \mathrm{d}r\boldsymbol{e}_r$,把式①代入上式,积分后得

$$V_A - V_B = \frac{Q}{4\pi\varepsilon_0}\int_{r_A}^{r_B}\frac{\mathrm{d}r}{r^2}\boldsymbol{e}_r\cdot\boldsymbol{e}_r = \frac{Q}{4\pi\varepsilon_0}\int_{r_A}^{r_B}\frac{\mathrm{d}r}{r^2} = \frac{Q}{4\pi\varepsilon_0}\left(\frac{1}{r_A} - \frac{1}{r_B}\right) \tag{②}$$

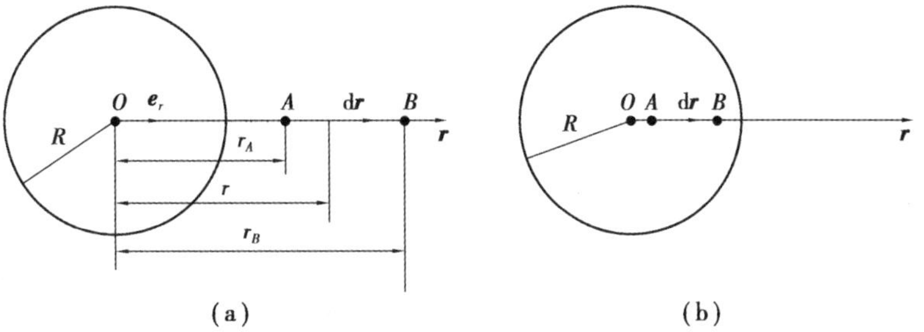

图5.25

上式表明，均匀带电球面外两点的电势差，与球面上电荷全部集中于球心时该两点的电势差是一样的。

(2)从例5.3，已知均匀带电球面内部任意点的电场强度为

$$E = 0 \quad ③$$

故由式(5.30)可得如图5.25(b)所示的球面内 A、B 两点间的电势差为

$$V_A - V_B = \int_{r_A}^{r_B} \boldsymbol{E} \cdot \mathrm{d}\boldsymbol{r} = 0 \quad ④$$

这表明，带电球面内各处的电势均相等，为一等势体。至于这个等电势的值，下面将要给出。

(3)若取 $r_B \approx \infty$ 时，$V_\infty = 0$，那么由式②可得，均匀带电球面外一点的电势为

$$V(r) = \frac{Q}{4\pi\varepsilon_0 r} \quad (r \geqslant R) \quad ⑤$$

上式表明，均匀带电球面外一点的电势，与球面上电荷全部集中于球心时的电势是一样的。

(4)由于带电球面为一等势体，球面内的电势应与球面上的电势相等，故球面的电势为

$$V(R) = \frac{Q}{4\pi\varepsilon_0 R} \quad ⑥$$

这也就是球面内各处的电势 V^{in}。由式⑤和式⑥可得均匀带电球面内、外的电势分布曲线，如图5.26所示。

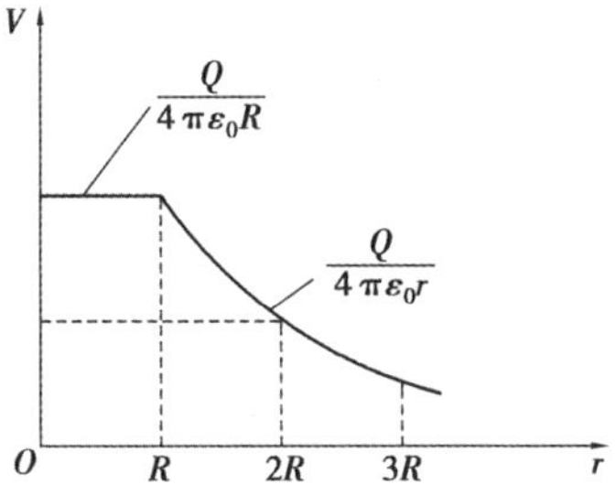

图5.26

[例5.7]求"无限长"带电直导线的电势。

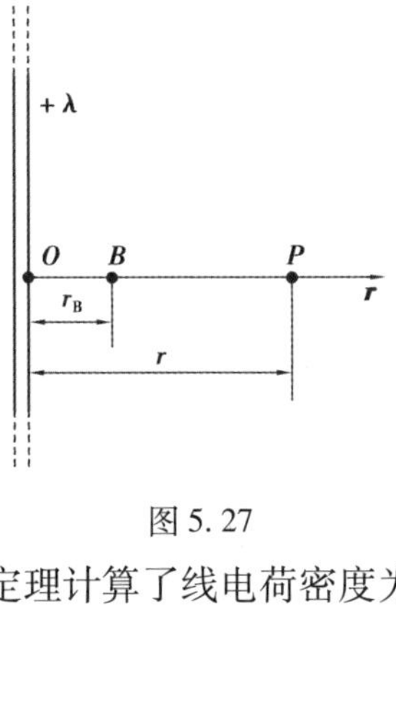

图5.27

解：在例5.4中我们曾用高斯定理计算了线电荷密度为 λ 的"无限长"均匀带电直导线的电场强度，为

$$\boldsymbol{E}=\frac{\lambda}{2\pi\varepsilon_0 r}\boldsymbol{e}_r$$

由式(5.28)

$$V_A=\int_{AB}\boldsymbol{E}\cdot \mathrm{d}\boldsymbol{l}+V_B$$

可知,要确定电场中点 A 的电势,必须要选定参考点 B 的电势 V_B。前面在计算电荷分布在有限空间(如带电球面、电偶极子等)的电势时,曾选取"无限远"处作为电势为零的参考点,这种选取也是符合实际的。但是,对"无限长"带电直导线所建立的电场,其中任意点的电势是否仍能选取"无限远"处为零电势的参考点呢?显然这是不能允许的。这是因为,我们既不能使带电直导线伸至"无限远"的同时,又把"无限远"处选定为电势为零的参考点,所以必须另选零电势的参考点。从原则上来说,除"无限远"处外,其他地方都可选。但就本题而言,应选取图 5.27 中的点 B 处的电势 V_B 为零电势的参考点,即 $V_B=0$,则点 P 的电势为

$$V_p=\int_r^{r_B}\boldsymbol{E}\cdot \mathrm{d}\boldsymbol{r}$$

可得选点 B 为零电势的参考点时,点 P 的电势为

$$V_p=\frac{\lambda}{2\pi\varepsilon_0}\int_r^{r_B}\frac{\mathrm{d}r}{r}=\frac{\lambda}{2\pi\varepsilon_0}\ln\frac{r_B}{r}\quad (V_B=0)$$

5.7 电场强度与电势梯度

5.7.1 等势面

前面我们曾用电场线来形象地描绘电场中电场强度的分布。这里,我们将用等势面来形象地描绘电场中电势的分布,并指出两者的联系。

电场中电势相等的点所构成的面,叫作等势面。当电荷 q 沿等势面运动时,电场力对电荷不做功,即 $q\boldsymbol{E}\cdot \mathrm{d}\boldsymbol{l}=0$。由于 q,$\boldsymbol{E}$ 和 $\mathrm{d}\boldsymbol{l}$ 均不为零,故上式成立的条件是:$\boldsymbol{E}$ 必须与 $\mathrm{d}\boldsymbol{l}$ 垂直,即某点的电场强度与通过该点的等势面垂直。

前面曾用电场线的疏密程度来表示电场的强弱,这里也可以用等势面的疏密程度来表示电场的强弱。为此,对等势面的疏密作这样的规定:电场中任意两个相邻等势面之间的电势差都相等。根据这样的规定,图 5.28 示出了一些典型电场的等势面和电场线的图形。图中实线代表电场线,虚线代表等势面。从图可以看出场强与电势的关系:①等势面与电场线处处正交,场强指向电势减小方向;②等势面密集处场强较大,等势面稀疏处场强较小。上述定性结果是场强与电势微分关系的表现,可以严格证明准确表述。

在实际应用中,由于电势差易于测量,所以常常是先测出电场中等电势的各点,并把这些点连起来,画出电场的等势面,再根据某点的电场强度与通过该点的等势面相垂直的特点而画出电场线,从而对电场有较全面的定性的直观了解。

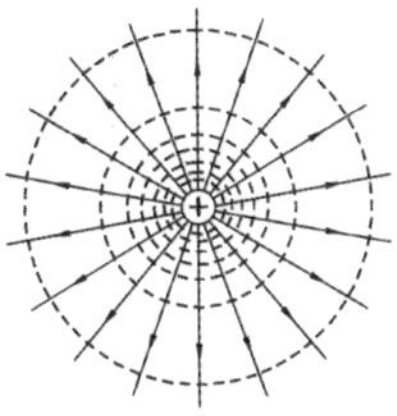
(a)

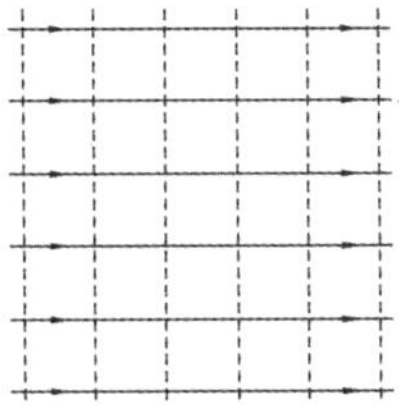
(b)

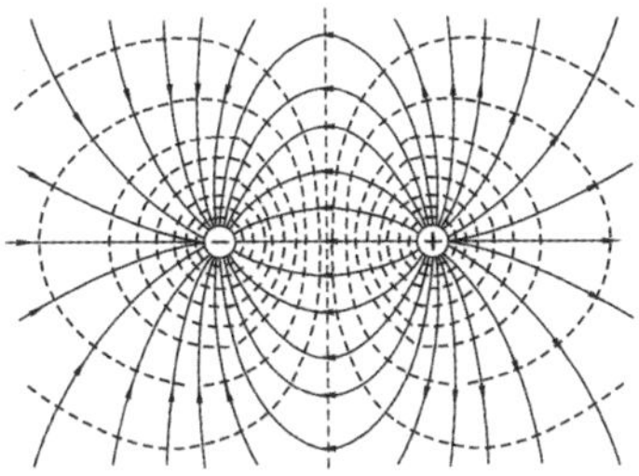
(c)

图5.28

5.7.2　电场强度与电势梯度

如图5.29所示，设想在静电场中有两个靠得很近的等势面Ⅰ和Ⅱ，它们的电势分别为 V 和 $V+\Delta V$。在两等势面上分别取点 A 和点 B，这两点非常靠近，间距为 $\Delta \boldsymbol{l}$，因此，它们之间的电场强度 $\boldsymbol{E}$ 可以认为是不变的。设 $\Delta \boldsymbol{l}$ 与 $\boldsymbol{E}$ 之间的夹角为 θ，则将单位正电荷由点 A 移到点 B，电场力所做的功由式(5.30)得

$$-\Delta V=\boldsymbol{E}\cdot\Delta \boldsymbol{l}=E\Delta l\cos\theta \tag{5.35}$$

而电场强度 $\boldsymbol{E}$ 在 $\Delta \boldsymbol{l}$ 上的分量为 $E\cos\theta=E_l$，所以有

$$E_l=-\frac{\Delta V}{\Delta l} \tag{5.36}$$

式中 $\Delta V/\Delta l$ 为电势沿 $\Delta \boldsymbol{l}$ 方向的单位长度上电势的变化率。

从式(5.36)可以看出，等势面密集处的电场强度大，等势面稀疏处的电场强度小。所以从等势面的分布可以定性地看出电场强度的强弱分布情况。

若把 Δl 取得极小，则 $\Delta V/\Delta l$ 的极限值可写作

$$\lim_{\Delta l\to 0}\frac{\Delta V}{\Delta l}=\frac{\mathrm{d}V}{\mathrm{d}l}$$

于是，式(5.36)为

$$E_l=-\frac{\mathrm{d}V}{\mathrm{d}l} \tag{5.37}$$

$\mathrm{d}V/\mathrm{d}l$ 是沿 $\boldsymbol{l}$ 方向单位长度的电势变化率。式(5.37)表明，电场中某一点的电场强度沿任一方向的分量，等于这一点的电势沿该方向的电势变化率的负值。这就是电场强度与电势的关系。

显然，电势沿不同方向的单位长度变化率是不同的。这里只讨论电势沿两个有代表性方向的单位长度的变化率。我们知道，等势面上各点的电势是相等的。因此，电场中某一点的电

势在沿等势面上任一方向的 $\mathrm{d}V/\mathrm{d}l_{\mathrm{t}}=0$。这说明,等势面上任一点电场强度的切向分量为零,即 $E_{\mathrm{t}}=0$。此外,如图 5.30 所示,由于两等势面相距很近,且两等势面法线方向的单位法线矢量为 $\boldsymbol{e}_{\mathrm{n}}$,它的方向通常规定由低电势指向高电势。于是由式(5.37)可知,电场强度沿法线的分量 E_{n} 为

$$E_{\mathrm{n}}=-\frac{\mathrm{d}V}{\mathrm{d}l_{\mathrm{n}}}$$

式中 $\mathrm{d}V/\mathrm{d}l_{\mathrm{n}}$ 是沿法线方向单位长度上电势的变化率;而且不难明白,它比任何方向上的空间变化率都大,是电势空间变化率的最大值。此外,因为等势面上任一点电场强度的切向分量为零,所以,电场中任意点 $\boldsymbol{E}$ 的大小就是该点 $\boldsymbol{E}$ 的法向分量$\boldsymbol{E}_{\mathrm{n}}$ 的大小。于是,有

$$E=-\frac{\mathrm{d}V}{\mathrm{d}l_{\mathrm{n}}}$$

式中负号表示,当$\frac{\mathrm{d}V}{\mathrm{d}l_{\mathrm{n}}}<0$ 时,$E>0$,即 $\boldsymbol{E}$ 的方向总是由高电势指向低电势,$\boldsymbol{E}$ 的方向与 $\boldsymbol{e}_{\mathrm{n}}$ 的方向相反。写成矢量式,则有

$$\boldsymbol{E}=-\frac{\mathrm{d}V}{\mathrm{d}l_{\mathrm{n}}}\boldsymbol{e}_{\mathrm{n}} \tag{5.38}$$

上式表明,在电场中任意一点的电场强度 $\boldsymbol{E}$,等于该点的电势沿等势面法线方向的变化率的负值。这也就是说,在电场中任一点 $\boldsymbol{E}$ 的大小,等于该点电势沿等势面法线方向的空间变化率,$\boldsymbol{E}$ 的方向与法线方向相反。式(5.38)是电场强度与电势关系的矢量表达式,较之式(5.37)更具普遍性。式(5.38)也是电场强度,常用伏特每米(即 V/m)作为其单位。

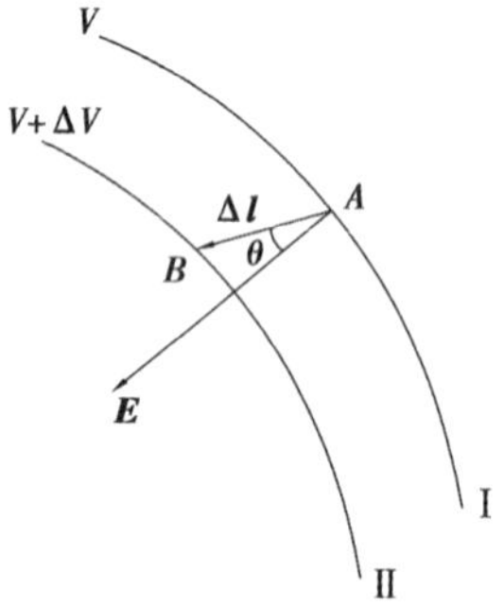

图 5.29

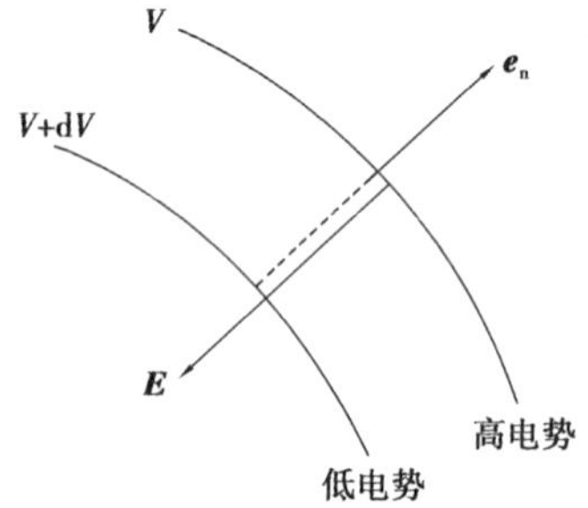

图 5.30

一般说来,在直角坐标系中,电势 V 是坐标 x,y 和 z 的函数。因此,如果把 x 轴,y 轴和 z 轴正方向分别取作 $\Delta\boldsymbol{l}$ 的方向,由式(5.37)可得,电场强度在这 3 个方向上的分量分别为

$$E_x=-\frac{\partial V}{\partial x},\quad E_y=-\frac{\partial V}{\partial y},\quad E_z=-\frac{\partial V}{\partial z} \tag{5.39}$$

于是电场强度与电势关系的矢量表达式可写成

$$\boldsymbol{E}=-\left(\frac{\partial V}{\partial x}\boldsymbol{i}+\frac{\partial V}{\partial y}\boldsymbol{j}+\frac{\partial V}{\partial z}\boldsymbol{k}\right)=-\frac{\mathrm{d}V}{\mathrm{d}l_{\mathrm{n}}}\boldsymbol{e}_{\mathrm{n}} \tag{5.40}$$

应当指出,电势 V 是标量,与矢量 $\boldsymbol{E}$ 相比,V 比较容易计算,所以,在实际计算时,常是先计算电势 V,然后再用式(5.40)来求出电场强度 $\boldsymbol{E}$。

在数学上,常把标量函数 $f(x,y,z)$ 的梯度 grad f 定义为

$$\text{grad} f = \frac{\partial f}{\partial x}\boldsymbol{i} + \frac{\partial f}{\partial y}\boldsymbol{j} + \frac{\partial f}{\partial z}\boldsymbol{k}$$

grad f 是坐标 x,y,z 的矢量函数,也可以写成∇f。因此式(5.38)可写为

$$\boldsymbol{E} = -\text{grad } V = -\nabla V$$

即电场强度 $\boldsymbol{E}$ 等于电势梯度的负值。

[**例** 5.8]如图 5.31 所示,有一均匀带电圆环,其半径为 R,电荷为 q,求其轴线上与环心 O 相距 x 处点 P 的电势 V_P。

解:如图 5.31 所示,x 轴在圆环轴线上。

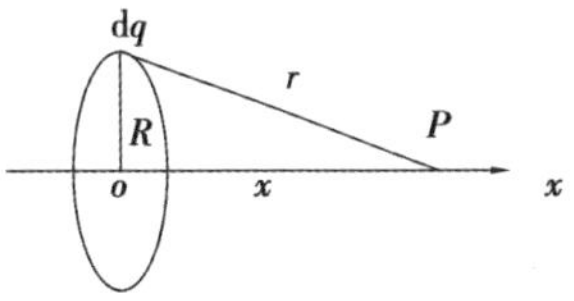

图 5.31

〈方法一〉用 $V_P=\int_x^\infty \boldsymbol{E}\cdot \mathrm{d}\boldsymbol{r}$ 解:

圆环在其轴线上任一点产生的场强为

$$E = \frac{qx}{4\pi\varepsilon_0(R^2+x^2)^{\frac{3}{2}}}\text{(}\boldsymbol{E}\text{ 与 }x\text{ 轴平行)}$$

$$V_P = \int_x^\infty \boldsymbol{E}\cdot \mathrm{d}\boldsymbol{r} \underline{\text{积分与路径无关,可沿 }x\text{ 轴}\rightarrow\infty} = \int_x^\infty E\mathrm{d}x$$

$$= \int_x^\infty \frac{qx}{4\pi\varepsilon_0(R^2+x^2)^{\frac{3}{2}}}\mathrm{d}x = \frac{q}{4\pi\varepsilon_0}\cdot\frac{1}{2}\int_x^\infty \frac{\mathrm{d}(R^2+x^2)}{(R^2+x^2)^{\frac{3}{2}}}$$

$$= \frac{q}{4\pi\varepsilon_0}\cdot\frac{1}{2}\cdot\frac{1}{-\frac{1}{2}}\frac{1}{\sqrt{R^2+x^2}}\Bigg|_x^\infty = \frac{q}{4\pi\varepsilon_0\sqrt{R^2+x^2}}$$

〈方法二〉用电势叠加原理解:

把圆环分成一系列电荷元,每个电荷元视为点电荷,$\mathrm{d}q$ 在 P 点产生的电势为

$$\mathrm{d}V_P = \frac{\mathrm{d}q}{4\pi\varepsilon_0 r} = \frac{\mathrm{d}q}{4\pi\varepsilon_0\sqrt{R^2+x^2}}$$

整个环在 P 点产生的电势为

$$V_P = \int \mathrm{d}V_P = \int_q \frac{\mathrm{d}q}{4\pi\varepsilon_0\sqrt{R^2+x^2}} = \frac{q}{4\pi\varepsilon_0\sqrt{R^2+x^2}}$$

[**例** 5.9]用电场强度与电势的关系,求均匀带电细圆环轴线上一点的电场强度。

解:在例 5.8 中,已求得在 x 轴上点 P 的电势为

$$V = \frac{q}{4\pi\varepsilon_0\sqrt{R^2+x^2}}$$

式中 R 为圆环的半径。由式(5.39)可得点 P 的电场强度为

$$E = E_x = -\frac{\partial V}{\partial x} = -\frac{\partial}{\partial x}\left[\frac{q}{4\pi\varepsilon_0\sqrt{R^2+x^2}}\right]$$

$$= \frac{1}{4\pi\varepsilon_0}\frac{qx}{(x^2+R^2)^{3/2}}$$

第5章习题

5.1　面电荷密度均为$+\sigma$的两块“无限大”均匀带电的平行平板如题5.1图(a)放置，其周围空间各点电场强度$\boldsymbol{E}$(设电场强度方向向右为正、向左为负)随位置坐标x变化的关系曲线为如题5.1图(b)中的(　　)。

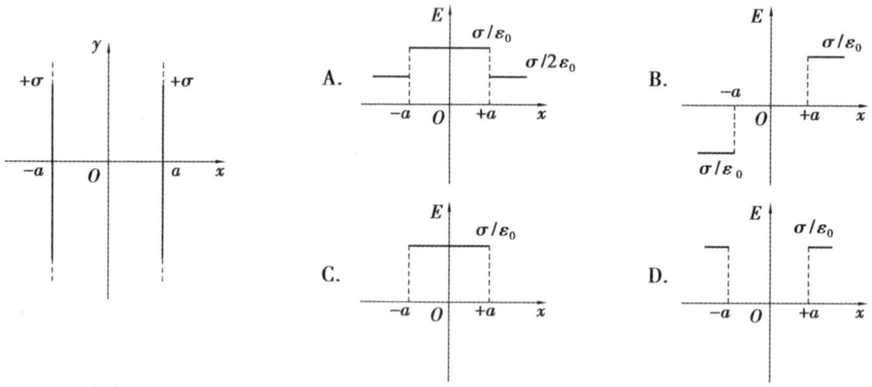

(a)　　(b)

题5.1图

5.2　下列说法正确的是(　　)。

A. 闭合曲面上各点电场强度都为零时，曲面内一定没有电荷

B. 闭合曲面上各点电场强度都为零时，曲面内电荷的代数和必定为零

C. 闭合曲面的电通量为零时，曲面上各点的电场强度必定为零

D. 闭合曲面的电通量不为零时，曲面上任意一点的电场强度都不可能为零

5.3　下列说法正确的是(　　)。

A. 电场强度为零的点，电势也一定为零

B. 电场强度不为零的点，电势也一定不为零

C. 电势为零的点，电场强度也一定为零

D. 电势在某一区域内为常量，则电场强度在该区域内必定为零

5.4　在一个带负电的带电棒附近有一个电偶极子，其电偶极矩$\boldsymbol{p}$的方向如题5.4图所示。当电偶极子被释放后，该电偶极子将(　　)。

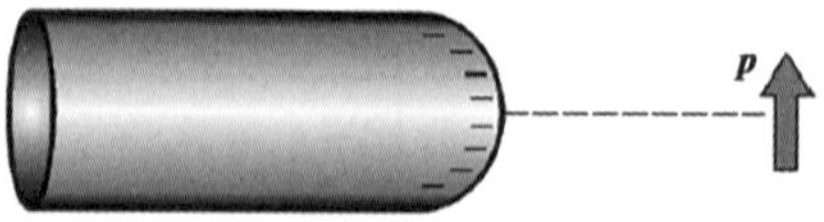

题5.4图

A. 沿逆时针方向旋转直到电偶极矩$\boldsymbol{p}$水平指向棒尖端而停止

B. 沿逆时针方向旋转至电偶极矩$\boldsymbol{p}$水平指向棒尖端，同时沿电场线方向朝着棒尖端移动

C. 沿逆时针方向旋转至电偶极矩$\boldsymbol{p}$水平指向棒尖端，同时逆电场线方向朝远离棒尖端移动

D. 沿顺时针方向旋转至电偶极矩 $\boldsymbol{p}$ 水平方向沿棒尖端朝外,同时沿电场线方向朝着棒尖端移动

5.5 精密实验表明,电子与质子电量差值的最大范围不会超过$\pm10^{-21}e$,而中子电量与零差值的最大范围也不会超过$\pm10^{-21}e$,由最极端的情况考虑,一个由8个电子、8个质子和8个中子构成的氧原子所带的最大可能净电荷是多少?若将原子视作质点,试比较两个氧原子间的库仑力和万有引力的大小。

5.6 3个正电荷分别处于边长为0.01 cm的等边三角形的顶角上,它们之间的相互作用力分别为0.049 N,0.078 N,0.118 N,求它们的电量各为多少。

5.7 在电场中某一点的电场强度定义为$\boldsymbol{E}=\dfrac{\boldsymbol{F}}{q_0}$,若该点没有试验电荷,那么该点的电场如何?为什么?

5.8 根据点电荷场强公式$\boldsymbol{E}=\dfrac{q}{4\pi\varepsilon_0 r^2}\boldsymbol{r}_0$,当考察点和点电荷的距离$r\to0$时,则$E\to\infty$。这时有没有物理意义?为什么?

5.9 在真空中有A、B两点,相距为d,板面积为S,分别带有电量$+q$,$-q$,有人说两板的作用力$f=\dfrac{q^2}{4\pi\varepsilon_0 d^2}$,又有人说$f=qE$,而$E=\dfrac{\sigma}{\varepsilon_0}$,$\sigma=\dfrac{q}{s}$,所以$f=\dfrac{q^2}{\varepsilon_0 s}$,试问这两种说法对吗?为什么?到底$f$应该为多少?

5.10 用细线悬挂一质量为0.2×10^{-3}kg的小球,将其置于两个竖直放置的均匀带电平行板间,设小球带电量为6×10^{-9}C,欲使悬挂小球的线与场强的夹角成60°,求两板间场强。

5.11 电荷以线密度λ均匀分布在长为L的直线上,求带电直线的中垂线上与带电线距离为R的点的场强。

5.12 两条相互平行的无限长均匀带有相反电荷的导线相距为a,线电荷密度为λ,求两导线构成的平面上任一点的场强。(设这一点到其中任一条的垂直距离为x)

5.13 若电荷Q均匀地分布在长为L的细棒上。求证:(1)在棒的延长线,且离棒中心为r处的电场强度为

$$E=\frac{1}{\pi\varepsilon_0}\frac{Q}{4r^2-L^2}$$

(2)在棒的垂直平分线上,离棒为r处的电场强度为

$$E=\frac{1}{2\pi\varepsilon_0}\frac{Q}{r\sqrt{4r^2+L^2}}$$

若棒为无限长(即$L\to\infty$),试将结果与无限长均匀带电直线的电场强度相比较。

5.14 一半径为R的半球壳,均匀地带有电荷,面电荷密度为σ,求球心处电场强度的大小。

5.15 设均匀电场中,场强$\boldsymbol{E}$与半径为R的半球面的轴平行。试计算通过此半球面的电通量。

5.16 在均匀电场中有一半径为R的圆柱面,其轴线与场强$\boldsymbol{E}$平行,求通过圆柱面的电通量。

5.17 高斯面外无电荷,高斯面内$\sum q=0$,高斯面上的场强是否一定为零?

5.18　如果高斯面上的场强处处为零,能否肯定高斯面内任一点都没有电荷?

5.19　两个均匀带电的同心球面,半径分别为0.10 m和0.30 m,小球带电1.0×10^{-8} C,大球带电1.5×10^{-8} C,求离开球心为①$5\times10^{-2}$ m,②0.20 m,③0.50 m处的电场强度,这个带电球面产生的电场强度是否为距球心距离的连续函数?

5.20　两个带有等量异号电荷的无限大同轴圆柱面,半径分别为R_1和R_2($R_2>R_1$),单位长度上的电量为λ,求离轴线为r处的电场强度。

①$r<R_1$,②$R_1<r<R_2$,③$r>R_2$。

5.21　回答下列问题:

(1)场强为零处,电势是否一定为零?

(2)电势为零处,场强是否一定为零?

(3)电势高的地方场强是否一定大?

(4)电势相等处场强是否一定相等?

(5)在电势不变的空间内电场强度是否为零?

5.22　半径为R的无限长直圆柱体,体内均匀带电,体电荷密度为ρ($\rho>0$)。求柱体内外场强分布,并画出$E-r$曲线。

5.23　两个同心球面,半径分别为10 cm,30 cm。内球面均匀带正电荷1.6×10^{-8} C,外球面带有正电荷1.5×10^{-8} C,求离球心距离分别为20 cm,50 cm的两点的电势。

5.24　外力将电量$q=1.7\times10^{-8}$ C的点电荷从电场中A点移到B点,做功5.0×10^{-6} J。A、B两点间的电势差为多少?A、B两点哪点电势高?若设B点电势为零,A点的电势为多大?

5.25　一个球形雨滴半径为0.40 mm,带电量1.6×10^{-12} C,它表面的电势有多大?两个这样的雨滴相遇后合并为一个较大的雨滴,这个雨滴表面的电势又是多大?

5.26　两个同心球面的半径分别为R_1和R_2,各自带有Q_1和Q_2,求:(1)各区域电势分布,并画出分布曲线;(2)两个球面间的电势差。

第6章

静电场中的导体与电介质

电磁场对物质的作用和物质对电磁场的响应是一个宏大的研究课题,因为它不仅意味着对电磁场研究的深入,而且意味着对物质电磁性质研究的开始。本章讨论静电场对物质的作用和物质对静电场的响应,这是对物质电磁性质研究迈出的第一步。

静电场何以会对宏观上处处呈电中性的物质有所作用呢?笼统地说,固体、液体、气体都由分子、原子组成,原子又由带负电的电子和带正电的原子核组成,因此,尽管宏观上处处呈电中性,但静电场对电子和原子核的相反作用,会使电中性受到破坏,出现某种宏观的电荷分布并产生附加电场。换言之,静电场对物质作用的内在根据是物质固有的电结构,作用后出现的宏观电荷分布和附加电场是物质对静电场的响应,两者相互影响,相互制约,最终达到平衡。

本章主要内容包括导体的静电平衡条件,静电场中导体的电学性质,电介质的极化现象和相对电容率 ε_r 的物理意义,有电介质时的高斯定理,电容器及其连接,电场的能量等。最后还将介绍静电的一些应用。

6.1　静电场中的导体

6.1.1　导体的静电平衡

金属导体由大量的带负电的自由电子和带正电的晶体晶格构成。当导体不带电或者不受外电场影响时,导体中的自由电子只做微观的无规则热运动,而没有宏观的定向运动。如图6.1所示,一个不带电的中性导体在电场力作用下其自由电子会做定向运动而改变导体上的电荷分布,使导体处于带电状态,这就是静电感应,导体由于静电感应而带的电荷称为感应电荷。同时,感应电荷又会影响电场分布。因此,当电场中有导体存在时,电荷分布和电场分布相互影响、相互制约。在电场中,导体电荷重新分布的过程一直持续到导体内部的电场强度等于零,即 $\boldsymbol{E}=0$ 时为止。这时,导体内没有电荷做定向运动,导体处于静电平衡状态。导体内部的电场强度为零,在导体表面附近电场强度沿表面的法线方向。

这里所说的电场强度,指的是外加的静电场 $\boldsymbol{E}_0$ 和感应电荷产生的附加电场 $\boldsymbol{E}'$ 叠加后的总电场,即 $\boldsymbol{E}=\boldsymbol{E}_0+\boldsymbol{E}'$。可以设想,如果导体内电场 $\boldsymbol{E}$ 不是处处为零,则在 $\boldsymbol{E}$ 不为零的地方,自由电子将做定向运动。

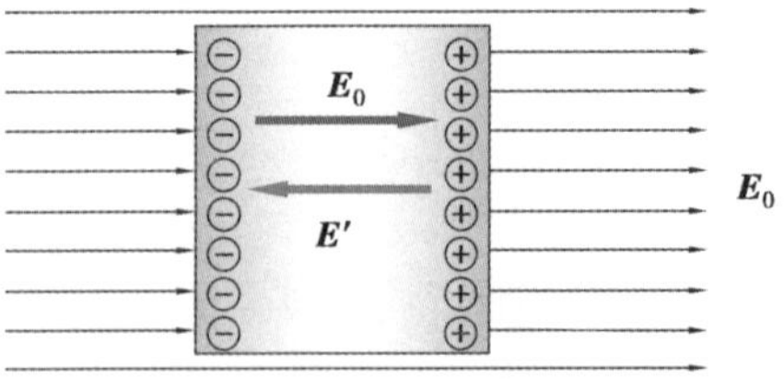

图 6.1

在静电平衡时,不仅导体内部没有电荷作定向运动,导体表面也没有电荷作定向运动,这就要求导体表面电场强度的方向应与表面垂直,假若导体表面处电场强度的方向与导体表面不垂直,则电场强度沿表面将有切向分量,自由电子受到与该切向分量相应的电场力的作用,将沿表面运动,这样就不是静电平衡状态了。所以,当导体处于静电平衡状态时,必须满足以下两个条件:

①导体内部任何一点处的电场强度为零;

②导体表面处电场强度的方向,都与导体表面垂直。

导体的静电平衡条件,也可用电势来表述。在静电平衡时,导体内部的电场强度为零,因此,如在导体内取任意两点 A 和 B,这两点间的电势差 U 为零,即

$$U = \int_{AB} \boldsymbol{E} \cdot \mathrm{d}\boldsymbol{l} = 0$$

这表明,在静电平衡时,导体内任意两点间的电势是相等的,至于导体的表面,由于在静电平衡时,导体表面的电场强度 $\boldsymbol{E}$ 与表面垂直,其切向分量 $\boldsymbol{E}_t$ 为零,因此导体表面上任意两点的电势差亦应为零。故在静电平衡时,导体表面为一等势面。不言而喻,在静电平衡时导体内部与导体表面的电势是相等的,否则就仍会发生电荷的定向运动。总之,当导体处于静电平衡时,导体上的电势处处相等,导体为一等势体。

6.1.2 静电平衡时导体上电荷的分布

在静电平衡时,带电导体的电荷分布可运用高斯定理来进行讨论。如图 6.2 所示,有一带电实心导体处于平衡状态。由于在静电平衡时,导体内的 $\boldsymbol{E}$ 为零,所以通过导体内任意高斯面的电通量也必为零,即

$$\oint_S \boldsymbol{E} \cdot \mathrm{d}\boldsymbol{S} = 0$$

于是,此高斯面内所包围的电荷的代数和必然为零。因为高斯面是任意作出的,所以可得到如下结论:在静电平衡时,导体所带的电荷只能分布在导体的表面上,导体内没有净电荷。

如果有一空腔的导体带有电荷$+q$(图 6.3),这些电荷在空腔导体的内外表面上如何分布呢? 若在导体内取高斯面 $\boldsymbol{S}$,由于在静电平衡时,导体内的电场强度为零,所以有

$$\oint_S \boldsymbol{E} \cdot \mathrm{d}\boldsymbol{S} = \frac{\sum q_i}{\varepsilon_0} = 0$$

这说明在空腔的内表面上没有净电荷。然而在空腔内表面上是否有可能出现符号相反的正、负电荷,而使内表面上净电荷为零的情况呢? 按静电平衡条件可知,空腔内表面不会出现任何形式的分布电荷,电荷只能全部分布在空腔导体的外表面上。

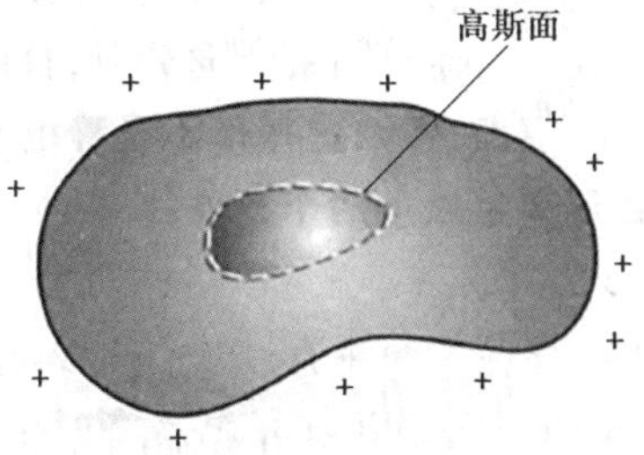

图 6.2

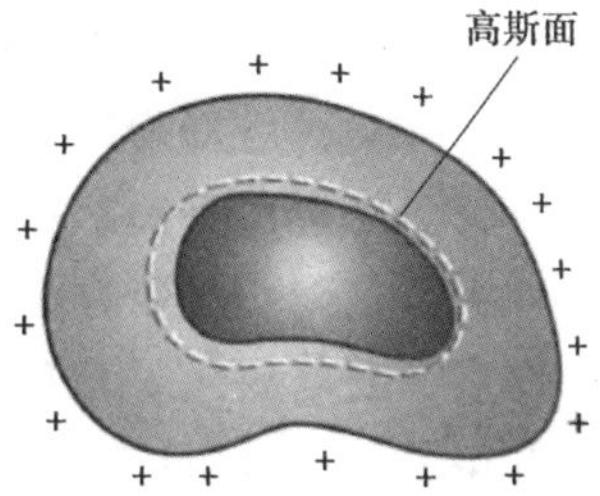

图 6.3

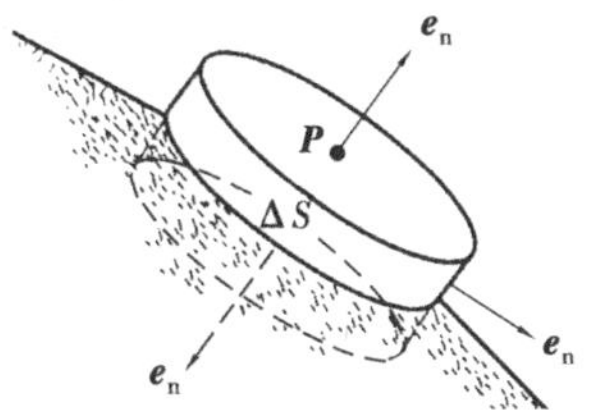

图 6.4

下面讨论带电导体表面的面电荷密度与其邻近处电场强度的关系。如图 6.4 所示,设在导体表面上取一圆形面积元 ΔS,当 ΔS 足够小时,ΔS 上的电荷分布可当作是均匀的,其面电荷密度为 σ,于是 ΔS 上的电荷为 $\Delta q=\sigma\Delta S$。以面积元 ΔS 为底面积作一如图 6.4 所示的扁圆柱形高斯面,下底面处于导体内部。由于导体内电场强度为零,所以通过下底面的电场强度通量为零;在侧面上,电场强度要么为零,要么与侧面的法线垂直,所以通过侧面的电场强度通量也为零;只有在上底面上,电场强度 $\boldsymbol{E}$ 与 ΔS 垂直,所以通过上底面的电场强度通量为 $E\Delta S$,这也就是通过扁圆柱形高斯面的电场强度通量。根据高斯定理可有

$$\oint_S \boldsymbol{E} \cdot \mathrm{d}\boldsymbol{S} = E\Delta S = \frac{\sigma \Delta S}{\varepsilon_0}$$

得

$$E = \frac{\sigma}{\varepsilon_0} \tag{6.1}$$

上式表明,带电导体处于静电平衡时,导体表面之外非常邻近表面处的电场强度 $\boldsymbol{E}$,其数值与该处面电荷密度 σ 成正比,其方向与导体表面垂直。当表面带正电时,$\boldsymbol{E}$ 的方向垂直表面向外;当表面带负电荷时,$\boldsymbol{E}$ 的方向则垂直表面指向导体。

式(6.1)只给出导体表面的面电荷密度与表面附近的电场强度之间的关系。至于带电导体达到静电平衡后导体表面的电荷是如何分布的,则是一个复杂问题,定量研究是很困难的,因为导体表面的电荷分布不仅与导体本身的形状有关,而且还与导体周围的环境有关。即使对于孤立导体,其表面面电荷密度 σ 与曲率半径 ρ 之间也不存在单一的函数关系。

实验表明,如图 6.5(a)所示的带电非球形导体上,当到达静电平衡时,导体虽为一等势体,导体表面为一等势面,但在点 A 附近,曲率半径较小,其面电荷密度和电场强度的值较大;而在点 B 附近,曲率半径较大,其面电荷密度和电场强度的值较小。

图 6.5(b)给出带有等量异号电荷的一个非球形导体和一块平板导体的电场线图像,从图中可以看出,曲率半径较小的带电导体表面附近,电场线密集,电场较强,尖端附近的电场最强。

带电尖端附近的电场强度特别大,可使尖端附近的空气发生电离而成为导体。在电场不过分强的情况下,带电尖端经由电离化的空气而放电的过程,是比较平稳地无声息地进行的;但在电场很强的情况下,放电就会以暴烈的火花放电的形式出现,并在短暂的时间内释放出大量的能量。这两种形式的放电现象就是所谓的尖端放电现象。例如,阴雨潮湿天气时常可在

高压输电线表面附近看到淡蓝色辉光的电晕，就是一种平稳的尖端放电现象。

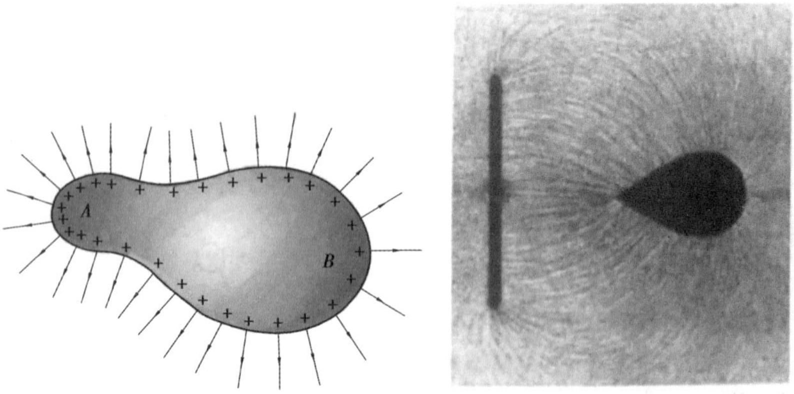

(a) (b)

图 6.5

尖端放电会使电能白白损耗，还会干扰精密测量和通信。因此在许多高压电力设备中，所有金属元件都应避免带有尖棱，最好做成球形，并尽量使导体表面光滑而平坦，这都是为了避免尖端放电的产生。

6.1.3 静电屏蔽

在静电场中，导体的存在使某些特定的区域不受电场影响的现象称为静电屏蔽，怎样才能实现静电屏蔽呢？在如图 6.6 所示的静电场中，放置一个空腔导体。由前面的讨论可知，在静电平衡时，由静电感应产生的感应电荷只分布在导体的外表面上，导体内和空腔中的电场强度处处为零。这就是说，空腔内的整个区域都将不受外电场的影响。这时导体和空腔内部的电势处处相等，构成一个等势体。

此外，我们有时还需要屏蔽电荷激发的电场对外界的影响。这时可采用如图 6.7 所示的办法，在电荷+q 外面放置一个外表面接地的空腔导体。这就使得导体外表面所产生的感应正电荷与从地上来的负电荷中和，使空腔导体外表面不带电，这样，接地的空腔导体内的电荷激发的电场对导体外就不会产生任何影响了。

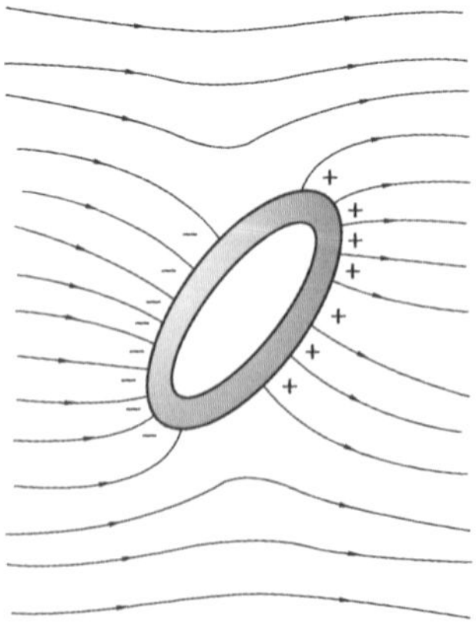

图 6.6

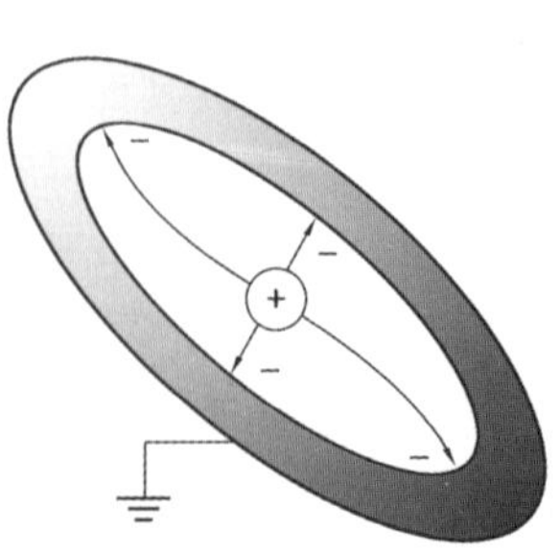

图 6.7

综上所述,空腔导体(无论接地与否)将使腔内空间不受外电场的影响,而接地空腔导体将使外部空间不受空腔内的电场影响。这就是空腔导体的静电屏蔽作用。

在实际工作中,常用编织得相当紧密的金属网来代替金属壳体。例如,高压设备周围的金属网,校测电子仪器的金属网屏蔽室都能起到静电屏蔽的作用。

利用静电平衡条件下空腔导体是等势体以及静电屏蔽的道理,人们可在高压输电线路上进行带电维修和检测等工作,我们设想若工作人员没有采用防护措施登上数十米高的铁塔,接近特高压直流线(如800 kV)时,人体通过铁塔与大地相连接,人体与高压线间有非常大的电势差,因而它们之间存在很强的电场,能使人体周围空气电离而放电,从而危及人体安全,然而,利用空腔导体屏蔽外电场的原理,工作人员穿上用细铜丝(或导电纤维)和纤维编织制成的导电性能良好的工作服(通常也叫屏蔽服、均压服),使之构成一导体网壳,这就相当于把人体置于空腔导体内部,使电场不能深入到人体,保证了工作人员的人身安全,即使在工作人员接触电线的瞬间,放电也只在手套与电线之间发生。之后,人体与电线便有了相同的电势,检修人员就可以在不停电的情况下,安全地、自由地在特高压输电线上工作了。此外,即使输电线通过的是交流电,在输电线周围存在很强的交变电磁场,但电磁场所产生的感应电流也只在屏蔽服上流过,从而也能避免感应电流对人体的危害。

6.2　静电场中的电介质

静电场与物质的相互作用,既表现在静电场对物质的影响,也表现在物质对静电场的影响。前一节我们主要讨论了静电场中的导体对电场的影响,这一节在讨论电介质对静电场的影响以后,再讨论电介质的极化机理、电极化强度的概念以及极化电荷与自由电荷的关系。

6.2.1　电介质对电场的影响　相对电容率

从第5章已知,真空中两无限大均匀带有面电荷密度分别为$+\sigma$和$-\sigma$的平行平板之间的电场强度为$E_0=\sigma/\varepsilon_0$,ε_0为真空电容率。现若维持两板上的面电荷密度σ不变,而在两板之间充满均匀的各向同性的电介质。从实验测得两板间的电场强度$\boldsymbol{E}$的值仅为真空时两板间电场强度$\boldsymbol{E}_0$的$1/\varepsilon_r$倍($\varepsilon_r>1$),即

$$E=\frac{E_0}{\varepsilon_r} \tag{6.2}$$

ε_r叫作电介质的相对电容率。相对电容率ε_r与真空电容率ε_0的乘积$\varepsilon_0\varepsilon_r=\varepsilon$就叫作电容率。

6.2.2　电介质的极化

从物质的微观结构来看,金属中存在自由电子,它们在外电场作用下可在金属中做定向运动;而在构成电介质的分子中,电子和原子核结合得较为紧密,电子处于束缚状态,所以,在电介质内几乎不存在自由电子(或正离子)。当把电介质放到外电场中时,电介质中的电子等带电粒子,也只能在电场力的作用下做微观的相对位移。只有在击穿的情形下,电介质中的一些电子才被解除束缚而做宏观定向运动,使电介质丧失绝缘性。这就是电介质和导体在电学性能上的主要区别。

电介质可分成两类:有些材料,如氢、甲烷、石蜡、聚苯乙烯等,它们的分子正、负电荷中心在无外电场时是重合的,这种分子叫作无极分子(图6.8);有些材料,如水、有机玻璃、纤维素、聚氯乙烯等,即使在外电场不存在时,它们的分子正、负电荷中心也是不重合的,这种分子相当于一个有着固有电偶极矩的电偶极子,所以这种分子叫作有极分子(图6.9)。表6.1列出了几种分子的电偶极矩。下面分别对无极分子和有极分子予以讨论。

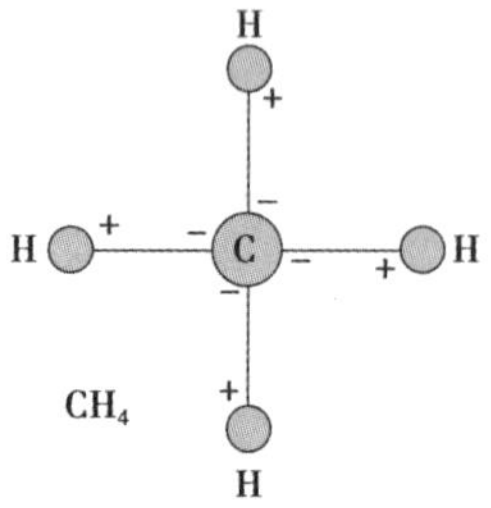

图6.8

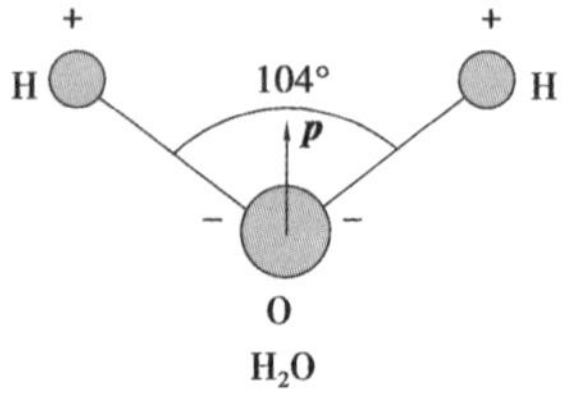

图6.9

表6.1 几种分子的电偶极矩

分子	电偶极矩/(10^{-30} C·m)
H_2O	6.20
HCl	3.43
CO	0.40
CO_2	0
SO_2	5.30

1)无极分子

如图6.10(b)所示,在外电场 $\boldsymbol{E}$ 的作用下,无极分子中的正、负电荷将偏离原来的位置,正、负电荷中心将产生相对的位移 $\boldsymbol{r}_0$[图6.10(c)],位移的大小与电场强度大小有关。这时,每个分子可以看作一个电偶极子。电偶极子的电偶极矩 $\boldsymbol{p}$ 的方向和外电场 $\boldsymbol{E}$ 的方向将大体一致,这种电偶极矩叫作诱导电偶极矩。这样,在电介质内,如果电介质的密度是均匀的,任一小体积内所含有的异号电荷数量相等,即体电荷密度仍然保持为零。但在电介质与外电场垂直的两个表面上却要分别出现正电荷和负电荷[图6.10(e)]。必须注意,这种正电荷或负电荷是不能用诸如接地之类的导电方法使它们脱离电介质中原子核的束缚而单独存在的,所以把它们叫作极化电荷或束缚电荷,以与自由电荷相区别。这种在外电场作用下介质表面产生极化电荷的现象,叫作电介质的极化现象。

当外电场撤销后,无极分子的正、负电荷中心一般又将重合而恢复原状,极化现象也随之消失。

2)有极分子

对于由有极分子构成的电介质来说,产生极化的过程则与上述无极分子的极化过程有所不同。虽然每个分子都可当作一个电偶极子,并有一定的固有电偶极矩,但在没有外电场的情况下,由于分子的热运动,电介质中各电偶极子的电偶极矩的排列是无序的,所以电介质对外不呈现电性[图6.11(a)]。在有外电场作用的情况下,电偶极子都要受到力矩($\boldsymbol{M}=\boldsymbol{p}\times\boldsymbol{E}$)的

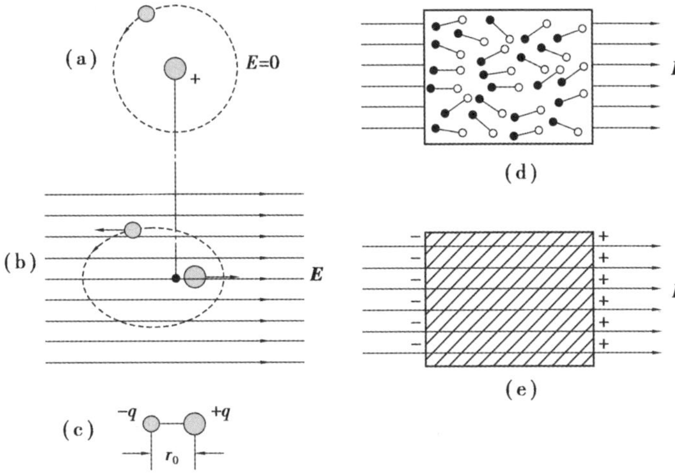

图6.10

作用。在此力矩的作用下，电介质中各电偶极子的电偶极矩将转向外电场的方向[图6.11(b)]。只有当电偶极矩 $\boldsymbol{p}$ 的方向与外电场的电场强度 $\boldsymbol{E}$ 的方向相同时，作用于电偶极子的力矩才为零，电偶极子才处在稳定平衡状态，然而，由于分子的热运动，各电偶极矩并不能十分整齐地依照外电场的方向排列起来。尽管如此，对整个电介质来说，如果是均匀的电介质，则在垂直于电场方向的两表面上，也还是有极化电荷出现的[图6.11(c)、(d)]。若撤去外电场，由于分子的热运动，这些电偶极子的电偶极矩的排列，又将变成无序状态了。

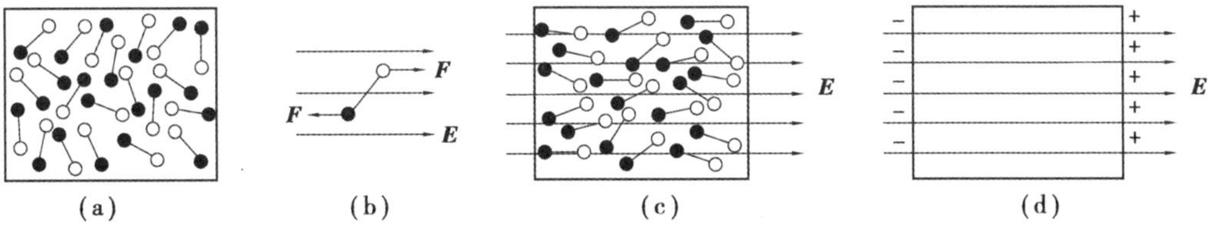

图6.11

综上所述，在静电场中，虽然不同电介质极化的微观机理不尽相同，但是在宏观上，都表现为在电介质表面上出现极化面电荷，而在不均匀电介质内部还会出现极化体电荷，即产生极化现象。所以，在静电范围内，如我们不去更深入地讨论电介质的极化机理时，就不需要把这两类电介质分开讨论。

6.2.3　电极化强度

在电介质中任取一宏观小体积 ΔV，在没有外电场时，电介质未被极化，此小体积中所有分子的电偶极矩 $\boldsymbol{p}$ 的矢量和为零，即 $\sum \boldsymbol{p}=0$。当外电场存在时，电介质将被极化，此小体积中分子电偶极矩 $\boldsymbol{p}$ 的矢量和将不为零，即 $\sum \boldsymbol{p}\neq 0$。外电场越强，分子电偶极矩的矢量和越大。因此，我们用单位体积中分子电偶极矩的矢量和来表示电介质的极化程度，有

$$\boldsymbol{P}=\frac{\sum \boldsymbol{p}}{\Delta V}$$

式中 $\boldsymbol{P}$ 叫作电极化强度，它的单位是 $\mathrm{C/m^2}$。如果电介质中各处的 $\boldsymbol{P}$ 均相同，这种电介质被认为是被均匀极化了。

电介质极化时,极化的程度越高(即 $\boldsymbol{P}$ 越大),电介质表面上极化电荷的面密度 σ' 也越大。它们之间的关系是怎样的呢?我们仍以面电荷密度分别为 $+\sigma_0$ 和 $-\sigma_0$ 的两平行平板间充满均匀电介质为例来进行讨论。

如图 6.12 所示,在电介质中取一长为 l,底面积为 ΔS 的柱体,柱体两底面的极化电荷面密度分别为 $-\sigma'$ 和 $+\sigma'$。柱体内所有分子电偶极矩的矢量和的大小为

$$\sum p = \sigma' \Delta S l$$

因此,由电极化强度的定义可知,电极化强度的大小为

$$P = \frac{\sum p}{\Delta V} = \frac{\sigma' \Delta S l}{\Delta S l} = \sigma' \tag{6.3}$$

上式表明,两平板间电介质的电极化强度的大小,等于极化电荷面密度。

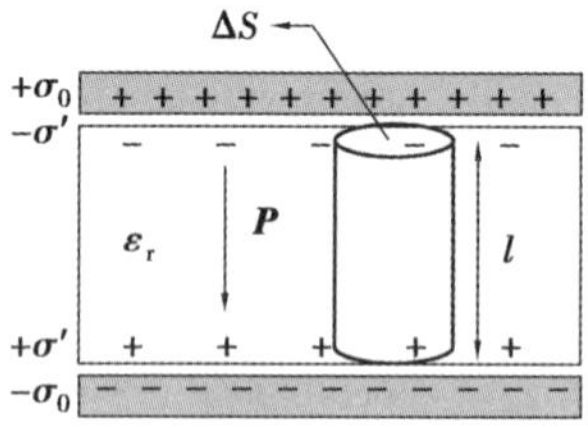

图 6.12

6.2.4 极化电荷与自由电荷的关系

如图 6.13 所示,在两无限大平行平板之间放入电介质,两板上自由电荷面密度分别为 $\pm\sigma_0$。在放入电介质以前,自由电荷在两板间激发的电场强度 $\boldsymbol{E}_0$ 的值为 $E_0 = \sigma_0/\varepsilon_0$。当两板间充满电介质后,如两极上的 $\pm\sigma_0$ 保持不变,则电介质由于极化,就在它的两个垂直于 $\boldsymbol{E}_0$ 的表面上分别出现正、负极化电荷,其面电荷密度为 σ'。极化电荷建立的电场强度 $\boldsymbol{E}'$ 的值为 $E' = \sigma'/\varepsilon_0$。从图中可以看出,电介质中的电场强度 $\boldsymbol{E}$ 应为

$$\boldsymbol{E} = \boldsymbol{E}_0 + \boldsymbol{E}'$$

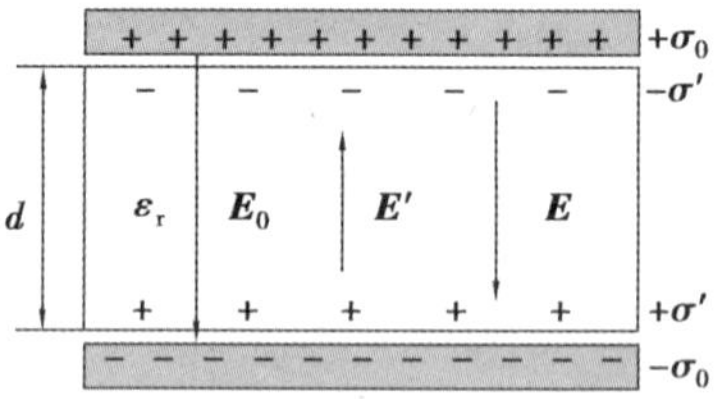

图 6.13

考虑到 $\boldsymbol{E}'$ 的方向与 $\boldsymbol{E}_0$ 的方向相反,以及 $\boldsymbol{E}$ 与 $\boldsymbol{E}_0$ 的关系,可得电介质中电场强度 $\boldsymbol{E}$ 的值为

$$E = E_0 - E' = \frac{E_0}{\varepsilon_r}$$

有

$$E' = \frac{\varepsilon_r - 1}{\varepsilon_r} E_0$$

从而可得

$$\sigma' = \frac{\varepsilon_r - 1}{\varepsilon_r}\sigma_0 \tag{6.4a}$$

由于 $Q_0=\sigma_0 S, Q'=\sigma' S$，故上式也可写成

$$Q' = \frac{\varepsilon_r - 1}{\varepsilon_r}Q_0 \tag{6.4b}$$

式(6.4a)给出了在电介质中，极化电荷面密度 σ' 与自由电荷面密度 σ_0 和电介质的相对电容率 ε_r 之间的关系。大家知道，电介质的 ε_r 总是大于 1 的，所以 σ' 总比 σ_0 要小。

将 $E_0=\sigma_0/\varepsilon_0, E=E_0/\varepsilon_r$ 以及 $\sigma'=P$ 代入式(6.4a)，可得电介质中电极化强度 P 与电场强度 E 之间的关系为

$$P = (\varepsilon_r - 1)\varepsilon_0 E$$

写成矢量式有

$$\boldsymbol{P} = (\varepsilon_r - 1)\varepsilon_0 \boldsymbol{E} \tag{6.5}$$

上式表明，电介质中的 $\boldsymbol{P}$ 与 $\boldsymbol{E}$ 呈线性关系。如取 $\chi_e=\varepsilon_r-1$，上式亦为

$$\boldsymbol{P} = \chi_e \varepsilon_0 \boldsymbol{E}$$

χ_e 称为电介质的电极化率。

顺便指出，上面讨论的是电介质在静电场中极化的情形。在交变电场中，情形就有些不同，以有极分子为例，由于电偶极子的转向需要时间，在外电场变化频率较低时，电偶极子还来得及跟上电场的变化而不断转向，故 ε_r 的值和在恒定电场下的数值相比差别不大，但当频率大到某一程度时，电偶极子就来不及跟随电场方向的改变而转向，这时相对电容率 ε_r 就要下降。所以在高频条件下，电介质的相对电容率 ε_r 是和外电场的频率 f 有关的。

6.3　有电介质时的高斯定理

上一章我们只研究了真空中静电场的高斯定理。当静电场中有电介质时，在高斯面内不仅会有自由电荷，而且还会有极化电荷。这时，高斯定理应有些什么变化呢？

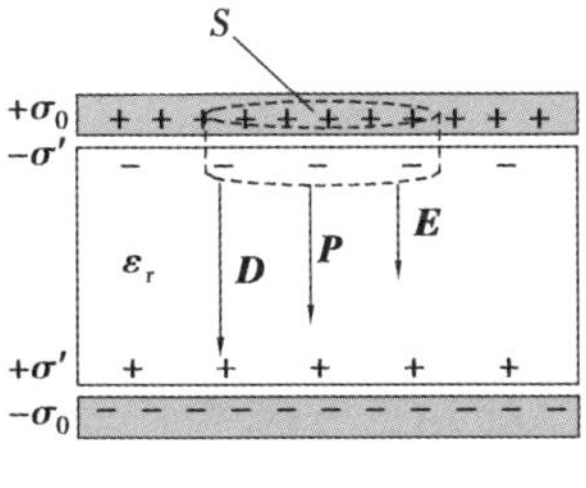

图 6.14

我们仍以两平行带电平板间充满均匀电介质为例来进行讨论。在如图 6.14 所示的情形中，取一闭合的正柱面作为高斯面，高斯面的两端面与极板平行，其中一个端面在电介质内，端面的面积为 S。设极板上的自由电荷面密度为 σ_0，电介质表面上的极化电荷面密度为 σ'。对此高斯面来说，由高斯定理，有

$$\oint_S \boldsymbol{E} \cdot d\boldsymbol{S} = \frac{1}{\varepsilon_0}(Q_0 - Q') \tag{6.6}$$

式中 Q_0 和 Q' 分别为 $Q_0=\sigma_0 S$ 和 $Q'=\sigma' S$。我们不希望在式(6.6)中出现极化电荷,由式(6.4b)可知 $Q_0-Q'=Q_0/\varepsilon_r$,把它代入式(6.6)有

$$\oint_S \boldsymbol{E}\cdot \mathrm{d}\boldsymbol{S}=\frac{Q_0}{\varepsilon_0\varepsilon_r}$$

或

$$\oint_S \varepsilon_0\varepsilon_r \boldsymbol{E}\cdot \mathrm{d}\boldsymbol{S}=Q_0 \tag{6.7a}$$

现在令

$$\boldsymbol{D}=\varepsilon_0\varepsilon_r\boldsymbol{E}=\varepsilon\boldsymbol{E} \tag{6.8}$$

其中,$\varepsilon_0\varepsilon_r=\varepsilon$ 为电介质的电容率,那么式(6.7a)可写成

$$\oint_S \boldsymbol{D}\cdot \mathrm{d}\boldsymbol{S}=Q_0 \tag{6.7b}$$

式中 $\boldsymbol{D}$ 称为电位移,而 $\oint_S \boldsymbol{D}\cdot \mathrm{d}\boldsymbol{S}$ 则是通过任意闭合曲面 $\boldsymbol{S}$ 的电通量。$\boldsymbol{D}$ 的单位为 $\mathrm{C/m^2}$。

式(6.7b)虽是从两平行带电平板中充有电介质这一情形得出的,但可以证明在一般情况下它也是正确的。所以,有电介质时的高斯定理可叙述为:在静电场中,通过任意闭合曲面的电通量等于该闭合曲面内所包围的自由电荷的代数和,其数学表达式为

$$\oint_S \boldsymbol{D}\cdot \mathrm{d}\boldsymbol{S}=\sum_{i=1}^{n} Q_{0i} \tag{6.9}$$

由式(6.9)可以看出,通过闭合曲面的电通量只和自由电荷有关。在电场中放入电介质以后,电介质中电场强度的分布既和自由电荷分布有关,又和极化电荷分布有关,而极化电荷分布常是很复杂的。现在引入电位移这一物理量后,电介质高斯定理只与自由电荷有关了,所以用式(6.9)来处理电介质中电场的问题就比较简单。但要注意,从表述有电介质时的电场规律来说,$\boldsymbol{D}$ 只是一个辅助矢量。在我们的教学范围内,描写电场性质的物理量仍是电场强度 $\boldsymbol{E}$ 和电势 V。若把一试验电荷 q_0 放到电场中去,决定它受力的是电场强度 $\boldsymbol{E}$,而不是电位移 $\boldsymbol{D}$。

下面简述电介质中电场强度 $\boldsymbol{E}$、电极化强度 $\boldsymbol{P}$ 和电位移 $\boldsymbol{D}$ 之间的关系。从电位移和电场强度的关系

$$\boldsymbol{D}=\varepsilon_0\varepsilon_r\boldsymbol{E}$$

及

$$\boldsymbol{P}=(\varepsilon_r-1)\varepsilon_0\boldsymbol{E}$$

可得

$$\boldsymbol{D}=\boldsymbol{P}+\varepsilon_0\boldsymbol{E}$$

上式表明 $\boldsymbol{D}$ 是两个矢量之和。可见,$\boldsymbol{D}$ 是在考虑了电介质极化这个因素的情形下,被用来简化对电场规律的表述的。

[**例** 6.1]如图 6.15 所示是半径为 R_1 的长直圆柱导体和同轴的半径为 R_2 的薄导体圆筒,并在直导体与导体圆筒之间充以相对电容率为 ε_r 的电介质。设直导体和圆筒单位长度上的电荷分别为 $+\lambda$ 和 $-\lambda$。求:

(1)电介质中的电场强度、电位移和极化强度;

(2)电介质内、外表面的极化电荷面密度。

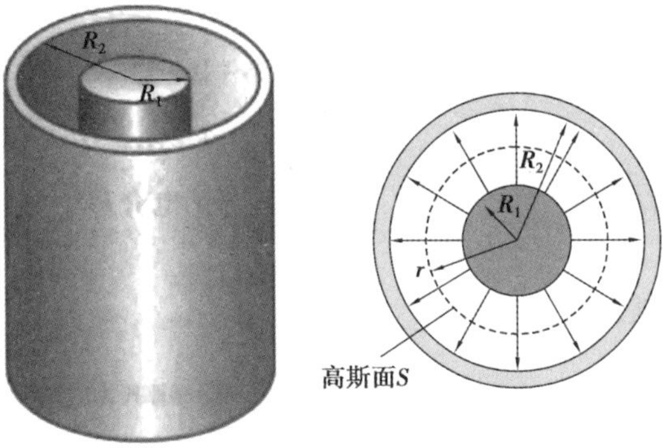

图 6.15

解:(1)由于电荷分布是均匀对称的,所以电介质中的电场也是柱对称的,电场强度的方向沿柱面的径矢方向。作一与圆柱导体同轴的柱形高斯面,其半径为 $r(R_1<r<R_2)$,长为 l。因为电介质中的电位移 $\boldsymbol{D}$ 与柱形高斯面的两底面的法线垂直,所以通过这两底面的电通量为零。根据电介质中的高斯定理,有

$$\oint_S \boldsymbol{D}\cdot \mathrm{d}\boldsymbol{S}=\lambda l,\text{即 } D\cdot 2\pi rl=\lambda l$$

得

$$D=\frac{\lambda}{2\pi r} \qquad ①$$

由 $E=D/\varepsilon_0\varepsilon_r$,得电介质中的电场强度为

$$E=\frac{\lambda}{2\pi\varepsilon_0\varepsilon_r r},\quad R_1<r<R_2 \qquad ②$$

电介质中的极化强度为

$$P=(\varepsilon_r-1)\varepsilon_0 E=\frac{\varepsilon_r-1}{2\pi\varepsilon_r r}\lambda$$

或将式①和式②代入 $P=D-\varepsilon_0 E$,也可以得到相同的结果。

(2)由式②可知电介质两表面处的电场强度分别为

$$E_1=\frac{\lambda}{2\pi\varepsilon_0\varepsilon_r R_1},\quad r=R_1$$

和

$$E_2=\frac{\lambda}{2\pi\varepsilon_0\varepsilon_r R_2},\quad r=R_2$$

所以,电介质两表面极化电荷面密度的值分别为

$$\sigma'_1=(\varepsilon_r-1)\varepsilon_0 E_1=(\varepsilon_r-1)\frac{\lambda}{2\pi\varepsilon_r R_1}$$

$$\sigma'_2=(\varepsilon_r-1)\varepsilon_0 E_2=(\varepsilon_r-1)\frac{\lambda}{2\pi\varepsilon_r R_2}$$

6.4 电容 电容器

电容是电学中一个重要的物理量,它反映了导体贮存电荷和贮存电能的本领。

6.4.1 孤立导体的电容

如果处在真空中的导体远离其他导体,且它们之间不发生电的影响,这种处于真空中的导体叫作孤立导体,孤立导体也是一种理想模型。

在真空中,一个带有电荷 Q 的孤立导体,其电势 V(相对于无限远处的零电势而言)正比于所带的电荷 Q,而且还与导体的形状和尺寸有关。例如,在真空中,有一半径为 R,电荷为 Q 的孤立球形导体,它的电势为

$$V=\frac{1}{4\pi\varepsilon_0}\frac{Q}{R}$$

从上式可以看出,当电势一定时,球的半径越大,它所带电荷也越多。然而,当此孤立球形导体的半径一定时,它所带的电荷若增加一倍,则其电势也相应地增加一倍,但 Q/V 却是一个常量。上述结果虽然是对球形孤立导体而言的,但对任意形状的孤立导体也是如此。于是,我们把孤立导体所带的电荷 Q 与其电势 V 的比值叫做孤立导体的电容,电容的符号为 C,有

$$C=\frac{Q}{V} \tag{6.10}$$

由于孤立导体的电势总是正比于电荷,所以它们的比值既不依赖于 V,也不依赖于 Q,仅与导体的形状和尺寸有关。对于在真空中孤立球形导体来说,其电容为

$$C=\frac{Q}{V}=\frac{Q}{\dfrac{1}{4\pi\varepsilon_0}\dfrac{Q}{R}}=4\pi\varepsilon_0 R$$

由上式可以看出,真空中球形孤立导体的电容正比于球的半径。

电容是表述导体电学性质的物理量,它与导体是否带电无关,就像导体的电阻与导体是否通有电流无关一样。

在国际单位制中,电容的单位为法拉,符号为 F。在实际应用中,法拉太大,常用微法(μF)、皮法(pF)等作为电容的单位,它们之间的关系为

$$1\ \text{F}=10^6\ \mu\text{F}=10^{12}\ \text{pF}$$

[**例** 6.2]求一个电容为 1 F 的孤立导体球的半径。

解:设该导体所带电量为 Q,因为

$$V=\frac{1}{4\pi\varepsilon_0}\frac{Q}{R}$$

所以

$$C=4\pi\varepsilon_0 R$$

可得

$$R=\frac{C}{4\pi\varepsilon_0}=9\times10^9\ \text{m}$$

由此可见，要使一个孤立导体的电容为 1 F，则导体球的半径为 9×10^9 m，即为地球半径的 1 400 倍。所以一般来讲，孤立导体的电容是非常小的。

6.4.2　电容器

我们把两个能够带有等值而异号电荷的导体所组成的系统叫作电容器。电容器可以储存电荷，以后将看到电容器还可储存能量。如图 6.16 所示，两个导体 A、B 放在真空中，它们所带的电荷分别为 $+Q$ 和 $-Q$，如果它们的电势分别为 V_1 和 V_2，那么它们之间的电势差则为

$$U = V_1 - V_2$$

电容器的电容定义为：两导体中任何一个导体所带的电荷 Q 与两导体间电势差 U 的比值，即

$$C = \frac{Q}{U} \tag{6.11}$$

导体 A 和 B 常称为电容器的两个电极或极板。

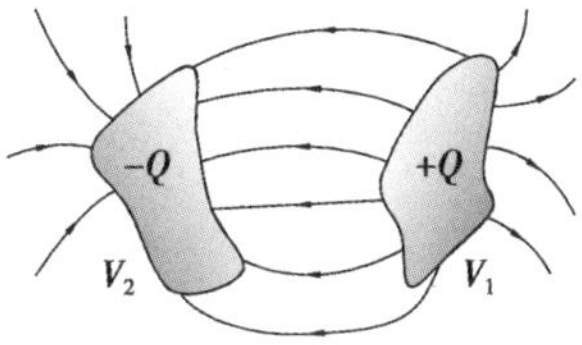

图 6.16

电容器是现代电工技术和电子技术中的重要元件，其大小、形状不一，种类繁多，有大到比人还高的巨型电容器，也有小到肉眼无法看见的微型电容器。根据不同需求，电容器的形状以及电容器内所填充的电介质也不同。除空气的相对电容率近似等于 1 外，其他电介质的相对电容率均大于 1。

显然，电容器的电容不仅依赖于电容器的形状，而且还和极板间电介质的相对电容率有关。当极板上加一定的电压时，极板间就有一定的电场强度，电压越大，电场强度也越大。当电场强度增大到某一最大值 E_b 时，电介质中分子发生电离，从而使电介质失去绝缘性，这时我们就说电介质被击穿了。电介质能承受的最大电场强度 E_b 称为电介质的击穿场强（也称介电强度），此时两极板的电压称为击穿电压 U_b。对于平行平板电容器来说，击穿场强 E_b 与击穿电压 U_b 之间的关系为

$$E_b = \frac{U_b}{d}$$

式中 d 为两极板之间的距离。电介质被击穿的因素很多，它与材料的物质结构、杂质缺陷、电极形状、电极间电压、环境条件以及电极表面状况有关。

6.4.3　几种常见的电容器

［**例** 6.3］（平行板电容器）如图 6.17 所示，平行板电容器由两个彼此靠得很近的平行极板 A、B 所组成，两极板的面积均为 S，两极板间距为 d，极板间充满相对电容率为 ε_r 的电介质。求此电容器的电容。

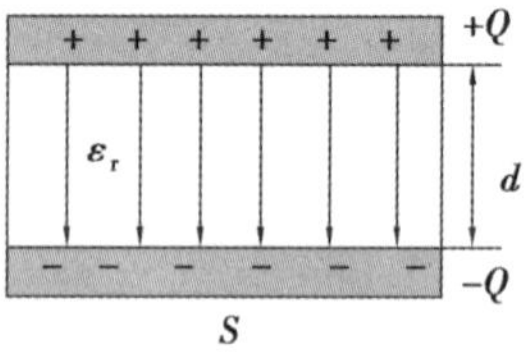

图 6.17

解:设两极板分别带有+Q 和-Q 的电荷,于是每块极板上的面电荷密度为 $\sigma=Q/S$,两极板之间的电场为均匀电场,由电介质中的高斯定理可得极板间的电位移和电场强度为

$$D=\sigma,\quad E=\frac{\sigma}{\varepsilon_0\varepsilon_r}=\frac{Q}{\varepsilon_0\varepsilon_r S}$$

应当指出,在上面的论述中,我们略去了极板的边缘效应,即把两极板边缘附近的电场仍近似视为均匀电场。这种近似处理的方法是可行的,因为实用的电容器极板间的距离 d 比起极板的线度要小得多,边缘附近不均匀电场所导致的误差完全可以略去。于是极板间的电势差为

$$U=\int_{AB}\boldsymbol{E}\cdot \mathrm{d}\boldsymbol{l}=Ed=\frac{Qd}{\varepsilon_0\varepsilon_r S}$$

由电容器电容的定义式(6.11),可得平行板电容器的电容为

$$C=\frac{Q}{U}=\frac{\varepsilon_0\varepsilon_r S}{d}$$

从上式可见,平行板电容器的电容与极板的面积成正比,与极板间的距离成反比。电容 C 的大小与电容器是否带电无关,只与电容器本身的结构形状有关。

[**例** 6.4](球形电容器)球形电容器是由半径分别为 R_1 和 R_2 的两个同心金属球壳所组成(图 6.18),设内球壳带正电(+Q),外球壳带负电(-Q),内、外球壳之间的电势差为 U。求此电容器的电容。

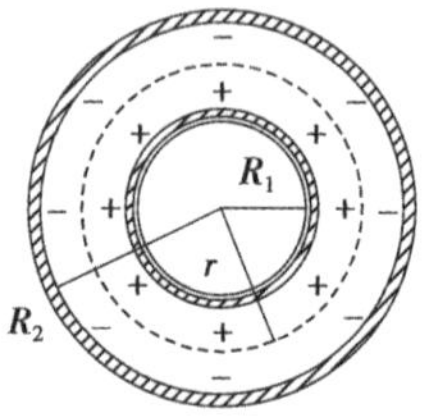

图 6.18

解:由高斯定理可求得两球壳之间点 P 的电场强度为

$$\boldsymbol{E}=\frac{Q}{4\pi\varepsilon_0 r^2}\boldsymbol{e}_r,\quad R_1<r<R_2$$

所以,两球壳之间的电势差为

$$U=\int_l \boldsymbol{E}\cdot \mathrm{d}\boldsymbol{l}=\frac{Q}{4\pi\varepsilon_0}\int_{R_1}^{R_2}\frac{\mathrm{d}r}{r^2}=\frac{Q}{4\pi\varepsilon_0}\left(\frac{1}{R_1}-\frac{1}{R_2}\right)$$

于是,由电容器电容的定义式(6.11),可求得球形电容器的电容为

$$C=\frac{Q}{U}=4\pi\varepsilon_0\left(\frac{R_1R_2}{R_2-R_1}\right)$$

顺便指出,如 $R_2 \to \infty$,有

$$C = 4\pi\varepsilon_0 R_1$$

此即前述孤立球形导体的电容。

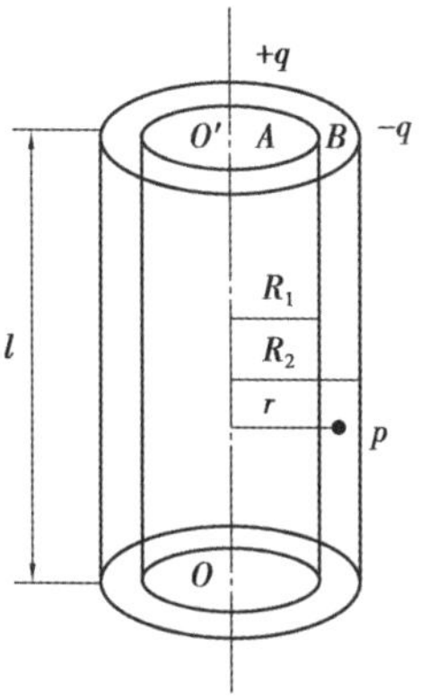

图 6.19

[例 6.5](圆柱形电容器)如图 6.19 所示,圆柱形电容器由半径分别为 R_1 和 R_2 的两同轴圆柱导体面所构成,且圆柱体的长度 l 比半径 R_2 大得多。两圆柱面之间充满相对电容率为 ε_r 的电介质,求此圆柱形电容器的电容。

解:因为 $l \gg R_2$,所以可把两圆柱面间的电场看成无限长圆柱面的电场。设内、外圆柱面各带有 $+Q$ 和 $-Q$ 的电荷,则单位长度上的电荷 $\lambda = Q/l$。由高斯定理得,两圆柱面之间距圆柱的轴线为 r 处的电场强度 $\boldsymbol{E}$ 的大小为

$$E = \frac{\lambda}{2\pi\varepsilon_0\varepsilon_r r} = \frac{Q}{2\pi\varepsilon_0\varepsilon_r l}\frac{1}{r}$$

电场强度方向垂直于圆柱轴线。于是,两圆柱面间的电势差为

$$U = \int_l \boldsymbol{E}\cdot \mathrm{d}\boldsymbol{l} = \int_{R_1}^{R_2} \frac{Q}{2\pi\varepsilon_0\varepsilon_r l}\frac{\mathrm{d}r}{r} = \frac{Q}{2\pi\varepsilon_0\varepsilon_r l}\ln\frac{R_2}{R_1}$$

根据式(6.11),即得圆柱形电容器的电容为

$$C = \frac{Q}{U} = \frac{2\pi\varepsilon_0\varepsilon_r l}{\ln\dfrac{R_2}{R_1}}$$

可见,圆柱越长,电容 C 越大;两圆柱面间的间隙越小,电容 C 也越大。如果以 d 表示两圆柱体面间的间隙,有 $d+R_1=R_2$。当 $d \ll R_1$ 时,有 $\ln\dfrac{R_2}{R_1}=\ln\dfrac{R_1+d}{R_1}\approx\dfrac{d}{R_1}$。

于是上式可写成

$$C \approx \frac{2\pi\varepsilon_0\varepsilon_r l R_1}{d}$$

式中 $2\pi R_1 l$ 为圆柱体的侧面积 S,上式又可写成

$$C = \frac{\varepsilon_0\varepsilon_r S}{d}$$

此即例 6.3 的平行板电容器的电容。可见,当两圆柱面之间的间隙远小于圆柱面半径,即 $d \ll R_1$ 时,圆柱形电容器可当作平行板电容器。

[例 6.6]设有两根半径都为 R 的平行长直导线,它们中心之间相距为 d,且 $d \gg R$。求单位长度的电容。

解:如图 6.20 所示,设导线 A,B 间的电势差为 U,它们的线电荷密度分别为 $+\lambda$ 和 $-\lambda$。由高斯定理可知,两导线中心 OO' 连线上,距 O 为 x 处点 P 的电场强度 $\boldsymbol{E}$ 的大小为

$$E = \frac{1}{2\pi\varepsilon_0}\left(\frac{\lambda}{x} + \frac{\lambda}{d-x}\right)$$

$\boldsymbol{E}$ 的方向沿 x 轴正向。两导线之间的电势差为

$$U = \int_l \boldsymbol{E}\cdot \mathrm{d}\boldsymbol{l} = \int_R^{d-R} E\mathrm{d}x$$

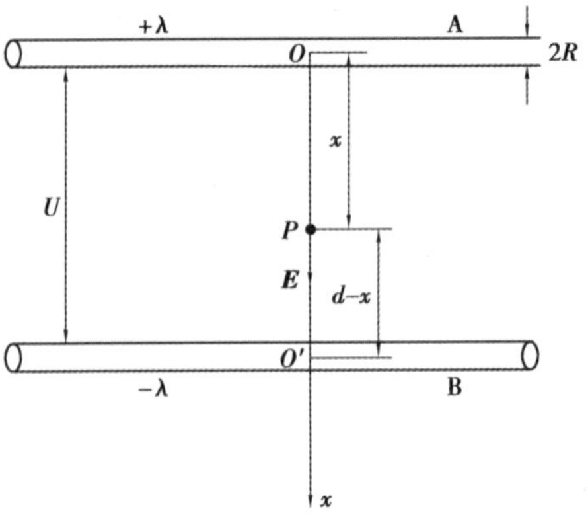

图 6.20

$$= \frac{\lambda}{2\pi\varepsilon_0}\int_R^{d-R}\left(\frac{1}{x} + \frac{1}{d-x}\right)\mathrm{d}x$$

上式积分后为

$$U = \frac{\lambda}{\pi\varepsilon_0}\ln\frac{d-R}{R}$$

考虑到 $d \gg R$,上式近似为

$$U \approx \frac{\lambda}{\pi\varepsilon_0}\ln\frac{d}{R}$$

于是,两长直导线单位长度的电容为

$$C' = \frac{\lambda}{U} = \frac{\pi\varepsilon_0}{\ln\frac{d}{R}}$$

6.4.4 电容器的并联和串联

在实际的电路设计和使用中,常需要把一些电容器组合起来才便于使用。电容器最基本的组合方式是并联和串联。下面讨论电容器并联或串联的等效电容的计算方法。

1)电容器的并联

如图 6.21 所示,将两个电容器 C_1,C_2 的极板一一对应地连接起来,这种连接叫作并联。将它们接在电压为 U 的电路上,则 C_1,C_2 上的电荷分别为 Q_1,Q_2。根据式(6.11)有

$$Q_1 = C_1U, \quad Q_2 = C_2U$$

两电容器上总电荷 Q 为

$$Q = Q_1 + Q_2 = (C_1 + C_2)U$$

若用一个电容器来等效地代替这两个电容器,使它在电压为 U 时,所带电荷也为 Q,那么这个等效电容器的电容 C 为

$$C = \frac{Q}{U}$$

把它与前式相比较可得

$$C = C_1 + C_2 \tag{6.12}$$

这说明,当几个电容器并联时,其等效电容等于这几个电容器电容之和。

可见,并联电容器组的等效电容较电容器组中任何一个电容器的电容都要大,但各电容器上的电压却是相等的。

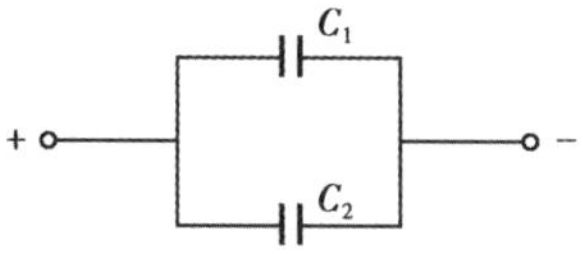

图 6.21

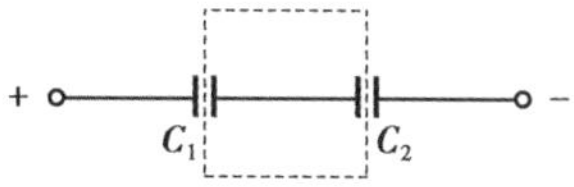

图 6.22

2)电容器的串联

如图 6.22 所示,有两个电容器的极板首尾相连接,这种连接叫作串联。设加在串联电容器组上的电压为 U,则两端的极板分别带有 $+Q$ 和 $-Q$ 的电荷。静电感应使虚线框内的两块极板所带的电荷分别为 $-Q$ 和 $+Q$。这就是说,串联电容器组中每个电容器极板上所带的电荷是相等的。根据式(6.11)可得每个电容器的电压为

$$U_1 = \frac{Q}{C_1}, \quad U_2 = \frac{Q}{C_2}$$

而总电压 U 则为各电容器上的电压 U_1,U_2 之和,即

$$U = U_1 + U_2 = \left(\frac{1}{C_1} + \frac{1}{C_2}\right) Q$$

如果用一个电容为 C 的电容器来等效地代替串联电容器组,使它两端的电压为 U 时,它所带的电荷也为 Q,则有

$$U = \frac{Q}{C}$$

把它与前式相比较,可得

$$\frac{1}{C} = \frac{1}{C_1} + \frac{1}{C_2} \tag{6.13}$$

这说明,串联电容器组等效电容的倒数等于电容器组中各电容倒数之和。

容易看出,串联电容器组的等效电容比电容器组中任何一个电容器的电容都小,但每一电容器上的电压却小于总电压。

6.5　静电场的能量　能量密度

一个电中性的物体,周围没有电场,当把电中性物体的正、负电荷分开时,外力做了功,这时该物体周围建立了电场。所以,通过外力做功可以把其他形式能量转变为电能,贮藏在电场中。

6.5.1　带电电容器的能量

如图 6.23 所示,有一电容为 C 的平行板电容器正处于充电过程中,设某时刻两极板之间的电势差为 U,此时若继续把 $+\mathrm{d}q$ 电荷从带负电的极板移到带正电的极板时,外力因克服静电场力而需做的功为

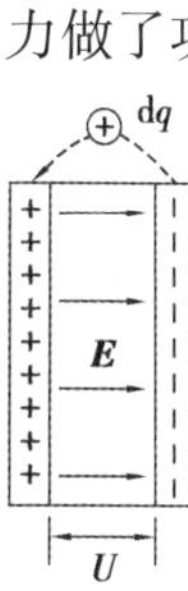

图 6.23

$$dW = U dq = \frac{1}{C} q dq$$

当电容器两极板的电势差为 U,极板上分别带有 $\pm Q$ 的电荷,则外力做的总功为

$$W = \frac{1}{C}\int_0^Q q dq = \frac{Q^2}{2C} = \frac{1}{2}QU = \frac{1}{2}CU^2 \tag{6.14a}$$

根据广义的功能原理,这个功将使电容器的能量增加,也就是电容器贮存了电能 W_e。于是,有

$$W_e = \frac{1}{2}\frac{Q^2}{C} = \frac{1}{2}CU^2 = \frac{1}{2}QU \tag{6.14b}$$

从上述讨论可见,在电容器的带电过程中,外力通过克服静电场力做功,把非静电能转化为电容器的电能了。

6.5.2 静电场的能量 能量密度

对于极板面积为 S,间距为 d 的平行板电容器,若不计边缘效应,则电场所占有的空间体积为 Sd,于是此电容器贮存的能量也可写成

$$W_e = \frac{1}{2}CU^2 = \frac{1}{2}\frac{\varepsilon S}{d}(Ed)^2 = \frac{1}{2}\varepsilon E^2 Sd \tag{6.15}$$

仔细看来,式(6.14)和式(6.15)的物理意义是不同的。式(6.14)表明,电容器之所以贮存有能量,是因为在外力作用下将电荷 Q 从一个极板移至另一极板,因此电容器能量的携带者是电荷。而式(6.15)却表明,在外力做功的情况下,原来没有电场的电容器两极板间建立了有确定电场强度的静电场,因此电容器能量的携带者应当是电场。我们知道,静电场总是伴随着静止电荷而产生,两者形影不离,所以在静电学范围内,上述两种观点是等效的,没有区别。但对于变化的电磁场来说,情况就不同了。我们知道电磁波是变化的电场和磁场在空间的传播。电磁波不仅含有电场能量 W_e,而且含有磁场能量 W_m。理论和实验都已确认,在电磁波的传播过程中,并没有电荷伴随着传播,所以不能说电磁波能量的携带者是电荷,而只能说电磁波能量的携带者是电场和磁场。因此如果某一空间具有电场,那么该空间就具有电场能量。基于上述理由,我们说式(6.15)比式(6.14)更具有普遍的意义。

单位体积电场内所具有的电场能量

$$w_e = \frac{1}{2}\varepsilon E^2 \tag{6.16}$$

叫作电场的能量密度,式(6.16)表明,电场的能量密度与电场强度的二次方成正比。电场强度越大的区域,电场的能量密度也越大,式(6.16)虽然是从平行板电容器这个特例中求得的,但可以证明,对于任意电场,这个结论也是正确的。

我们知道,物质与运动是不可分的,凡是物质都在运动,都具有能量。电场具有能量,表明电场的确是一种物质。

[**例** 6.7]有一个均匀带电荷为 Q 的球体,半径为 R,试求电场能量。

解:由高斯定理知,场强为

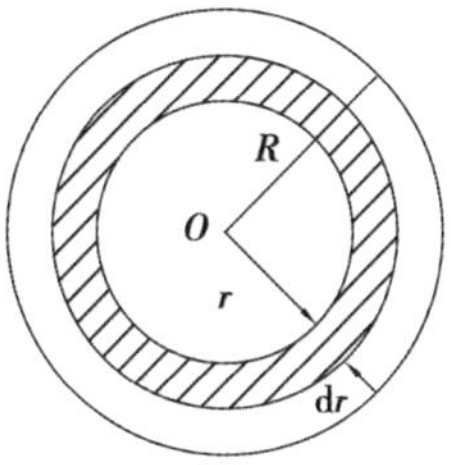

图 6.24

$$E = \begin{cases} \dfrac{Q}{4\pi\varepsilon_0 R^3}r, & r < R \\ \dfrac{Q}{4\pi\varepsilon_0 r^2}, & r > R \end{cases}$$

在半径为 r,厚为 $\mathrm{d}r$ 的球壳内,能量为

$$\mathrm{d}W_e = w_e \mathrm{d}V = w_e 4\pi r^2 \mathrm{d}r$$

$$= \frac{1}{2}\varepsilon_0 E^2 \cdot 4\pi r^2 \mathrm{d}r = 2\pi\varepsilon_0 E^2 r^2 \mathrm{d}r$$

所求能量为

$$W_e = \int_V w_e \mathrm{d}V = \int_0^R 2\pi\varepsilon_0 \left[\frac{Q}{4\pi\varepsilon_0 R^3}r\right]^2 r^2 \mathrm{d}r + \int_R^\infty 2\pi\varepsilon_0 \left[\frac{Q}{4\pi\varepsilon_0 r^2}\right] r^2 \mathrm{d}r$$

$$= \frac{Q^2}{8\pi\varepsilon_0 R^6}\int_0^R r^4 \mathrm{d}r + \frac{Q^2}{8\pi\varepsilon_0}\int_R^\infty \frac{1}{r^2}\mathrm{d}r = \frac{1}{4\pi\varepsilon_0}\left(\frac{3Q^2}{5R}\right)$$

在半径为 r,厚为 $\mathrm{d}r$ 的球壳外,能量为

$$\mathrm{d}W_e = w_e \mathrm{d}V = w_e 4\pi r^2 \mathrm{d}r$$

$$= \frac{1}{2}\varepsilon_0 E^2 \cdot 4\pi r^2 \mathrm{d}r = 2\pi\varepsilon_0 E^2 r^2 \mathrm{d}r$$

所求能量为

$$W_e = \int_V w_e \mathrm{d}V = \int_R^\infty 2\pi\varepsilon_0 \left[\frac{Q}{4\pi\varepsilon_0 r^2}\right]^2 r^2 \mathrm{d}r$$

$$= \frac{Q^2}{8\pi\varepsilon_0}\int_R^\infty \frac{1}{r^2}\mathrm{d}r = \frac{Q^2}{8\pi\varepsilon_0 R}$$

第 6 章习题

6.1　将一个带正电的带电体 A 从远处移到一个不带电的导体 B 附近,则导体 B 的电势将(　　)。

A. 升高　　　　B. 降低　　　　C. 不会发生变化　　　　D. 无法确定

6.2　将一带负电的物体 M 靠近一不带电的导体 N,在 N 的左端感应出正电荷,右端感应出负电荷。若将导体 N 的左端接地(如题 6.2 图所示),则(　　)。

A. N 上的负电荷入地　　　　B. N 上的正电荷入地

C. N 上的所有电荷入地　　　　D. N 上所有的感应电荷入地

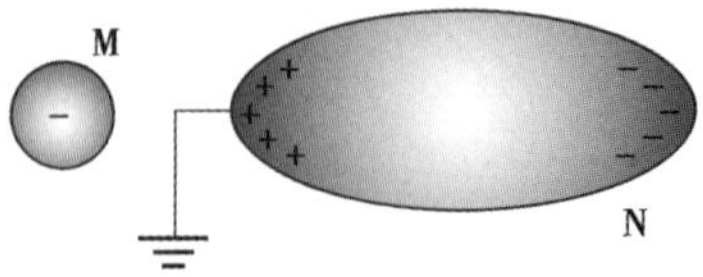

题 6. 2 图

6. 3　如题 6. 3 图所示将一个电量为 q 的点电荷放在一个半径为 R 的不带电的导体球附近，点电荷距导体球球心为 d。设无穷远处为零电势，则在导体球球心 O 点有(　　)。

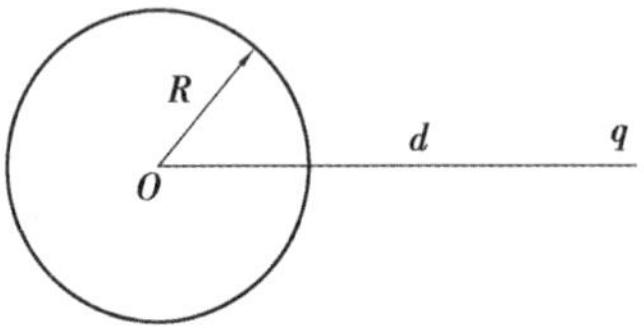

题 6. 3 图

A. $E=0, V=\frac{q}{4\pi\varepsilon_0 d}$　　　　B. $E=\frac{q}{4\pi\varepsilon_0 d^2}, V=\frac{q}{4\pi\varepsilon_0 d}$

C. $E=0, V=0$　　　　D. $E=\frac{q}{4\pi\varepsilon_0 d^2}, V=\frac{q}{4\pi\varepsilon_0 R}$

6. 4　根据电介质中的高斯定理，在电介质中电位移矢量沿任意一个闭合曲面的积分等于这个曲面所包围自由电荷的代数和。下列推论正确的是(　　)。

A. 若电位移矢量沿任意一个闭合曲面的积分等于零，曲面内一定没有自由电荷

B. 若电位移矢量沿任意一个闭合曲面的积分等于零，曲面内电荷的代数和一定等于零

C. 若电位移矢量沿任意一个闭合曲面的积分不等于零，曲面内一定有极化电荷

D. 介质中的高斯定理表明电位移矢量仅仅与自由电荷的分布有关

E. 介质中的电位移矢量与自由电荷和极化电荷的分布有关

6. 5　对于各向同性的均匀电介质，下列概念正确的是(　　)。

A. 电介质充满整个电场并且自由电荷的分布不发生变化时，电介质中的电场强度一定等于没有电介质时该点电场强度的 $1/\varepsilon_r$ 倍

B. 电介质中的电场强度一定等于没有介质时该点电场强度的 $1/\varepsilon_r$ 倍

C. 在电介质充满整个电场时，电介质中的电场强度一定等于没有电介质时该点电场强度的 $1/\varepsilon_r$ 倍

D. 电介质中的电场强度一定等于没有介质时该点电场强度的 ε_r 倍

6. 6　在一个绝缘的导体球壳的中心放一点电荷 q，问：

(1) 球壳内、外表面上各带多少电荷？内、外表面上的电荷分布是否均匀？

(2) 如果点电荷 q 放在偏离球心处，内、外表面上的电荷又为多少？分布又是否均匀？

(3) 如果将球壳接地，第(2)问中的情况又如何？

6. 7　两导体球 A、B 相距很远(因此可以把它们看成孤立的，其中 A 原来带电 Q，B 不带电)。现用一根细长导线将两球连接，两球所带电荷如何分布？

6.8　电位移矢量 $\boldsymbol{D}$ 与电场强度 $\boldsymbol{E}$ 有什么不同？两者能否比较大小？

6.9　将一个带电导体球接地后，其上是否还有电荷？

6.10　金属球A置于它同心的封闭金属球壳M内，A及M的电量分别为 q_A 和 q_M，A的半径为 R_A，M的内外半径分别为 R_1 和 R_2。

(1)求A表面及M内、外表面的面电荷密度 $\sigma_A,\sigma_1,\sigma_2$。

(2)若A有一位移(但不与M接触)，那么 $\sigma_A,\sigma_1,\sigma_2$ 是否改变？

(3)若A与M接触，情况又如何？

6.11　由公式 $\oint \boldsymbol{D}\mathrm{d}s = \sum q_0$，能否说 $\boldsymbol{D}$ 只与自由电荷 q_0 有关，而与束缚电荷无关？

6.12　两平行且面积相等的导体板的面积比两板间的距离平方大得多，即 $s \gg d^2$，两板带电量分别为 q_A 和 q_B。试求静电平衡时两板各表面上电荷的面密度。

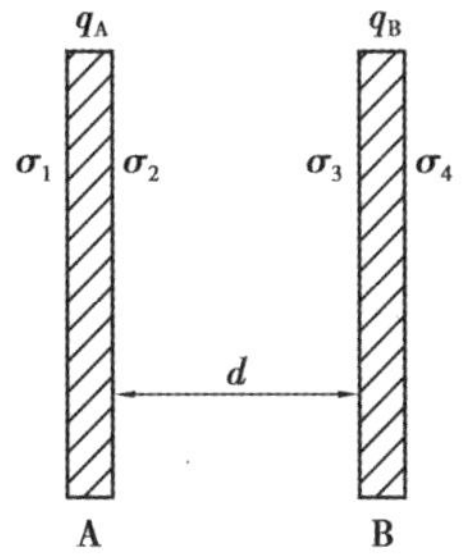

题6.12图

6.13　有一空气平行板电容器，极板间距为 d，电容为 C，若在两板中间平行地插入一块厚度为 $\dfrac{d}{3}$ 的金属板，试证明其电容值变为 $\dfrac{3C}{2}$。

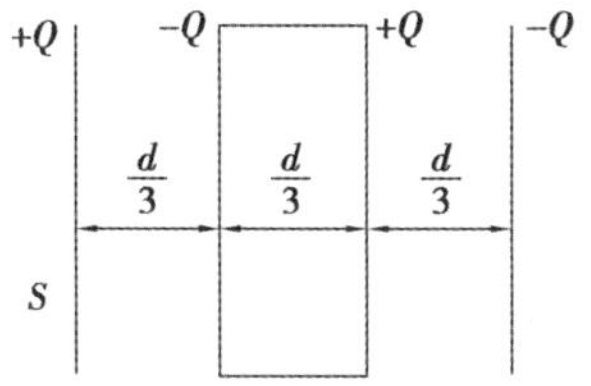

题6.13图

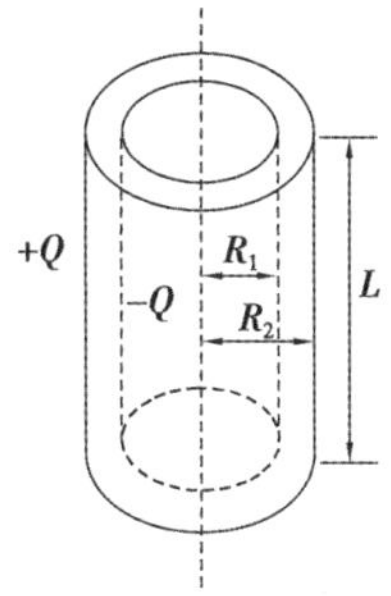

题6.14图

6.14　圆柱形电容器的两圆柱面的半径分别为 R_1 和 $R_2(R_2>R_1)$，且圆柱面的长 L 比 R_1 和 R_2 大得多，试证明圆柱形电容器的电容为

$$C = \frac{2\pi\varepsilon_0 L}{\ln\dfrac{R_2}{R_1}}$$

6.15　半径为 R 的导体球，带有电荷 Q，球外有一均匀电介质的同心球壳，球壳的内外半径分别为 a 和 b，电介质的相对介电常数为 ε_r。求介质内外的电场强度 $\boldsymbol{E}$ 和电位移矢量 $\boldsymbol{D}$。

6.16　在题6.15中求离球心 O 为 r 处的电位 V。

6.17　一片二氧化钛晶片,其面积为 $1.0\ cm^2$,厚度为 0.10 mm。把平行板电容器的两极板紧贴在晶片两侧。(1)求电容器的电容;(2)当在电容器的两极间加上 12 V 电压时,极板上的电荷为多少?此时自由电荷和极化电荷的面密度各为多少?(3)求电容器内的电场强度。(二氧化钛的相对电容率 $\varepsilon_r=173$)

6.18　如题 6.18 图所示,半径 $R=0.10$ m 的导体球带有电荷 $Q=1.0\times10^{-8}$ C,导体外有两层均匀介质,一层介质的 $\varepsilon_r=5.0$,厚度 $d=0.10$ m,另一层介质为空气,充满其余空间。求:(1)离球心为 $r=5$ cm,15 cm,25 cm 处的 $\boldsymbol{D}$ 和 $\boldsymbol{E}$;(2)离球心为 $r=5$ cm,15 cm,25 cm 处的 V;(3)极化电荷面密度 σ'。

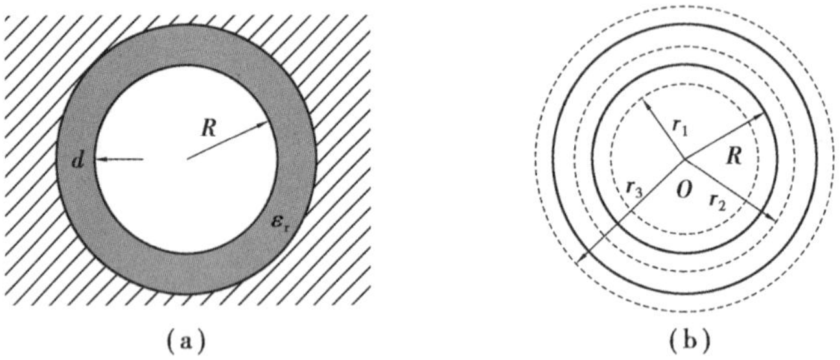

题 6.18 图

6.19　人体的某些细胞壁两侧带有等量的异号电荷。设某细胞壁厚为 5.2×10^{-9} m,两表面所带面电荷密度为 $\pm5.2\times10^{-3}\ C/m^2$,内表面为正电荷。如果细胞壁物质的相对电容率为 6.0,求:(1)细胞壁内的电场强度;(2)细胞壁两表面间的电势差。

6.20　一平行板电容器,充电后极板上面电荷密度为 $\sigma_0=4.5\times10^{-5}\ C/m^2$。现将两极板与电源断开,然后再把相对电容率为 $\varepsilon_r=2.0$ 的电介质插入两极板之间。此时电介质中的 $\boldsymbol{D}$,$\boldsymbol{E}$ 和 $\boldsymbol{P}$ 各为多少?

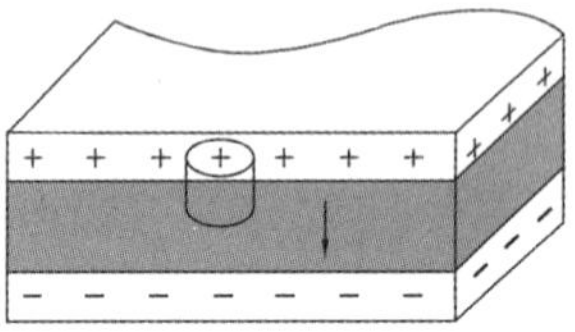

题 6.20 图

6.21　在一半径为 R_1 的长直导线外,套有氯丁橡胶绝缘护套,护套外半径为 R_2,相对电容率为 ε_r。设沿轴线单位长度上,导线的电荷密度为 λ。试求介质层内的 $\boldsymbol{D}$,$\boldsymbol{E}$ 和 $\boldsymbol{P}$。

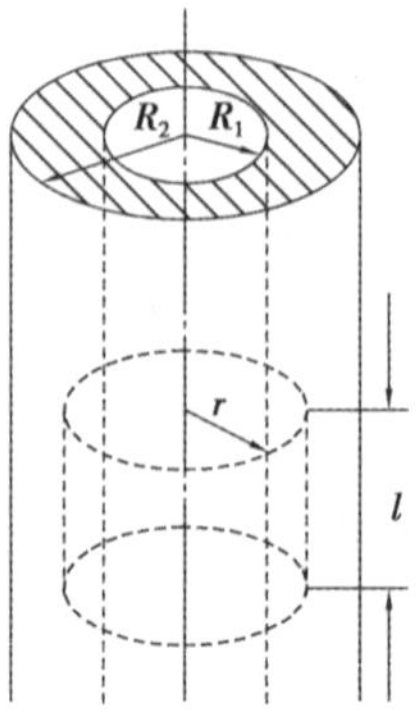

题 6.21 图

6.22　有一空气电容器充电后和电源断开,然后注入变压器油,(1)此时电容器中电场能量为空气时的电场能量的多少倍?(2)如果注入变压器油时,电容器一直与电源相连,此时电容器中的电能又为空气时的多少倍?(设变压器的相对介电常数为 ε_r)

6.23　两个同轴的圆柱面,长度均为 L,半径分别为 a 和 b。两圆柱面之间充有介电常数为 ε 的均匀电介质。当这两个圆柱面带有等量异号电荷 $+Q$ 和 $-Q$ 时,求:(1)在半径为 $r(a<r<b)$,厚度为 dr,长度为 L 的圆柱薄壳中任一点处,电场能量密度是多少?在整个薄壳中的总能量是多少?(2)电介质中的总能量是多少?(3)该电容器的电容为多少?

6.24　在半径为 a 的长直导线的外面,套有内半径为 b 的同轴圆筒,它们之间充以相对介电常数为 ε_r 的电介质。设沿轴线单位长度上,导线的电荷密度为 λ,圆筒的电荷密度为 $-\lambda$,试求介质中的 $\boldsymbol{D}$,$\boldsymbol{E}$ 和 $\boldsymbol{P}$ 的大小及方向。

第7章 稳恒磁场

7.1 电流和它的效应 电动势

上一章主要介绍了静止电荷产生的静电场的基本性质与基本规律。如果电荷相对于观察者运动,那么观察者测得在它周围空间中不仅存在电场,也存在磁场。两运动电荷间的相互作用不仅有电场力还有磁力,电场力通过电场来传递,而磁力则通过磁场来传递。运动电荷、传导电流和变化的电场都是产生磁场的源。本章主要研究稳恒电流产生的磁场,它不随时间变化,称为稳恒磁场,主要内容有稳恒磁场的产生、磁场的基本规律和磁场与介质的相互作用。

磁感应强度是描述磁场性质的基本物理量。磁场中的高斯定理和安培环路定理是反映磁场性质的基本规律。对于具有一定对称性的磁场分布,其磁感应强度可以利用毕奥-萨伐尔定律来求解,亦可采用安培环路定理来求解。其中所涉及的对称性分析方法类似于利用电场中的高斯定理求解具有对称性的电场分布。电荷在磁场中运动受到洛伦兹力作用,载流导线在磁场中受到安培力和力矩作用,这些理论与规律在许多领域均得到广泛应用。另外,在磁场的作用下,磁介质发生磁化。磁化的磁介质又反过来影响磁场的分布。本章还将讨论磁场和介质的相互作用规律并特别介绍实用价值很大的铁磁质的特性。

7.1.1 电流及其产生条件

虽然金属导体中的自由电子总是在不停地做无规则热运动,但它们沿任意方向运动的概率是相等的,所以,导体在静电平衡时,其内部的电场强度 $\boldsymbol{E}=0$,这时导体内没有电荷做定向运动,因而导体内不能形成电流。然而,如在导体两端加上电势差(即电压)后,就可使导体内出现电场,这样导体内的自由电子除做热运动外,还要在电场力作用下做宏观的定向运动,从而形成了电流。

7.1.2 电动势

不难设想,若在导体两端维持恒定的电势差,那么导体中就会有恒定的电流流过。怎样才能维持恒定的电势差呢? 在如图 7.1(a)所示的导电回路中,如开始时极板 A 和 B 分别带有正、负电荷,A、B 之间有电势差,这时在导线中有电场。在电场力作用下,正电荷从极板 A 通过导线移到极板 B,并与极板 B 上的负电荷中和,直至两极板间的电势差消失。

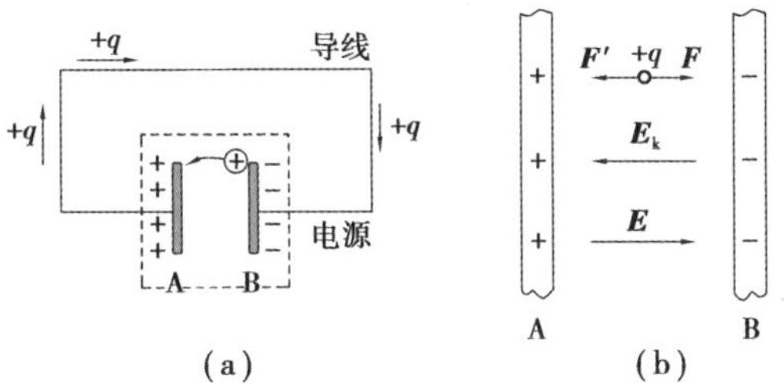

图 7.1

但是,如果我们能把正电荷从负极板 B 沿着两极板间另一路径,移至正极板 A 上,并使两极板维持正、负电荷不变,这样两极板间就有恒定的电势差,导线中也就有恒定的电流通过。显然,要把正电荷从极板 B 移至极板 A 必须有非静电力 $\boldsymbol{F}'$ 作用才行。这种能提供非静电力的装置称为电源。在电源内部,依靠非静电力 $\boldsymbol{F}'$ 克服静电力 $\boldsymbol{F}$ 对正电荷做功,方能使正电荷从极板 B 经电源内部输送到极板 A 上去[图 7.1(b)]。可见,电源中非静电力 $\boldsymbol{F}'$ 的做功过程,就是把其他形式的能量转化为电能的过程。

为了表述不同电源转化能量的能力,人们引入了电动势这一物理量。我们定义单位正电荷绕闭合回路一周时,非静电力所做的功为电源的电动势。如以 $\boldsymbol{E}_k$ 表示非静电电场强度,W 为非静电力所做的功,ξ 表示电源电动势,那么由上述电动势的定义,有

$$\xi = \frac{W}{q} = \oint \boldsymbol{E}_k \cdot d\boldsymbol{l} \tag{7.1}$$

考虑到在如图 7.1(a)的闭合回路中,外电路的导线中只存在静电场,没有非静电场;非静电场的电场强度 $\boldsymbol{E}_k$ 只存在于电源内部,故在外电路上有

$$\int_{外} \boldsymbol{E}_k \cdot d\boldsymbol{l} = 0$$

这样,式(7.1)可改写为

$$\xi = \oint_l \boldsymbol{E}_k \cdot d\boldsymbol{l} = \int_{内} \boldsymbol{E}_k \cdot d\boldsymbol{l} \tag{7.2}$$

式(7.2)表示电源电动势的大小等于把单位正电荷从负极经电源内部移至正极时非静电力所做的功。

电动势虽不是矢量,但为了便于判断在电流流通时非静电力是做正功还是做负功,通常把电源内部电势升高的方向,即从负极经电源内部到正极的方向,规定为电动势的方向。电动势的单位和电势的单位相同,电源电动势的大小只取决于电源本身的性质。一定的电源具有一定的电动势,而与外电路无关。

7.1.3　电流的各种效应

电流的三大效应是热效应、磁效应和化学效应。

1)电流的热效应

当电流通过电阻时,电流做功而消耗电能,产生热量,这种现象叫作电流的热效应。例如,电流通过灯泡内的钨丝,钨丝会发热,温度高达 2 500 ℃,呈白炽状态而发光。产生电流热效应的原因是自由电子在导体中定向运动时,不断与导体中的电子发生碰撞,使导体的内能增加,从而发热。电流的热效应广泛应用于电热器上,如电炉、电饭锅、电水壶等。

2)电流的磁效应

电流通过导体时,导体周围产生磁场的现象叫作电流的磁效应。例如,电流通过螺线管时,周围出现的磁场与条形磁铁周围的磁场分布相似。产生电流磁效应的原因是电子在磁场中运动时受到洛伦兹力的作用,从而产生磁场。电流的磁效应的应用包括电铃、电动机、电磁扬声器等。

3)电流的化学效应

电流通过导电的液体会使液体发生化学变化,产生新的物质,这种现象叫作电流的化学效应。例如,电解、电镀就是利用了电流的化学效应。产生电流化学效应的原因是电子在液体中传递时,引起了化学反应。

7.2 电流强度 电流密度矢量

7.2.1 电流强度

电流是由大量电荷做定向运动形成的。一般来说,电荷的携带者可以是自由电子、质子、正负离子,这些带电粒子也称为载流子,由带电粒子定向运动形成的电流叫作传导电流,而带电物体做机械运动时形成的电流叫作运流电流。

在金属导体内,载流子是自由电子,它做定向移动的方向是由低电势到高电势。但在历史上,人们把正电荷从高电势向低电势移动的方向规定为电流的方向,因而电流的方向与负电荷的移动方向恰好相反。

如图 7.2 所示,在截面积为 S 的一段导体中,有正电荷从左向右运动。若在时间间隔 $\mathrm{d}t$ 内,通过截面 S 的电荷为 $\mathrm{d}q$,则在导体中的电流 I 为通过截面 S 的电荷随时间的变化率,即

$$I=\frac{\mathrm{d}q}{\mathrm{d}t} \tag{7.3}$$

如果导体中的电流不随时间而变化,这种电流叫作恒定电流。

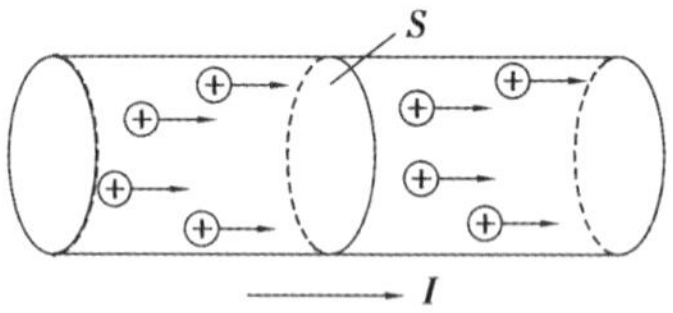

图 7.2

电流 I 的单位名称为安培,其符号为 A,1 A=1 C/s。常用的电流单位还有 mA 和 μA。

$$1\ \mu\mathrm{A}=10^{-3}\ \mathrm{mA}=10^{-6}\ \mathrm{A}$$

应当指出,电流是标量,不是矢量。虽然人们在实际应用中常说“电流的方向”,但这只是指一群“正电荷的流向”而已。

7.2.2 电流密度矢量

当电流在大块导体中流动时,导体内各处的电流分布将是不均匀的,如图 7.3 所示。图中仿照画电场线的办法用带有箭头的线段标示电流的流向,这些线段称为电流线,电流线的密度

表示电流的大小。

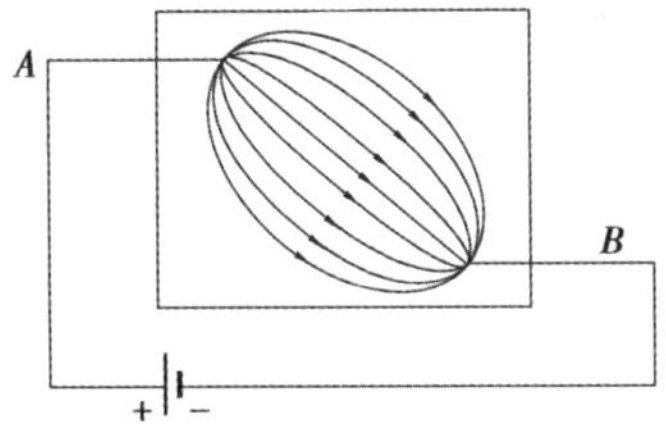

图 7.3

为了细致地描述导体内各点电流分布的情况,引入一个新的物理量——电流密度 $\boldsymbol{j}$。电流密度是矢量,电流密度的方向和大小规定如下:导体中任意一点电流密度 $\boldsymbol{j}$ 的方向为该点正电荷的运动方向;$\boldsymbol{j}$ 的大小等于在单位时间内通过该点附近垂直于正电荷运动方向的单位面积的电荷。规定

$$\boldsymbol{j} = \frac{\mathrm{d}I}{\mathrm{d}S_{\perp}}\boldsymbol{n}_0$$

式中,$\boldsymbol{n}_0$ 是与电场方向垂直的面积 $\mathrm{d}S_{\perp}$ 的法线方向单位矢量,它与电场 $\boldsymbol{E}$ 方向相同。电流密度矢量 $\boldsymbol{j}$ 的单位名称为安培每平方米,符号为 $\mathrm{A/m^2}$。上式表明电流密度矢量 $\boldsymbol{j}$ 的方向沿该点电场 $\boldsymbol{E}$ 的方向,大小等于通过与该点电场强度方向垂直的单位面积的电流[图 7.4(a)]。

如果面积元 $\mathrm{d}\boldsymbol{S}$ 的法线方向与导体内某点处 $\boldsymbol{j}$ 的方向成 θ 角,$\mathrm{d}S$ 在垂直于 $\boldsymbol{j}$ 的方向上投影面积为 $\mathrm{d}S_{\perp}$,如图 7.4(b)所示,则 $\mathrm{d}S_{\perp} = \mathrm{d}S\cos\theta$,通过 $\mathrm{d}\boldsymbol{S}$ 的电流 $\mathrm{d}I = j\cos\theta\mathrm{d}S = \boldsymbol{j}\cdot\mathrm{d}\boldsymbol{S}$。而通过导体中任一面积的电流为

$$I = \int_S j\cos\theta\mathrm{d}S = \int_S \boldsymbol{j}\cdot\mathrm{d}\boldsymbol{S} \tag{7.4}$$

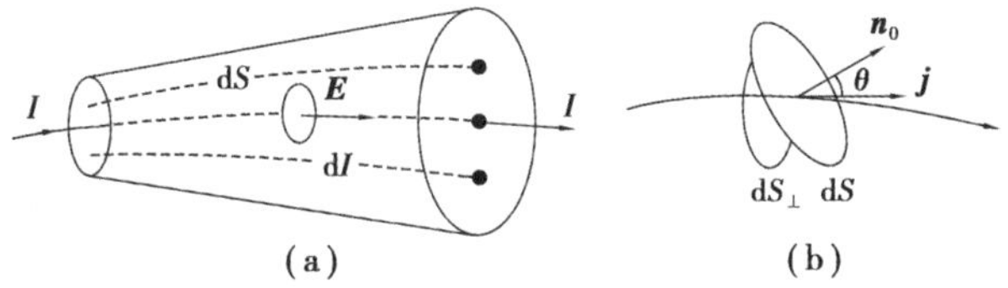

图 7.4

7.3　磁场　磁感应强度

7.3.1　基本磁现象

我国是世界上最早认识磁性和应用磁性的国家,早在战国时期,就已发现磁石吸铁的现象。11 世纪时,我国科学家沈括(北宋)创制了后来应用于航海的指南针,并发现了地磁偏角。地球的 N 极在地理南极附近,S 极在地理北极附近,天然磁铁和人造磁铁都称为永磁铁。永磁铁不存在单一的磁极,磁铁的两个磁极,不可能分割成独立存在的 N 极和 S 极。但我们知道,有独立存在的正电荷或负电荷,这是磁极和电荷的基本区别。

1820 年,丹麦物理学家奥斯特发现,放在通有电流的导线周围的磁针,会受到力的作用而

发生偏转,其转动方向与导线中电流的方向有关,这就是历史上著名的奥斯特实验,它第一次指出了磁现象与电现象之间的联系。同年,法国科学家安培发现,放在磁铁附近的载流导线及载流线圈,也会受到力的作用而发生运动,其后实验还发现,载流导线之间或载流线圈之间也有相互作用力。例如,把两个线圈面对面挂在一起,当两电流的流向相同时,两线圈相互吸引;当两电流的流向相反时,两线圈相互排斥,进一步说明了通过磁场区域时运动电荷要受到力的作用。

上述实验现象启发人们去探寻磁现象的本质,1822 年,安培提出了关于物质磁性本质的假说,他认为一切磁现象的根源是电流。载流导线之间和载流线圈之间的相互作用可以很好地说明这一点,那么为什么磁铁与电流或磁铁与磁铁之间的相互作用也是电流之间的相互作用的表现呢?这是因为,任何物质都由分子和原子组成,而组成分子的电子和质子等带电粒子的运动会形成微小的环形电流,称为分子电流。分子电流相当于一个基元磁铁。当物体不显磁性时,各分子电流无规则排列,它们对外界所产生的磁性相互抵消。在外磁场作用下,与分子电流相当的基元磁铁将趋向于沿外磁场方向取向,从而使得整个物体对外显示磁性。一个磁铁与其他磁铁或电流之间的相互作用,实际上就是这些已经排列整齐的分子电流之间或它们与电流之间的相互作用。根据安培的物质磁性假说,也很容易说明两种磁极不能单独存在的原因。因为基元磁铁的两个磁极对应于分子环形电流的正反两个面,这两个面显然是无法单独存在的。

由于电流是电荷的定向运动形成的,所以电流之间的相互作用可以说是运动电荷之间的相互作用,事实上,在所有情况下,磁现象是根源于运动电荷的,磁力是运动电荷之间相互作用的表现。电子射线束在磁场中路径发生偏转的实验,说明了通过磁场区域时运动电荷要受到力的作用,也从一定程度上证实了这一事实。

7.3.2 磁感应强度

为了说明磁力的作用,类似于电场,可以引入场的概念。产生磁力的场称为磁场,运动电荷之间的磁力,电流与电流之间、电流与磁铁之间以及磁铁与磁铁之间的相互作用则是通过磁场这种特殊物质来传递的,这种关系可以简单表述为

$$\text{运动电荷(电流或磁铁)} \leftrightarrows \text{磁场} \leftrightarrows \text{运动电荷(电流或磁铁)}$$

磁场和电场一样,是客观存在的特殊形态的物质,磁场对外的重要表现是:

①磁场对进入场中的运动电荷或载流导体有磁力的作用;

②载流导体在磁场中移动时,磁场的作用力将对载流导体做功,表明磁场具有能量。

在静电场中,我们引入电场强度矢量 $\boldsymbol{E}$ 来描述电场的强弱和方向。同样,我们引入磁感应强度矢量 $\boldsymbol{B}$ 来描述磁场的强弱和方向。

作为描述磁场性质的磁感应强度,可以通过在其周围引入一个运动电荷,并根据运动电荷所受磁力来定义。如图 7.5(a)所示,假设一运动电荷 q 以速度 $\boldsymbol{v}$ 通过电流周围的某一考察点 P。我们把这一运动电荷当作检验磁场的试验电荷。实验表明,当 q 沿不同的方向运动时,它所受到的磁力 $\boldsymbol{F}$ 的大小不同,但沿某一特定方向(或其反方向)通过 P 点,它所受到的磁力为零且不依赖于试验电荷的电量和速度的大小。不同的 P 点,这种特定方向不同,即磁场中各点都有各自的这种特定方向,说明磁场具有方向性。当 q 以不同方向通过 P 点时,它所受到的磁力方向总是与这一磁场方向和试验电荷本身的运动速度方向垂直,这样我们可以进一步具

体规定磁感应强度 $\boldsymbol{B}$ 的方向,使得 $\boldsymbol{v}\times\boldsymbol{B}$ 和 $\boldsymbol{F}$ 同向。

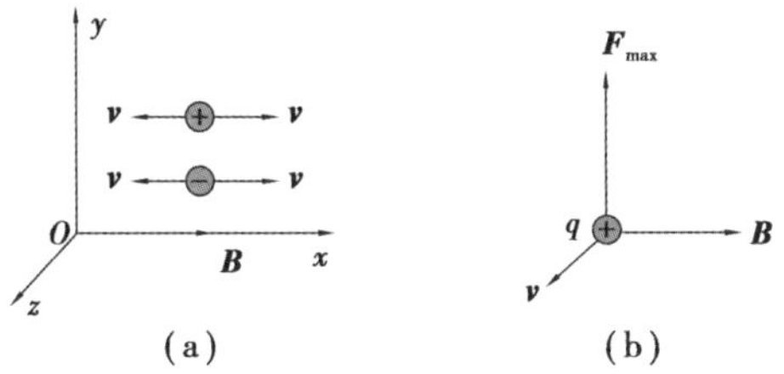

图 7.5

当试验电荷 q 的速度方向与磁场垂直时,它所受到的磁力最大,如图 7.5(b)所示,记作 $\boldsymbol{F}_{\max}$。试验指出,试验电荷所受到的最大磁力与试验电荷的电量 q 和速度大小 v 成正比,即

$$F_{\max} \propto qv$$

而且,比值$\dfrac{F_{\max}}{qv}$为一恒量,仅与试验电荷的位置有关,即只与试验电荷所在处的磁场性质有关。

显然,比值$\dfrac{F_{\max}}{qv}$的大小反映了各点处磁场的强弱,我们规定磁感应强度矢量 $\boldsymbol{B}$ 的大小为

$$B = \frac{F_{\max}}{qv} \tag{7.5a}$$

由上述讨论可以知道,磁场力 $\boldsymbol{F}$ 既与运动电荷的速度 $\boldsymbol{v}$ 垂直,又与磁感应强度 $\boldsymbol{B}$ 相垂直,且相互构成右手螺旋关系,故它们间的矢量关系式可写成

$$\boldsymbol{F} = q\boldsymbol{v} \times \boldsymbol{B} \tag{7.5b}$$

综上所述,磁场中磁感应强度的方向与该点运动电荷所受磁力为零时的速度方向相同,这个方向与将小磁针置于此处时小磁针的指向是一致的;磁感应强度的大小等于具有单位正电荷以单位速度运动时所受到的最大磁力。

在国际单位制(SI)中,磁感应强度 $\boldsymbol{B}$ 的单位名称为特斯拉,简称特,符号为 T。工程上还常用高斯作为磁感应强度的单位,1 T = 10^4 Gs(高斯)。地磁场的磁感应强度约为 10^{-1} Gs,一般永久磁铁的磁场的磁感应强度约为 10^4 Gs,实验室里电磁铁产生的磁场的磁感应强度约为 10^5 Gs。

7.4　毕奥-萨伐尔定律

本节将介绍恒定电流激发磁场的规律。恒定电流的磁场也称为静磁场或恒定磁场。在静磁场中,任意一点的磁感应强度 $\boldsymbol{B}$ 仅是空间坐标的函数,而与时间无关。

7.4.1　毕奥-萨伐尔定律介绍

在静电场中计算任意带电体在某点的电场强度 $\boldsymbol{E}$ 时,我们曾把带电体先分成无限多个电荷元 $\mathrm{d}q$,求出每个电荷元在该点的电场强度 $\mathrm{d}\boldsymbol{E}$,而所有电荷元在该点的 $\mathrm{d}\boldsymbol{E}$ 的叠加,即为此带电体在该点的电场强度 $\boldsymbol{E}$。现在对于载流导线来说,可以仿照此思路,把流过某一线元矢量 $\mathrm{d}\boldsymbol{l}$ 的电流 I 与 $\mathrm{d}\boldsymbol{l}$ 的乘积 $I\mathrm{d}\boldsymbol{l}$ 称为电流元,而且把电流元中电流的流向就作为线元矢量的方向。

那么,我们就可以把一载流导线看成是由许多个电流元 $I\mathrm{d}\boldsymbol{l}$ 连接而成的。这样,载流导线在磁场中某点所激发的磁感应强度 $\boldsymbol{B}$,就是由该导线的所有电流元在该点所激发的 $\mathrm{d}\boldsymbol{B}$ 叠加。那么,电流元 $I\mathrm{d}\boldsymbol{l}$ 与它所激发的磁感应强度 $\mathrm{d}\boldsymbol{B}$ 之间的关系如何呢?

如图 7.6 所示,载流导线上有一电流元 $I\mathrm{d}\boldsymbol{l}$,在真空中某点 P 处的磁感应强度 $\mathrm{d}\boldsymbol{B}$ 的大小,与电流元的大小 $I\mathrm{d}l$ 成正比,与电流元 $I\mathrm{d}\boldsymbol{l}$ 到点 P 的位置矢量 $\boldsymbol{r}$ 间的夹角 θ 的正弦成正比,并与电流元到点 P 的距离 r 的二次方成反比,即

$$\mathrm{d}B=\frac{\mu_0}{4\pi}\frac{I\mathrm{d}l\sin\theta}{r^2} \tag{7.6a}$$

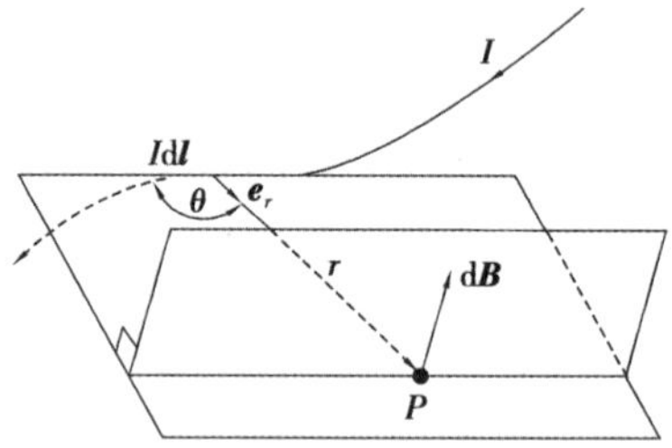

图 7.6

式中 μ_0 叫作真空磁导率,在国际单位制中,其值为 $\mu_0=4\pi\times10^{-7}$ N/A。而 $\mathrm{d}\boldsymbol{B}$ 的方向垂直于 $\mathrm{d}\boldsymbol{l}$ 和 $\boldsymbol{r}$ 所组成的平面,并沿矢积 $\mathrm{d}\boldsymbol{l}\times\boldsymbol{r}$ 的方向,即由 $\mathrm{d}\boldsymbol{l}$ 经小于 180°的角转向 $\boldsymbol{r}$ 时的右螺旋前进方向。

若用矢量式表示,则有

$$\mathrm{d}\boldsymbol{B}=\frac{\mu_0}{4\pi}\frac{I\mathrm{d}\boldsymbol{l}\times\boldsymbol{e}_r}{r^2} \tag{7.6b}$$

$\boldsymbol{e}_r$ 为沿位置矢量 $\boldsymbol{r}$ 的单位矢量。式(7.6b)就是毕奥-萨伐尔定律。

由于 $\boldsymbol{e}_r=\boldsymbol{r}/r$,故毕奥-萨伐尔定律也可写成

$$\mathrm{d}\boldsymbol{B}=\frac{\mu_0}{4\pi}\frac{I\mathrm{d}\boldsymbol{l}\times\boldsymbol{r}}{r^3} \tag{7.6c}$$

这样,任意载流导线在点 P 处的磁感应强度 $\boldsymbol{B}$ 可以由式(7.6)求得,即

$$\boldsymbol{B}=\int\mathrm{d}\boldsymbol{B}=\int\frac{\mu_0}{4\pi}\frac{I\mathrm{d}\boldsymbol{l}\times\boldsymbol{e}_r}{r^2} \tag{7.7}$$

下面应用毕奥-萨伐尔定律来讨论几种载流导体所激起的磁场。

7.4.2 毕奥-萨伐尔定律应用举例

[**例 7.1**]载流长直导线的磁场。在真空中有一通有电流 I 的长直导线 CD,试求此长直导线附近任意一点 P 处的磁感应强度 $\boldsymbol{B}$。已知点 P 与长直导线间的垂直距离为 r_0。

解:选取如图 7.7 所示的坐标系,其中 Oy 轴通过点 P,Oz 轴沿载流直导线 CD。在载流长直导线上取一电流元 $I\mathrm{d}z$,根据毕奥-萨伐尔定律,此电流元在点 P 所激起的磁感应强度 $\mathrm{d}\boldsymbol{B}$ 的大小为

$$\mathrm{d}B=\frac{\mu_0}{4\pi}\frac{I\mathrm{d}z\sin\theta}{r^2}$$

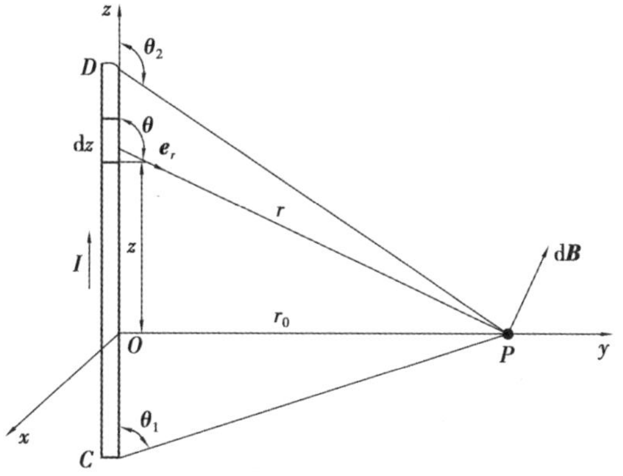

图 7.7

式中 θ 为电流元 $I\mathrm{d}z$ 与位置矢量 $\boldsymbol{r}$ 之间的夹角。$\mathrm{d}\boldsymbol{B}$ 的方向垂直于 $I\mathrm{d}z$ 与 $\boldsymbol{r}$ 所组成的平面(即 yOz 平面),沿 Ox 负轴方向。从图中可以看出,直导线上各个电流元的 $\mathrm{d}\boldsymbol{B}$ 的方向都相同,因此点 P 的磁感应强度的大小就等于各个电流元的磁感应强度之和,用积分表示,有

$$B = \int \mathrm{d}B = \frac{\mu_0}{4\pi}\int_{CD} \frac{I\mathrm{d}z\ \sin\,\theta}{r^2}$$

从图 7.7 可以看出 z,r 和 θ 之间有如下关系:

$$z = -\ r_0\ \cot\,\theta, \quad r = r_0/\sin\,\theta$$

于是,$\mathrm{d}z = r_0\mathrm{d}\theta/\sin^2\theta$,因而上式可写成

$$B = \frac{\mu_0 I}{4\pi r_0}\int_{\theta_1}^{\theta_2} \sin\,\theta\mathrm{d}\theta$$

θ_1 和 θ_2 分别是长直导线的始点 C 和终点 D 处电流流向与该处到点 P 的矢量 $\boldsymbol{r}$ 间的夹角(图 7.7)。由上式的积分得

$$B = \frac{\mu_0 I}{4\pi r_0}(\cos\,\theta_1\ -\ \cos\,\theta_2)$$

讨论:

(1)若载流直导线可视为“无限长”直导线,那么,可近似取 $\theta_1 = 0$,$\theta_2 = \pi$。这样由上式可得

$$B = \frac{\mu_0 I}{2\pi r_0}$$

(2)若载流直导线可视为“半限长”直导线,点 P 在其垂直端面上,那么,可近似取 $\theta_1 = \frac{\pi}{2}$,$\theta_2 = \pi$。这样由上式可得

$$B = \frac{\mu_0 I}{4\pi r_0}$$

(3)若载流直导线可视为“半限长”直导线,P 点在其延长线上,那么 $B=0$。

[**例** 7.2]圆形载流导线轴线上的磁场。设在真空中,有一半径为 R 的载流导线,通过的电流为 I,通常称其为圆电流。试求通过圆心并垂直于圆形导线平面的轴线上任意点 P 处的磁感应强度。

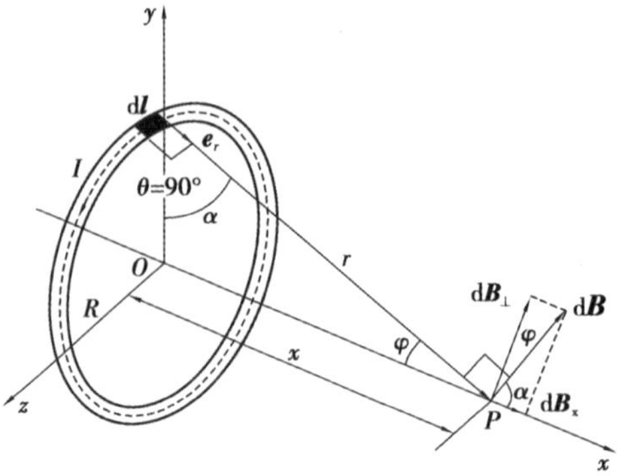

图 7.8

解:选取如图 7.8 所示的坐标系,其中 Ox 轴通过圆心 O,并垂直于圆形导线的平面。

在圆上任取一电流元 $I\mathrm{d}\boldsymbol{l}$,其到点 P 的位置矢量为 $\boldsymbol{r}$,它在点 P 所激起的磁感应强度为

$$\mathrm{d}\boldsymbol{B}=\frac{\mu_0}{4\pi}\frac{I\mathrm{d}\boldsymbol{l}\times\boldsymbol{e}_r}{r^2}$$

由于 $\mathrm{d}\boldsymbol{l}$ 与位置矢量 $\boldsymbol{r}$ 的单位矢量 $\boldsymbol{e}_r$ 垂直,所以 $\theta=90°$,$\mathrm{d}\boldsymbol{B}$ 的值为

$$\mathrm{d}B=\frac{\mu_0}{4\pi}\frac{I\mathrm{d}l}{r^2}$$

而 $\mathrm{d}\boldsymbol{B}$ 的方向垂直于电流元 $I\mathrm{d}\boldsymbol{l}$ 与位置矢量 $\boldsymbol{r}$ 所组成的平面,即 $\mathrm{d}\boldsymbol{B}$ 与 Ox 轴的夹角为 α。因此,我们可以把 $\mathrm{d}\boldsymbol{B}$ 分解成两个分量:一个是沿 Ox 轴的分量 $\mathrm{d}\boldsymbol{B}_x=\mathrm{d}\boldsymbol{B}\cos\alpha$;另一个是垂直于 Ox 轴的分量 $\mathrm{d}\boldsymbol{B}_\perp=\mathrm{d}\boldsymbol{B}\sin\alpha$。考虑到圆上任一直径两端的电流元对 Ox 轴的对称性,故所有电流元在点 P 处的磁感应强度的分量 $\mathrm{d}\boldsymbol{B}_\perp$ 的总和应等于零。所以,点 P 处磁感应强度的数值为

$$B=\int_l \mathrm{d}B_x=\int_l \mathrm{d}B\cos\alpha=\int_l\frac{\mu_0}{4\pi}\frac{I\mathrm{d}l}{r^2}\cos\alpha$$

由于 $\cos\alpha=R/r$,且对给定点 P 来说,r、I 和 R 都是常量,有

$$B=\frac{\mu_0}{4\pi}\frac{IR}{r^3}\int_0^{2\pi R}\mathrm{d}l=\frac{\mu_0}{2}\frac{R^2I}{r^3}=\frac{\mu_0}{2}\frac{R^2I}{(R^2+x^2)^{3/2}}$$

$\boldsymbol{B}$ 的方向垂直于圆形导线平面,沿 Ox 轴正向。由上式可以看出,当 $x=0$ 时,则圆心点 O 处的磁感应强度 $\boldsymbol{B}$ 的数值为

$$B=\frac{\mu_0}{2}\frac{I}{R}$$

$\boldsymbol{B}$ 的方向垂直于圆形导线平面,沿 Ox 轴正向。

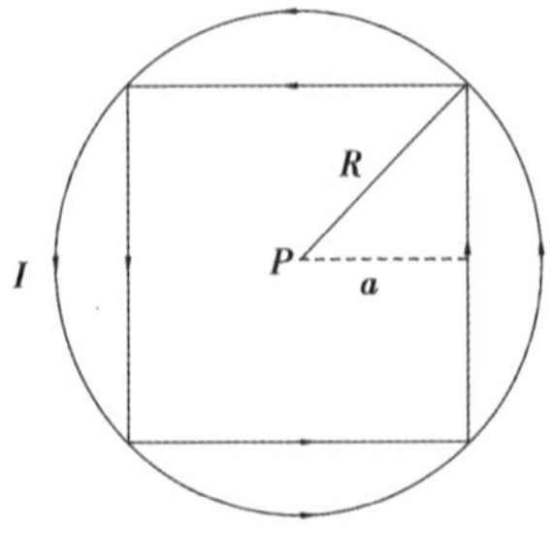

图 7.9

[**例** 7.3]求如图 7.9 所示 P 点处的磁感应强度。

解:依据长直导线所产生的磁场的结论,可得正方形回路的每一条直导线边在 P 点所产生的磁场的磁感应强度的大小为

$$\begin{aligned}B_1&=\frac{\mu_0I}{4\pi a}(\cos\beta_2-\cos\beta_1)\\&=\frac{\mu_0I}{4\pi R\sin\frac{\pi}{4}}\left[\cos\frac{\pi}{4}-\cos\left(\frac{3\pi}{4}\right)\right]\end{aligned}$$

$$=\frac{\mu_0 I}{2\pi R}$$

所以整个正方形回路中的电流在 P 点处产生的磁场的磁感应强度大小为

$$B_{正}=4\cdot\frac{\mu_0 I}{2\pi R}=\frac{2\mu_0 I}{\pi R}$$

方向垂直于纸面向外。

又依据圆形电流在圆心处所产生的磁场的结论,可得如图7.8所示圆电流在 P 点处所产生的磁场的磁感应强度的大小为

$$B_{圆}=\frac{\mu_0 I}{2R}$$

方向垂直于纸面向外。

所以 P 点处的总磁感应强度大小为

$$B=B_{正}+B_{圆}=\frac{2\mu_0 I}{\pi R}+\frac{\mu_0 I}{2R}$$

方向垂直于纸面向外。

7.4.3　磁矩

在静电场中,我们曾讨论电偶极子的电场,并引入电矩 $\boldsymbol{p}$ 这一物理量。与此相似,我们将引入磁矩 $\boldsymbol{m}$ 来描述载流线圈的性质。如图7.10所示,有一平面圆电流,其面积为 S,电流为 I,$\boldsymbol{e}_n$ 为圆电流平面的单位正法线矢量,它与电流 I 的流向遵守右手螺旋定则,即右手四指顺着电流流动方向回转时,大拇指的指向为圆电流单位正法线矢量 $\boldsymbol{e}_n$ 的方向。我们定义圆电流的磁矩为

$$\boldsymbol{m}=IS\boldsymbol{e}_n \tag{7.8}$$

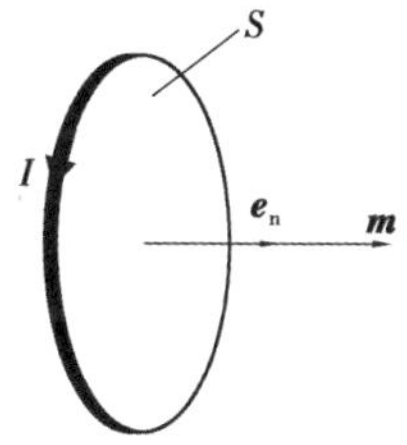

图7.10

$\boldsymbol{m}$ 的方向与圆电流的单位正法线矢量 $\boldsymbol{e}_n$ 的方向相同,$\boldsymbol{m}$ 的量值为 IS。应当指出,上式对任意形状的载流线圈都是适用的。

7.4.4　运动电荷的磁场

我们知道导体中的电流是由导体中大量自由电子定向运动形成的,因此,可以认为电流所激起的磁场,其实是由运动电荷所激发的。运动电荷能激发磁场已为许多实验所直接证实。

至于运动电荷所激发的磁感应强度,很容易由毕奥-萨伐尔定律求得。有一电流元 $I\mathrm{d}\boldsymbol{l}$,其截面积为 S。设此电流元中做定向运动的电荷数密度为 n,为简便计算,这里以正电荷为研究对象,每个电荷均为 q,且定向运动速度均为 $\boldsymbol{v}$。则 Δt 时间内通过截面积为 S 的电量为 $Q=$

$qnv\Delta tS$,则电流 $I=qnvS$。

于是,毕奥-萨伐尔定律的表达式(7.6c)可写成

$$\mathrm{d}\boldsymbol{B}=\frac{\mu_0}{4\pi}\frac{nS\mathrm{d}lq\boldsymbol{v}\times\boldsymbol{r}}{r^3}$$

式中 $S\mathrm{d}l=\mathrm{d}V$ 为电流元的体积,$n\mathrm{d}V=\mathrm{d}N$ 为电流元中做定向运动的电荷数。那么,一个以速度 $\boldsymbol{v}$ 运动的电荷,在距它为 $\boldsymbol{r}$ 处所激发的磁感应强度则为

$$\boldsymbol{B}=\frac{\mathrm{d}\boldsymbol{B}}{\mathrm{d}N}=\frac{\mu_0}{4\pi}\frac{q\boldsymbol{v}\times\boldsymbol{r}}{r^3} \tag{7.9a}$$

由于 $\boldsymbol{e}_r$ 是矢量 $\boldsymbol{r}$ 的单位矢量,故上式亦可写成

$$\boldsymbol{B}=\frac{\mu_0}{4\pi}\frac{q\boldsymbol{v}\times\boldsymbol{e}_r}{r^2} \tag{7.9b}$$

显然,$\boldsymbol{B}$ 的方向垂直于 $\boldsymbol{v}$ 和 $\boldsymbol{r}$ 组成的平面。当 q 为正电荷时,$\boldsymbol{B}$ 的方向为矢积 $\boldsymbol{v}\times\boldsymbol{r}$ 的方向[图 7.11(a)];当 q 为负电荷时,$\boldsymbol{B}$ 的方向与矢积 $\boldsymbol{v}\times\boldsymbol{r}$ 的方向相反[图 7.11(b)]。

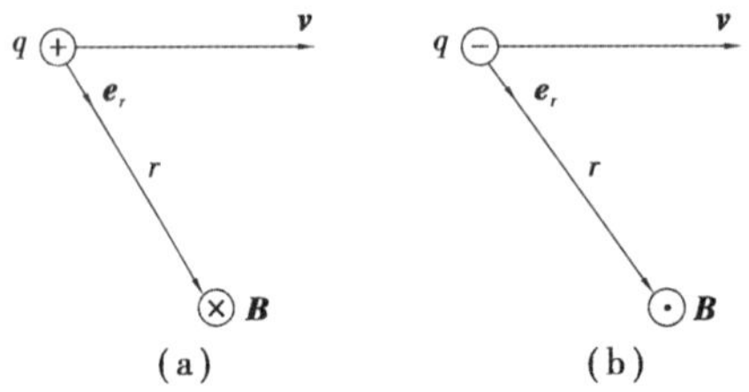

图 7.11

应当指出,运动电荷的磁场表达式(7.9)是有一定适用范围的,它只适用于运动电荷的速率 v 远小于光速 c(即 $v/c\ll1$)的情况。对于 v 接近于 c 的情形,式(7.9)就不适用了,这时,运动电荷的磁场应当考虑到相对论效应。

7.5 磁场的高斯定理和安培环路定理

7.5.1 磁感线

为了形象地反映磁场的分布情况,我们将用一些设想的曲线来表示磁场的分布。我们知道,给定磁场中某一点磁感应强度 $\boldsymbol{B}$ 的大小和方向都是确定的,因此,我们规定曲线上每一点的切线方向就是该点的磁感应强度 $\boldsymbol{B}$ 的方向,而曲线的疏密程度则表示该点磁感应强度 $\boldsymbol{B}$ 的大小,这样的曲线叫作磁感线或 $\boldsymbol{B}$ 线。和电场线一样,磁感线也是人为地画出来的,并非磁场中真的有这种线存在。

磁场中的磁感线可借助小磁针或铁屑显示出来。如果在垂直于长直载流导线的玻璃板上撒上一些铁屑,这些铁屑将被磁场磁化,可以当作一些细小的磁针,它们在磁场中会形成如图 7.12(a)和(b)所示的分布图样。由载流长直导线的磁感线图形可以看出,磁感线的回转方向和电流之间的关系遵从右手螺旋定则,即用右手握住导线,使大拇指伸直并指向电流方向,这时其他四指弯曲的方向,就是磁感线的回转方向[图 7.12(c)]。

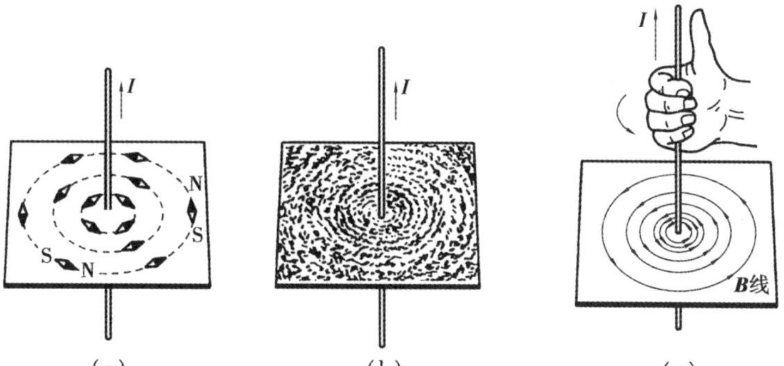

图 7. 12

图 7. 13 是圆形电流和载流长直螺线管的磁感线图形。它们的磁感线方向,也可由右手螺旋定则来确定。不过这时要用右手握住螺线管(或圆电流),使四指弯曲的方向沿着电流方向,而伸直大拇指的指向就是螺线管内(或圆电流中心处)磁感线的方向。

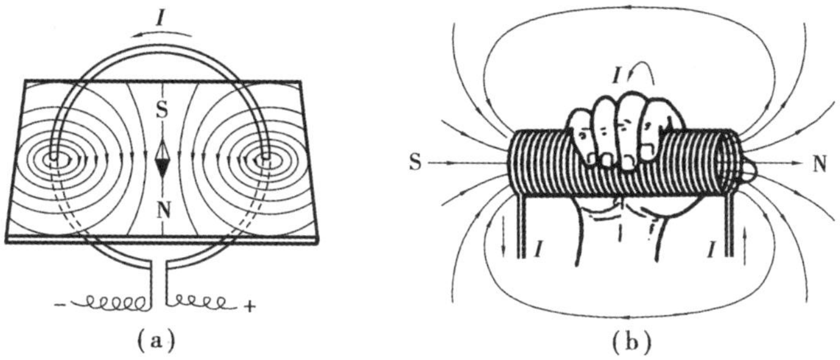

图 7. 13

由上述几种典型的载流导线磁感线的图形可以看出,磁感线具有如下特性:

①由于磁场中某点的磁场方向是确定的,所以磁场中的磁感线不会相交。磁感线的这一特性和电场线是一样的。

②载流导线周围的磁感线都是围绕电流的闭合曲线,没有起点,也没有终点。磁感线的这个特性和静电场中的电场线不同,静电场中的电场线起始于正电荷,终止于负电荷。

7.5.2　磁通量　磁场的高斯定理

为了使磁感线不但能表示磁场方向,而且能描述磁场的强弱,像静电场中规定电场线的密度那样,对磁感线的密度规定如下:磁场中某点处垂直于 $\boldsymbol{B}$ 的单位面积上通过的磁感线数目(磁感线密度)等于该点 $\boldsymbol{B}$ 的值。因此,$\boldsymbol{B}$ 大的地方,磁感线就密集;$\boldsymbol{B}$ 小的地方,磁感线就稀疏。对均匀磁场来说,磁场中的磁感线相互平行,各处磁感线密度相等;对非均匀磁场来说,磁感线相互不平行,各处磁感线密度不相等。

通过磁场中某一曲面的磁感线数叫作通过此曲面的磁通量,用符号 Φ 表示。

如图 7. 14(a)所示,在磁感应强度为 $\boldsymbol{B}$ 的均匀磁场中,取一面积矢量 $\boldsymbol{S}$,其大小为 S,其方向用它的单位法线矢量 $\boldsymbol{e}_n$ 来表示,有 $\boldsymbol{S}=S\boldsymbol{e}_n$,在图中 $\boldsymbol{e}_n$ 与 $\boldsymbol{B}$ 之间的夹角为 θ。按照磁通量的定义,通过面 S 的磁通量为

$$\Phi = BS\cos\theta \tag{7.10a}$$

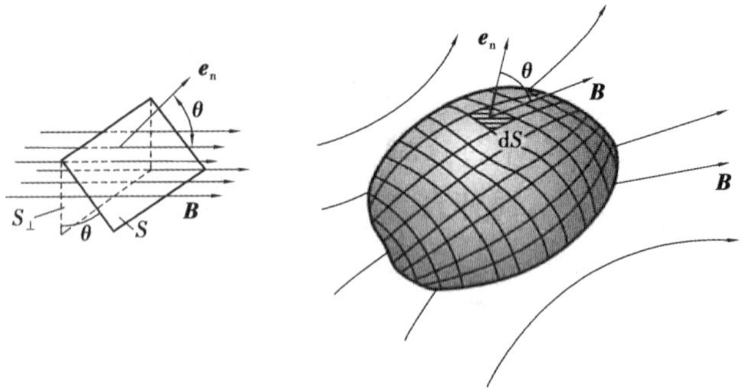

(a) (b)

图 7.14

用矢量来表示,上式为

$$\Phi = \boldsymbol{B}\cdot\boldsymbol{S} = \boldsymbol{B}\cdot\boldsymbol{e}_{\mathrm{n}}S \tag{7.10b}$$

在不均匀磁场中,通过任意曲面的磁通量怎样计算呢?

在如图 7.14(b)所示的曲面上取一面积元矢量 d$\boldsymbol{S}$,它所在处的磁感应强度 $\boldsymbol{B}$ 与单位法线矢量 $\boldsymbol{e}_{\mathrm{n}}$ 之间的夹角为 θ,则通过面积元 d$\boldsymbol{S}$ 的磁通量为

$$\mathrm{d}\Phi = B\mathrm{d}S\cos\theta = \boldsymbol{B}\cdot\mathrm{d}\boldsymbol{S}$$

而通过某一有限曲面的磁通量 Φ 就等于通过这些面积元 d$\boldsymbol{S}$ 上的磁通量 dΦ 的总和,即

$$\Phi = \int_S \mathrm{d}\Phi = \int_S B\cos\theta\mathrm{d}S = \int_S \boldsymbol{B}\cdot\mathrm{d}\boldsymbol{S} \tag{7.11}$$

对于闭合曲面来说,人们规定其正单位法线矢量 $\boldsymbol{e}_{\mathrm{n}}$ 的方向垂直于曲面向外,依照这个规定,当磁感线从曲面内穿出时($\theta<\frac{\pi}{2}$, $\cos\theta>0$),磁通量是正的;而当磁感线从曲面外穿入时($\theta>\frac{\pi}{2}$, $\cos\theta<0$),磁通量是负的。由于磁感线是闭合的,因此对任一闭合曲面来说,有多少条磁感线进入闭合曲面,就一定有多少条磁感线穿出闭合曲面。也就是说,通过任意闭合曲面的磁通量必等于零,即

$$\oint_S B\cos\theta\mathrm{d}S = 0$$

或

$$\oint_S \boldsymbol{B}\cdot\mathrm{d}\boldsymbol{S} = 0 \tag{7.12}$$

上述结论也叫作磁场的高斯定理,它是表述磁场性质的重要定理之一。虽然式(7.12)和静电场的高斯定理($\oint_S E\cdot\mathrm{d}S = \sum q/\varepsilon_0$)在形式上相似,但两者有着本质上的区别。通过任意闭合曲面的电通量可以不为零,而通过任意闭合曲面的磁通量必为零。

在国际单位制中,Φ 的单位名称为韦伯,符号为 Wb,有

$$1\ \mathrm{Wb} = 1\ \mathrm{T}\times 1\ \mathrm{m}^2$$

7.5.3 安培环路定理

在第 5 章中,我们在静电场的环路定理中曾指出场强度 $\boldsymbol{E}$ 沿任意闭合路径的积分等于

零，即$\oint_l \boldsymbol{E}\cdot \mathrm{d}\boldsymbol{l}=0$，这是静电场的一个重要特征，那么，磁场中的磁感应强度$\boldsymbol{B}$沿任意闭合路径的积分$\oint_l \boldsymbol{B}\cdot \mathrm{d}\boldsymbol{l}$等于什么呢？

如图7.15所示，在无限长直电流产生的磁场中，取与电流垂直的平面上的任一包围载流导线的闭合曲线l，环路方向与电流方向符合右手螺旋定则，曲线上任意一点P处的磁感应强度$\boldsymbol{B}$的大小为

$$B=\frac{\mu_0 I}{2\pi r}$$

式中，I为长直载流导线中的电流；r为P点到导线的垂直距离。$\boldsymbol{B}$的方向在平面上且与矢径$\boldsymbol{r}$垂直。由图7.15可知

$$\cos\theta \mathrm{d}l=r\mathrm{d}\Phi$$

故磁感应强度$\boldsymbol{B}$沿闭合曲线$\boldsymbol{l}$的线积分为

$$\oint_l \boldsymbol{B}\cdot \mathrm{d}\boldsymbol{l}=\oint_l B\cos\theta \mathrm{d}l=\oint Br\mathrm{d}\Phi=\frac{\mu_0 I}{2\pi}\int_0^{2\pi}\mathrm{d}\Phi=\mu_0 I$$

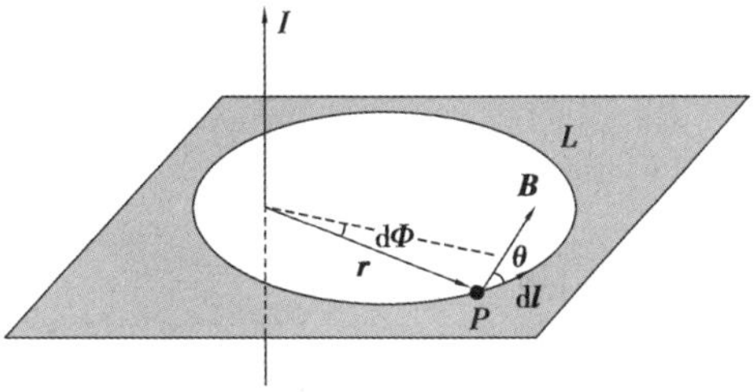

图7.15

如果使曲线积分的绕行方向（环路方向）反过来（或在图7.15中，积分绕行方向不变，而电流方向反过来），则上述积分将变为负值，即

$$\oint_l \boldsymbol{B}\cdot \mathrm{d}\boldsymbol{l}=-\mu_0 I$$

如果闭合回路不包围载流导线，上述积分将等于零，即

$$\oint_l \boldsymbol{B}\cdot \mathrm{d}\boldsymbol{l}=0$$

如果闭合曲线l不在一个平面内，可以用通过l上各点且垂直于导线的各个平面作参考，分别把每一段积分元$\mathrm{d}\boldsymbol{l}$分解为在该平面内的分量$\mathrm{d}\boldsymbol{l}_{\parallel}$及垂直于该平面的分量$\mathrm{d}\boldsymbol{l}_{\perp}$，则

$$\begin{aligned}\boldsymbol{B}\cdot \mathrm{d}\boldsymbol{l}&=\boldsymbol{B}\cdot(\mathrm{d}\boldsymbol{l}_{\perp}+\mathrm{d}\boldsymbol{l}_{\parallel})=B\cos 90^\circ \mathrm{d}l_{\perp}+B\cos\theta \mathrm{d}l_{\parallel}\\&=0\pm\frac{\mu_0 I}{2\pi r}r\mathrm{d}\Phi=\pm\frac{\mu_0 I}{2\pi}\mathrm{d}\Phi\end{aligned}$$

式中，“±”号取决于积分回路的绕行方向与电流方向的关系。则积分结果仍为

$$\oint_l \boldsymbol{B}\cdot \mathrm{d}\boldsymbol{l}=\mu_0 I$$

以上讨论虽然是对长直载流导线而言的，但其结论具有普遍性。

对于任意的稳恒电流所产生的磁场，闭合回路$\boldsymbol{l}$也不一定是平面曲线，并且穿过闭合回路的电流还可以有许多个，都具有与上面的讨论同样的特性。这一普遍规律性的关系称为安培

环路定理,可表述如下:在真空中的稳恒电流磁场中,磁感应强度 $\boldsymbol{B}$ 沿任意闭合曲线 $\boldsymbol{l}$ 的线积分(也称 $\boldsymbol{B}$ 矢量的环流),等于穿过这个闭合曲线的所有电流(即穿过以闭合曲线为边界的任意曲面的电流)的代数和的 μ_0 倍。其数学表达式为

$$\oint_l \boldsymbol{B} \cdot \mathrm{d}\boldsymbol{l} = \mu_0 \sum_{i=1}^{n} I_i \tag{7.13}$$

式(7.13)中,对于 $\boldsymbol{l}$ 内电流的正、负,作这样的规定:当穿过回路 $\boldsymbol{l}$ 的电流方向与回路 $\boldsymbol{l}$ 的绕行方向符合右手螺旋定则时,I 为正,反之,I 为负。如果 I 不穿过回路 $\boldsymbol{l}$,则对式(7.13)右端无贡献,但是不能误认为沿回路 $\boldsymbol{l}$ 上各点的磁感应强度 $\boldsymbol{B}$ 仅由 $\boldsymbol{l}$ 内所包围的那部分电流所产生。如果 $\oint_l \boldsymbol{B} \cdot \mathrm{d}\boldsymbol{l} = 0$,它只说明回路 $\boldsymbol{l}$ 所包围的电流的代数和及磁感应强度沿回路 $\boldsymbol{l}$ 的环流为零,而不能说明闭合回路 $\boldsymbol{l}$ 上各点的 $\boldsymbol{B}$ 一定为零。

安培环路定理反映了稳恒电流的磁场与静电场的一个截然不同的性质:静电场的环流 $\oint_l \boldsymbol{E} \cdot \mathrm{d}\boldsymbol{l} = 0$,因而可以引进电势这一物理量来描述电场。但对稳恒电流的磁场来说,一般情况下 $\oint_l \boldsymbol{B} \cdot \mathrm{d}\boldsymbol{l} \neq 0$,因此不存在标量势。环流不等于零的矢量场称为有旋场,故磁场是有旋场(或涡旋场),是非保守场。

7.5.4 安培环路定理的应用举例

[**例** 7.4]无限长载流圆柱体的磁场。

在 7.4 节中,我们用毕奥-萨伐尔定律计算了无限长载流直导线的磁场,当时认为通过导线的电流是线电流,而实际上,导线都有一定的半径,流过导线的电流是分布在整个截面内的。

设在半径为 R 的圆柱形导体中,电流沿轴向流动,且电流在截面积上的分布是均匀的。如果圆柱形导体很长,那么在导体的中部,磁场的分布可视为是对称的。下面先用安培环路定理来求圆柱体外的磁感应强度。

如图 7.16(a)所示,设点 P 离圆柱体轴线的垂直距离为 r,且 $r>R$。通过点 P 作半径为 r 的圆,圆面与圆柱体的轴线垂直。由于对称性,在以 r 为半径的圆周上,$\boldsymbol{B}$ 的值相等,方向都是沿圆的切线,故 $\boldsymbol{B} \cdot \mathrm{d}\boldsymbol{l} = B\mathrm{d}l$。于是根据安培环路定理有

$$\oint_l \boldsymbol{B} \cdot \mathrm{d}\boldsymbol{l} = \oint_l B\mathrm{d}l = B\oint_l \mathrm{d}l = B2\pi r = \mu_0 I$$

得

$$B = \frac{\mu_0 I}{2\pi r}, \quad r > R$$

把上式与无限长载流直导线的磁场相比较可以看出,无限长载流圆柱体外的磁感应强度与无限长载流直导线的磁感应强度是相同的。

现在来计算圆柱体内距轴线垂直距离为 r 处($r<R$)的磁感应强度。如图 7.16(b)所示,通过点 P 作半径为 r 的圆,圆面与圆柱体的轴线垂直。由于磁场的对称性,圆周上各点 $\boldsymbol{B}$ 的值相等,方向均与圆周相切。故根据安培环路定理有

$$\oint_l \boldsymbol{B} \cdot \mathrm{d}\boldsymbol{l} = B2\pi r = \mu_0 \sum I_i$$

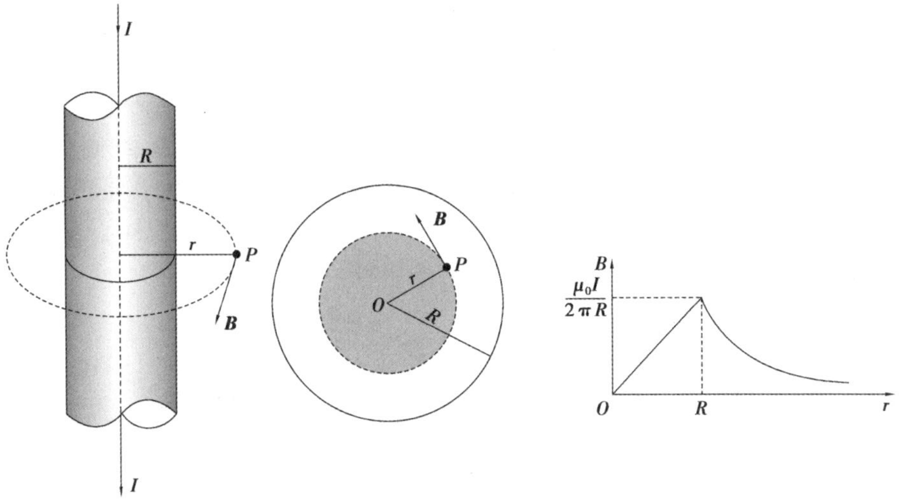

图 7.16

式中 $\sum I_i$ 是以 r 为半径的圆所包围的电流。如果在圆柱体内电流密度是均匀的，有 $j=I/\pi R^2$，那么，通过截面积 πr^2 的电流 $\sum I_i = j\pi r^2 = Ir^2/R^2$。于是上式为

$$\oint_l \boldsymbol{B} \cdot \mathrm{d}\boldsymbol{l} = B2\pi r = \mu_0 \frac{Ir^2}{R^2}$$

得

$$B = \frac{\mu_0 Ir}{2\pi R^2}, \quad r < R$$

由上述结果可得图 7.16(c)所示的图线，它给出了 $\boldsymbol{B}$ 的值随 r 变化的情形。

[**例** 7.5]设有一长直螺线管，单位长度上密绕 n 匝线圈，通过每匝线圈的电流为 I，求管内某点 P 处的磁感应强度。可以证明：由于螺线管相当长，管内中央部分的磁场是均匀的，方向与螺线管轴线平行，管外侧的磁场与管内磁场相比很微弱，可忽略不计。

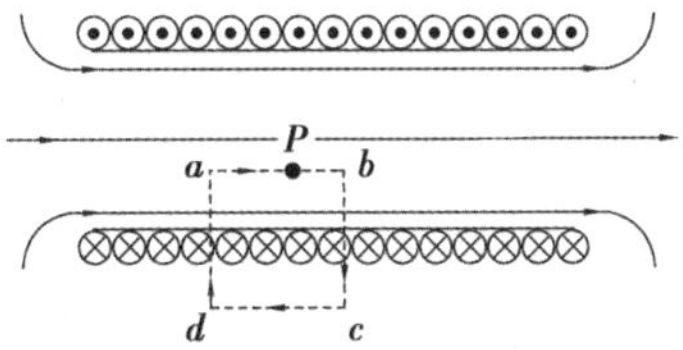

图 7.17

为了计算管内某点 P 处的磁感应强度，过 P 点作一矩形回路 $abcda$，如图 7.17 所示，则磁感应强度沿此闭合回路的环流为

$$\oint_l \boldsymbol{B} \cdot \mathrm{d}\boldsymbol{l} = \int_a^b \boldsymbol{B} \cdot \mathrm{d}\boldsymbol{l} + \int_b^c \boldsymbol{B} \cdot \mathrm{d}\boldsymbol{l} + \int_c^d \boldsymbol{B} \cdot \mathrm{d}\boldsymbol{l} + \int_d^a \boldsymbol{B} \cdot \mathrm{d}\boldsymbol{l}$$

因为管外侧的磁场忽略不计，管内磁场沿着轴线方向，所以

$$\oint_l \boldsymbol{B} \cdot \mathrm{d}\boldsymbol{l} = \int_a^b \boldsymbol{B} \cdot \mathrm{d}\boldsymbol{l} = B \cdot \overline{ab} = \mu_0 n\overline{ab}I$$

所以

$$B=\mu_0 nI$$

[**例** 7.6]载流螺绕环内的磁场。

图 7.18(a)为一螺绕环,环内为真空。环上均匀地密绕有 N 匝线圈,线圈中的电流为 I。由于环上的线圈绕得很密集,环外的磁场很微弱,可以略去不计,磁场几乎全部集中在螺绕环内。此时,呈对称分布的电流使磁场也具对称性,导致环内的磁感线形成同心圆,且同一圆周上各点的磁感应强度 $\boldsymbol{B}$ 的大小相等,方向沿圆周的切向。

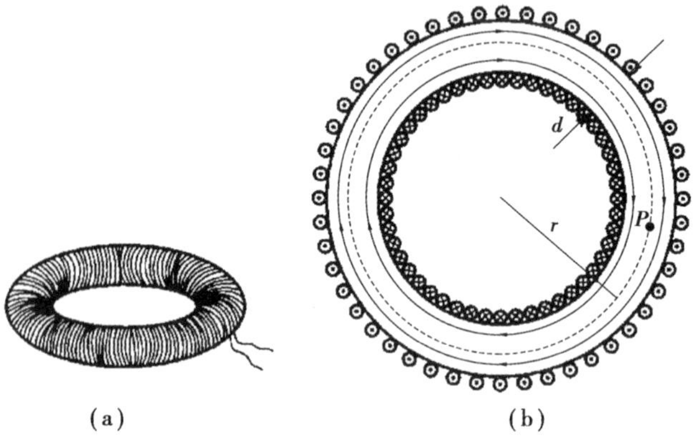

图 7.18

现通过环内点 P,以半径 r 作一圆形闭合路径[图 7.18(b)]。显然闭合路径上各点的磁感应强度方向都和闭合路径相切,各点 $\boldsymbol{B}$ 的值都相等,根据安培环路定理有

$$\oint_l \boldsymbol{B}\cdot \mathrm{d}\boldsymbol{l}=B2\pi r=\mu_0 NI$$

可得

$$B=\frac{\mu_0 NI}{2\pi r}$$

从上式可以看出,螺绕环内的横截面上各点的磁感应强度是不同的。如果 L 表示螺绕环中心线所在的圆形闭合路径的长度,那么,圆环中心线上一点处的磁感应强度为

$$B=\mu_0\frac{N}{L}I=\mu_0 nI$$

式中 n 为环上单位长度线圈的匝数。当螺绕环中心线的直径比线圈的直径大得多,即 $2r\gg d$ 时,管内的磁场可近似看成是均匀的,管内任意点的磁感应强度均可用上式表示。

7.6 磁场对运动电荷的作用

从电场的讨论中,我们知道若电场中点 P 的电场强度为 $\boldsymbol{E}$,则处于该点的电荷为 $+q$ 的带电粒子所受的电场力为

$$\boldsymbol{F}_{\mathrm{e}}=q\boldsymbol{E}$$

此外,从式(7.5)知道,若点 P 处的磁感应强度为 $\boldsymbol{B}$,且电荷为 $+q$ 的带电粒子以速度 $\boldsymbol{v}$ 通过点 P,如图 7.19 所示,那么,作用在带电粒子上的磁场力为

$$F_m = qv \times B$$

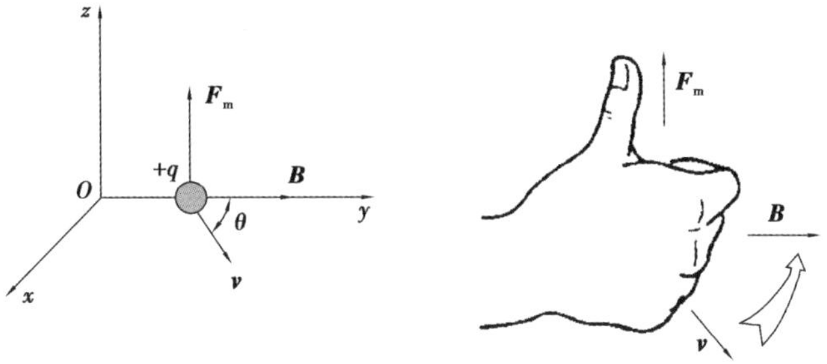

图 7.19

在普遍的情况下，带电粒子若既在电场又在磁场中运动时，那么作用在带电粒子上的力应为电场力 $q\boldsymbol{E}$ 和洛伦兹力 $q\boldsymbol{v}\times\boldsymbol{B}$ 之和，即

$$\boldsymbol{F} = q\boldsymbol{E} + q\boldsymbol{v} \times \boldsymbol{B} \tag{7.14}$$

7.6.1　回旋半径和回旋频率

设电荷为 $+q$，质量为 m 的带电粒子，以初速度 $\boldsymbol{v}_0$ 进入磁感应强度为 $\boldsymbol{B}$ 的均匀磁场中，且 $\boldsymbol{v}_0$ 与 $\boldsymbol{B}$ 垂直，如图 7.20 所示。如略去重力作用，则作用在带电粒子上的力仅为洛伦兹力 $\boldsymbol{F}$，其值为 $F=qv_0B$，而 $\boldsymbol{F}$ 的方向垂直于 $\boldsymbol{v}_0$ 与 $\boldsymbol{B}$ 所构成的平面。所以，带电粒子进入磁场后将以速率 v_0 作匀速圆周运动。根据牛顿第二定律容易求得

$$R = \frac{mv_0}{qB} \tag{7.15}$$

式中 R 称为回旋半径，它与电荷速度 $\boldsymbol{v}_0$ 的值成正比，与磁感应强度 $\boldsymbol{B}$ 的值成反比。

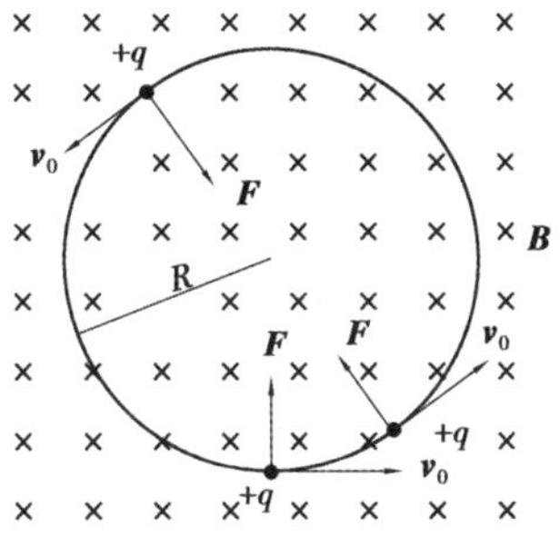

图 7.20

我们把粒子运行一周所需要的时间叫作回旋周期，用符号 T 表示，有

$$T = \frac{2\pi R}{v_0} = \frac{2\pi m}{qB} \tag{7.16a}$$

单位时间内粒子所运行的圈数叫作回旋频率，用 f 表示，有

$$f = \frac{1}{T} = \frac{qB}{2\pi m} \tag{7.16b}$$

应当指出，以上种种结论只适用于带电粒子速度远小于光速的非相对论情形。如带电粒子的速度接近光速，上述公式虽然仍可沿用，但粒子的质量 m 不再为常量，而是随速度趋于光速而增加的，因而回旋周期将变长，回旋频率将减小。考虑到这种情况，人们便研制了同步回

旋加速器等。

7.6.2 磁聚焦

前面讨论了带电粒子的初速度 $\boldsymbol{v}_0$ 与磁感应强度 $\boldsymbol{B}$ 垂直时带电粒子作圆周运动的情形,下面讨论 $\boldsymbol{v}_0$ 与 $\boldsymbol{B}$ 之间有任意夹角时,带负电荷粒子的运动规律。如图 7.21 所示,设在均匀磁场中的磁感应强度 $\boldsymbol{B}$ 的方向沿 z 轴正向,带电粒子的初速度 $\boldsymbol{v}_0$ 与 $\boldsymbol{B}$ 之间夹角为 θ。于是,可将初速度 $\boldsymbol{v}_0$ 分解为平行于 $\boldsymbol{B}$ 的纵向分矢量 $\boldsymbol{v}_{\parallel}$ 和垂直于 $\boldsymbol{B}$ 的横向分矢量 $\boldsymbol{v}_{\perp}$。它们的值分别为 $v_{\parallel}=v_0\cos\theta$ 和 $v_{\perp}=v_0\sin\theta$。我们已经清楚,速度的横向分矢量 $\boldsymbol{v}_{\perp}$ 在磁场作用下将使粒子在垂直于 $\boldsymbol{B}$ 的平面内做匀速圆周运动;而速度的纵向分矢量 $\boldsymbol{v}_{\parallel}$ 则不受磁场的影响,使粒子沿 z 轴做匀速直线运动。带电粒子同时参与这两个运动的结果是,它将沿螺旋线向前运动。显然,螺旋线的半径为

$$R=\frac{mv_{\perp}}{qB}$$

回旋周期为

$$T=\frac{2\pi R}{v_{\perp}}=\frac{2\pi m}{qB}$$

而且,如把粒子回转一周所前进的距离叫作螺距,则其值为

$$d=v_{\parallel}T=\frac{2\pi mv_{\parallel}}{qB}$$

上式表明,螺距 d 与 $v_{\perp}$ 无关,只与 $v_{\parallel}$ 成正比。

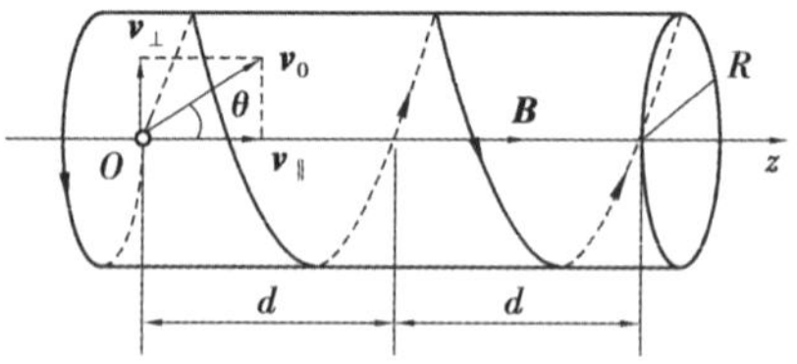

图 7.21

利用上述结果可实现磁聚焦,如图 7.22 所示,在均匀磁场中某点 A 发射一束初速度相差不大的带电粒子,它们的 $\boldsymbol{v}_0$ 与 $\boldsymbol{B}$ 之间的夹角 θ 不尽相同,但都很小,于是这些粒子的横向速度 $\boldsymbol{v}_{\perp}$ 略有差异,而纵向速度 $\boldsymbol{v}_{\parallel}$ 却近似相等。这样这些带电粒子沿半径不同的螺旋线运动,但它们的螺距 d 却是近似相等的,即经距离 d 后都相交于屏上同一点 P。这个现象与光束通过光学透镜聚焦的现象很相似,故称为磁聚焦现象。磁聚焦在电子光学中有着广泛的应用。

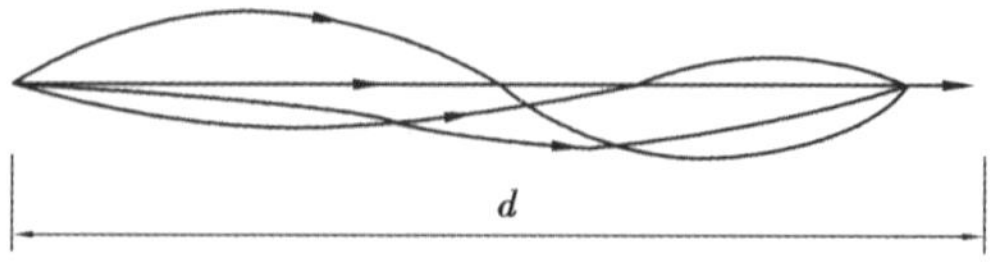

图 7.22

7.6.3 质谱仪

质谱仪是用物理方法分析同位素的仪器,图 7.23 是一种质谱仪的示意图。从离子源产生

的正离子,以速度 $\boldsymbol{v}$ 经过狭缝 S_1 和 S_2 之后,进入速度选择器(图 7.23 中 P_1、P_2 平板区)。设速度选择器中 P_1、P_2 之间的均匀电场的电场强度为 $\boldsymbol{E}$,而垂直纸面向外的均匀磁场的磁感应强度为 $\boldsymbol{B}$。正离子同时受到电场力和磁场力的作用,当电荷为 $+q$ 的正离子的速度满足 $v=E/B$ 时,它们就能径直穿过 P_1、P_2 而从狭缝 S_3 射出。

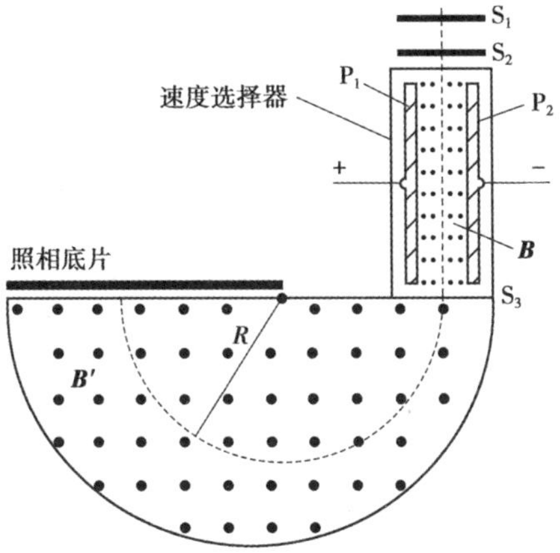

图 7.23

正离子由 S_3 射出后,进入另一个磁感应强度为 $\boldsymbol{B}'$ 的匀强磁场区域,磁场的方向也是垂直纸面向外的,但在此区域中没有电场。这时正离子在磁场力作用下,将以半径 R 做匀速圆周运动。若离子的质量为 m,则有

$$qvB' = m\frac{v^2}{R}$$

所以

$$m = \frac{qB'R}{v}$$

由于 B' 和离子的速度 v 是已知的,且假定每个离子的电荷都是相等的,从上式可以看出,离子的质量和它的轨道半径成正比。

如果这些离子中有不同质量的同位素,它们的轨道半径就不一样,将分别射到照相底片上不同的位置,形成若干线状谱的细条纹,每一条纹相当于一定质量的离子。从条纹的位置可以推算出轨道半径 R,从而算出它们相应的质量,所以,这种仪器叫作质谱仪。

7.6.4　回旋加速器

图 7.24 是回旋加速器原理图,它的主要部分是作为电极的两个金属半圆形真空盒 D_1 和 D_2,放在高真空的容器内。然后将它们放在电磁铁所产生的强大均匀磁场 $\boldsymbol{B}$ 中,磁场方向与半圆形盒 D_1 和 D_2 的平面垂直。当两电极间加有高频交变电压时,两电极缝隙之间就存在高频交变电场 $\boldsymbol{E}$,使极缝间电场的方向在相等的时间间隔 t 内迅速地交替改变。如果有一带正电荷 q 的粒子,从极缝间的粒子源 O 中释放出来,那么,这个粒子在电场力的作用下,被加速而进入半圆盒 D_1。设这时粒子的速率已达 v_1,由于盒内无电场,且磁场的方向垂直于粒子的运动方向,所以粒子在 D_1 内做匀速圆周运动。经时间 t 后,粒子恰好到达缝隙,这时极缝间的电场正好也改变了方向,所以粒子又会在电场力的作用下加速进入半圆盒 D_2,使粒子的速率

由 v_1 增加至 v_2,在D_2 内的轨道半径也相应地增大,由式(7.16b)已知粒子的回旋频率为

$$f=\frac{qB}{2\pi m}$$

式中 m 为粒子的质量。上式表明,粒子回旋频率与圆轨道半径无关,与粒子速率无关,这样,带正电的粒子,在交变电场和均匀磁场的作用下,多次累积式地被加速而沿着螺旋形的平面轨道运动,直到粒子能量足够高。高能粒子在科学技术中有广泛的应用领域,如核工业、医学、农业、考古学等。

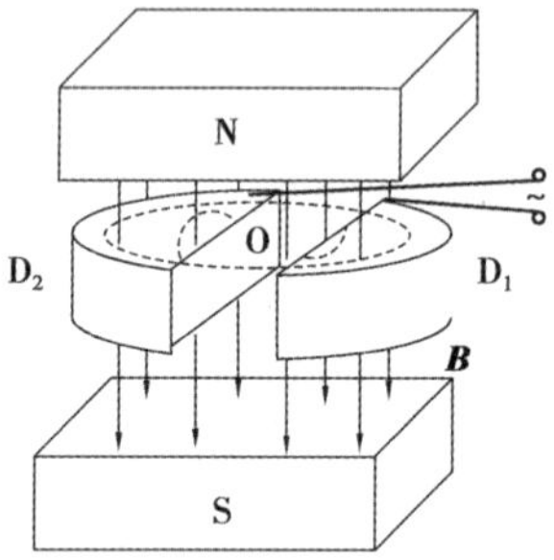

图 7.24

当粒子到达半圆形盒的边缘时,粒子的轨道半径即为盒的半径 R_0,此时粒子的速率为

$$v=\frac{qBR_0}{m}$$

粒子的动能为

$$E_k=\frac{1}{2}mv^2=\frac{q^2B^2R_0^2}{2m}$$

从上式可以看出,某一带电粒子在回旋加速器中所获得的动能,与电极半径的二次方成正比,与磁感应强度 $\boldsymbol{B}$ 的大小的二次方成正比。可见,要使粒子的能量更高,就得建造巨型的强大的电磁铁,而这显然会受到技术上、经济上的制约。

7.6.5 霍尔效应

如图 7.25 所示,把一块宽为 b,厚为 d 的导电板放在磁感应强度为 $\boldsymbol{B}$ 的磁场中,并在导电板中通以纵向电流 I,此时在板的横向两侧面 A、A'之间就呈现出一定的电势差 U_H。这一现象称为霍尔效应,所产生的电势差 U_H 称为霍尔电压。实验表明,霍尔电压的值为

$$U_H=K\frac{IB}{d} \tag{7.17}$$

式中 K 称为霍尔系数。如果撤去磁场,或者撤去电流,霍尔电压也就随之消失。现在可用洛伦兹力来解释霍尔效应。

在图 7.25 中,设导体板中的载流子为正电荷 q,其漂移速度为 $\boldsymbol{v}_d$。于是载流子在磁场中要受洛伦兹力$\boldsymbol{F}_m$ 的作用,其值为 $F_m=qvB$。在洛伦兹力的作用下,导体板内的载流子将向板的 A 端移动,从而使 A、A'两侧面上分别有正、负电荷的积累。这样,便在 A、A'之间建立起电场强度为 $\boldsymbol{E}$ 的电场,于是,载流子就要受到一个与洛伦兹力方向相反的电场力$\boldsymbol{F}_e$。随着 A、A'上电荷的积累,$\boldsymbol{F}_e$ 也不断增大。当电场力增大到正好等于洛伦兹力时,就达到了动平衡。这时导体板 A、A'两侧面之间的横向电场称为霍尔电场 $\boldsymbol{E}_H$,此时它的值与霍尔电压 U_H 之间的关系为

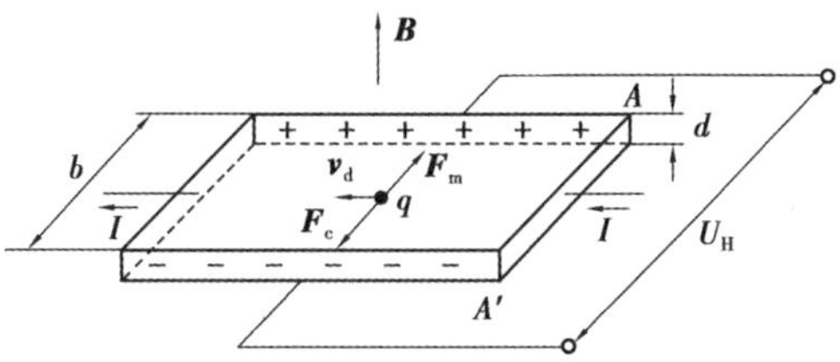

图 7.25

$$E_H = \frac{U_H}{b}$$

由于动平衡时电场力与洛伦兹力相等,有

$$qE_H = qv_d B$$

于是

$$\frac{U_H}{b} = v_d B \tag{7.18a}$$

上式给出了霍尔电压 U_H、磁感应强度 B 以及载流子漂移速度 v_d 之间的关系。考虑到 v_d 与电流 I 的关系,即

$$I = qnv_d S = qnv_d bd$$

可将式(7.18a)改写,得霍尔电压为

$$U_H = \frac{IB}{nqd} \tag{7.18b}$$

对于一定的材料,载流子数密度 n 和电荷 q 都是一定的。上式与式(7.17)相比较,可得霍尔系数为

$$K = \frac{1}{nq} \tag{7.19}$$

可见 K 与载流子数密度 n 成反比。

以上讨论了载流子带正电的情况,所得霍尔电压和霍尔系数也是正的。如果载流子带负电,则产生的霍尔电压和霍尔系数便是负的。所以从霍尔电压的正负,可以判断载流子带的是正电还是负电。

在金属导体中,由于自由电子的数密度很大,因而金属导体的霍尔系数很小,相应的霍尔电压也就很弱。在半导体中,载流子数密度要低得多,因而半导体的霍尔系数比金属导体大得多,所以半导体能产生很强的霍尔效应。

7.7 磁场对载流导线的作用

7.7.1 安培力

如图 7.26(a)所示,在平行纸面向下的均匀磁场中有一电流元 $I\mathrm{d}\boldsymbol{l}$,它与磁感应强度 $\boldsymbol{B}$ 之间的夹角为 ϕ。设电流元中自由电子的漂移速度均为 $\boldsymbol{v}_l$,且 $\boldsymbol{v}_l$ 与 $\boldsymbol{B}$ 之间的夹角为 θ,而 $\theta = \pi - \phi$。

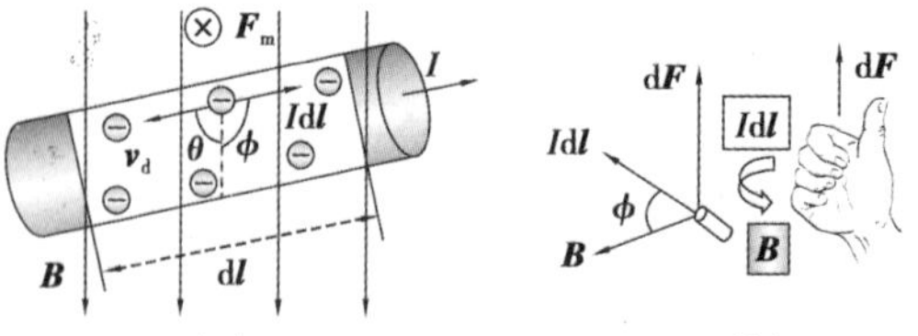

图 7.26

根据洛伦兹力公式,电流元中的一个自由电子所受的洛伦兹力的大小为 $F=ev_dB\ \sin\theta$,由于电子带负电,所以此力的方向垂直纸面向里。如果电流元的截面积为 S,自由电子的数密度为 n,那么,电流元中的自由电子数为 $nSdl$。这样,电流元所受的力等于电流元中 $nSdl$ 个电子所受的洛伦兹力的总和。因为作用在每个电子上的力的大小、方向都相同,所以磁场作用在电流元上的力为

$$dF = nS\mathrm{d}lev_dB\ \sin\theta$$

即

$$dF = nev_dS\mathrm{d}lB\ \sin\theta$$

由于通过导线的电流为 $I=nev_dS$,所以上式可写成

$$dF = I\mathrm{d}lB\ \sin\theta$$

由于 $\sin\theta=\sin\phi$,故上式亦可写成

$$dF = I\mathrm{d}lB\ \sin\phi$$

上式表明,磁场对电流元 $I\mathrm{d}\boldsymbol{l}$ 作用的力,在数值上等于电流元的大小、电流元所在处的磁感应强度大小以及电流元 $I\mathrm{d}\boldsymbol{l}$ 和磁感应强度 $\boldsymbol{B}$ 之间的夹角 ϕ 的正弦之乘积,这个规律叫作安培定律。磁场对电流元作用的力,通常叫安培力。安培力的方向可以这样判定:即右手四指由 $I\mathrm{d}\boldsymbol{l}$ 经小于 180°的角弯向 $\boldsymbol{B}$,这时大拇指的指向就是安培力的方向[图 7.26(b)]。

若用矢量式表示安培定律,则有

$$\mathrm{d}\boldsymbol{F} = I\mathrm{d}\boldsymbol{l} \times \boldsymbol{B} \tag{7.20}$$

显然,安培力 $\mathrm{d}\boldsymbol{F}$ 垂直于 $I\mathrm{d}\boldsymbol{l}$ 和 $\boldsymbol{B}$ 所组成的平面,且 $\mathrm{d}\boldsymbol{F}$ 的方向与矢积 $I\mathrm{d}\boldsymbol{l}\times\boldsymbol{B}$ 的方向一致。

有限长载流导线所受的安培力,等于各电流元所受安培力的矢量叠加,即

$$\boldsymbol{F} = \int_l \mathrm{d}\boldsymbol{F} = \int_l I\mathrm{d}\boldsymbol{l} \times \boldsymbol{B} \tag{7.21}$$

上式说明,安培力是作用在整个载流导线上,而不是集中作用于一点上的。

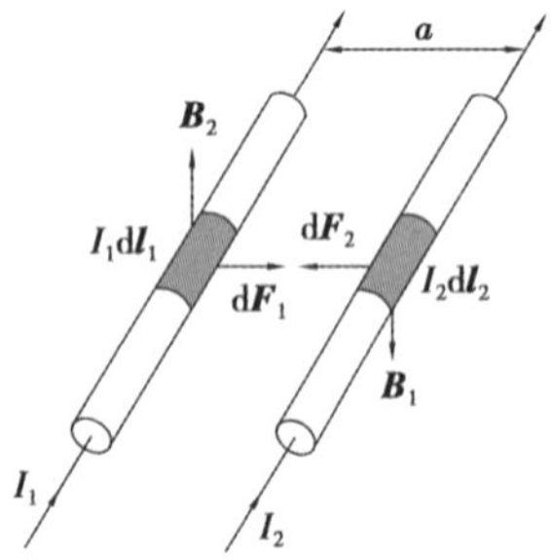

图 7.27

[例 7.7]设有两根相距 a 的无限长平行直导线,分别通有同方向的电流 I_1 和 I_2,现在计算两根导线单位长度所受的磁力。

解:如图 7.27 所示,在导线 2 上取一电流元 $I_2\mathrm{d}\boldsymbol{l}_2$,由毕奥-萨伐尔定律可知,导线 1 在 $I_2\mathrm{d}\boldsymbol{l}_2$ 处产生的磁感应强度 $\boldsymbol{B}_1$ 的大小为

$$B_1 = \frac{\mu_0 I_1}{2\pi a}$$

$\boldsymbol{B}_1$ 的方向如图 7.27 所示,垂直于两导线所在的平面。由安培定律得,电流元 $I_2\mathrm{d}\boldsymbol{l}_2$ 所受安培力大小为

$$\begin{aligned} dF_2 &= B_1 I_2 dl_2 \sin\theta \\ &= B_1 I_2 dl_2 \\ &= \frac{\mu_0 I_1 I_2}{2\pi a} dl_2 \end{aligned}$$

θ 表示 $I_2 d\boldsymbol{l}_2$ 与 $\boldsymbol{I}_1$ 的夹角，$d\boldsymbol{F}_2$ 的方向在平行两导线所在的平面内，垂直于导线 2，并指向导线 1。所以，导线 2 单位长度所受安培力大小为

$$\frac{dF_2}{dl_2} = \frac{\mu_0 I_1 I_2}{2\pi a}$$

同理可得导线 1 单位长度所受的安培力大小为

$$\frac{dF_1}{dl_1} = \frac{\mu_0 I_1 I_2}{2\pi a}$$

方向指向导线 2。

由此可知，两平行直导线中的电流流向相同时，两导线通过磁场的作用而相互吸引；如果两导线中的电流流向相反，两导线通过磁场的作用而相互排斥，斥力与引力大小相等。

［**例** 7.8］如图 7.28 所示，一通有电流的闭合回路放在磁感应强度为 $\boldsymbol{B}$ 的均匀磁场中，回路的平面与磁感应强度 $\boldsymbol{B}$ 垂直。此回路由直导线 AB 和半径为 r 的圆弧导线 BCA 组成。若回路的电流为 I，其流向为顺时针方向，那么磁场作用于整个回路的力为多少？

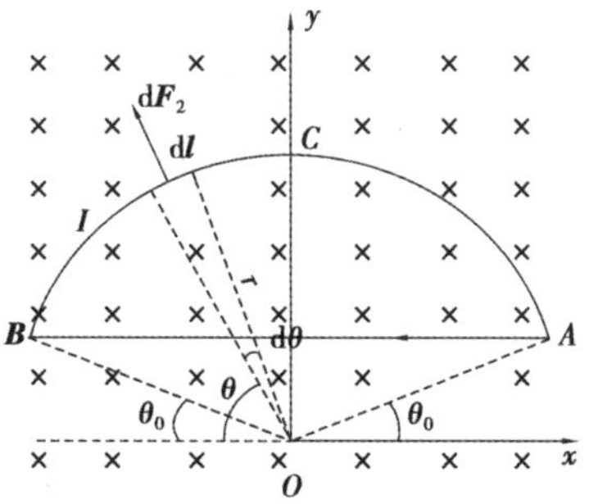

图 7.28

解：整个回路所受的力为导线 AB 和 BCA 所受力的矢量和。作用在直导线 AB 上的力$\boldsymbol{F}_1$ 的大小为

$$F_1 = BI|AB|$$

$\boldsymbol{F}_1$ 的方向与 Oy 轴的正向相反，竖直向下。

在弧形导线 BCA 上取一线元 $d\boldsymbol{l}$，作用在此线元上的力 $d\boldsymbol{F}_2$ 为

$$d\boldsymbol{F}_2 = Id\boldsymbol{l} \times \boldsymbol{B}$$

$d\boldsymbol{F}_2$ 的方向为矢积 $d\boldsymbol{l}\times\boldsymbol{B}$ 的方向，$d\boldsymbol{F}_2$ 的大小为

$$dF_2 = BIdl$$

考虑到圆弧形导线 BCA 上各线元所受的力均在 xy 平面内，故可将 BCA 上各线元所受的力分解成水平和竖直两个分量 $d\boldsymbol{F}_{2x}$ 和 $d\boldsymbol{F}_{2y}$。

从对称性可知，圆弧上所有线元沿 Ox 轴方向受力的总和为零，即 $F_{2x} = \int dF_{2x} = 0$，而沿 Oy 轴方向所有的分力均竖直向上。于是圆弧上所有线元的合力$\boldsymbol{F}_2$ 的大小为

$$F_2 = F_{2y} = \int \mathrm{d}F_{2y} = \int \mathrm{d}F_2 \sin\theta = \int BI\mathrm{d}l \sin\theta$$

式中 θ 为 $\mathrm{d}\boldsymbol{F}_2$ 与 Ox 轴间的夹角。从图中可以看出 $\mathrm{d}l=r\mathrm{d}\theta$,此处 r 为圆弧的半径。于是上式可写成

$$F_2 = BIr\int \sin\theta\mathrm{d}\theta$$

从图中还可以看出,θ 的上、下限是:在弧的一端点 B 处 $\theta=\theta_0$,在弧的另一端点 A 处 $\theta=\pi-\theta_0$。上式的积分为

$$\begin{aligned}F_2 &= BIr\int_{\theta_0}^{\pi-\theta_0} \sin\theta\mathrm{d}\theta \\ &= BIr[\cos\theta_0 - \cos(\pi-\theta_0)] = BI(2r\cos\theta_0)\end{aligned}$$

式中 $2r\cos\theta_0=|AB|$,于是上式为

$$F_2 = BI|AB|$$

F_2 的方向沿 Oy 轴正向。

从上述计算结果可以看出,载流直导线 AB 与载流圆弧导线 BCA 在磁场中所受的力$\boldsymbol{F}_1$ 和$\boldsymbol{F}_2$ 大小相等,方向相反,即$\boldsymbol{F}_2=-\boldsymbol{F}_1$。这样,如图 7.28 所示的闭合回路所受的磁场力,即$\boldsymbol{F}_1$ 与$\boldsymbol{F}_2$ 之和为零。

这表明,在均匀磁场中,若载流导线闭合回路的平面与磁感应强度垂直时,此闭合回路的整体所受磁场力为零(注意此时回路上每一部分都受磁场力作用,而使回路被绷紧了)。可以证明,上述结论不仅对如图 7.28 所示的闭合回路是正确的,而且对其他形状的闭合回路也是正确的。

此外,由上述结果可以看出,在均匀磁场中,任意形状的平面载流导线所受的磁场力,与其始点和终点相同的载流直导线所受的磁场力是相等的。

7.7.2 磁场对载流线圈的作用

如图 7.29 所示,在磁感应强度为 $\boldsymbol{B}$ 的均匀磁场中,有一刚性矩形载流线圈 $MNOP$,它的边长分别为 l_1 和 l_2,电流为 I,流向自 $M\to N\to O\to P\to M$。设线圈平面的正法向单位矢量 $\boldsymbol{e}_n$ 的方向与磁感应强度 $\boldsymbol{B}$ 方向之间的夹角为 θ,即线圈平面与 $\boldsymbol{B}$ 之间夹角为 $\phi(\phi+\theta=\pi/2)$,并且 MN 边及 OP 边均与 $\boldsymbol{B}$ 垂直。

磁场对导线 NO 段和 PM 段作用力的大小分别为

$$F_4 = BIl_1\sin\phi$$

$$F_3 = BIl_1\sin(\pi-\phi) = BIl_1\sin\phi$$

$\boldsymbol{F}_3$ 和$\boldsymbol{F}_4$ 这两个力大小相等、方向相反,并且在同一直线上,所以对整个线圈来讲,它们的合力及合力矩都为零。

而导线 MN 段和 OP 段所受磁场作用力的大小则分别为

$$F_1 = BIl_2,\quad F_2 = BIl_2$$

这两个力大小相等,方向亦相反,但不在同一直线上,它们的合力虽为零,但对线圈要产生磁力矩 $M=F_1l_1\cos\phi$。由于 $\phi=\pi/2-\theta$,所以 $\cos\phi=\sin\theta$,则有

$$M = F_1l_1\sin\theta = BIl_2l_1\sin\theta$$

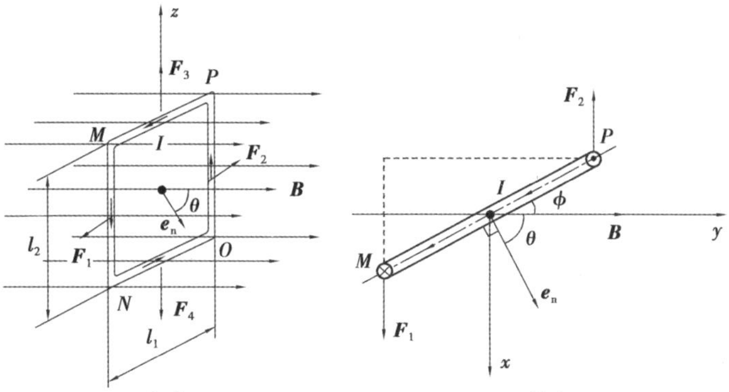

(a)　　　　(b)

图 7.29

或

$$M = BIS \sin \theta \tag{7.22a}$$

式中 $S=l_1l_2$ 为矩形线圈的面积,而线圈的磁矩为 $\boldsymbol{m}=IS\boldsymbol{e}_n$。因为角 θ 是 $\boldsymbol{e}_n$ 与磁感应强度 $\boldsymbol{B}$ 之间的夹角,所以上式用矢量表示则为

$$\boldsymbol{M} = IS\boldsymbol{e}_n \times \boldsymbol{B} = \boldsymbol{m} \times \boldsymbol{B} \tag{7.22b}$$

如果线圈不只一匝,而是 N 匝,那么线圈所受的磁力矩应为

$$\boldsymbol{M} = NIS\boldsymbol{e}_n \times \boldsymbol{B} \tag{7.22c}$$

下面讨论几种特殊情况:

①当载流线圈的 $\boldsymbol{e}_n$ 方向与磁感应强度 $\boldsymbol{B}$ 的方向相同(即 $\theta=0°$),亦即磁通量为正向极大时,$M=0$,磁力矩为零,此时线圈处于平衡状态[图 7.30(a)]。

②当载流线圈的 $\boldsymbol{e}_n$ 方向与磁感应强度 $\boldsymbol{B}$ 的方向相垂直(即 $\theta=90°$),亦即磁通量为零时,$M=NBIS$,磁力矩最大[图 7.30(b)]。

③当载流线圈的 $\boldsymbol{e}_n$ 方向与磁感应强度 $\boldsymbol{B}$ 的方向相反(即 $\theta=180°$)时,$M=0$,这时也没有磁力矩作用在线圈上[图 7.30(c)]。不过,在这种情况下,只要线圈稍稍偏过一个微小角度,它就会在磁力矩作用下离开这个位置,而稳定在 $\theta=0°$时的平衡状态。所以常把 $\theta=180°$时线圈的状态叫作不稳定平衡状态,而把 $\theta=0°$时线圈的状态叫作稳定平衡状态。

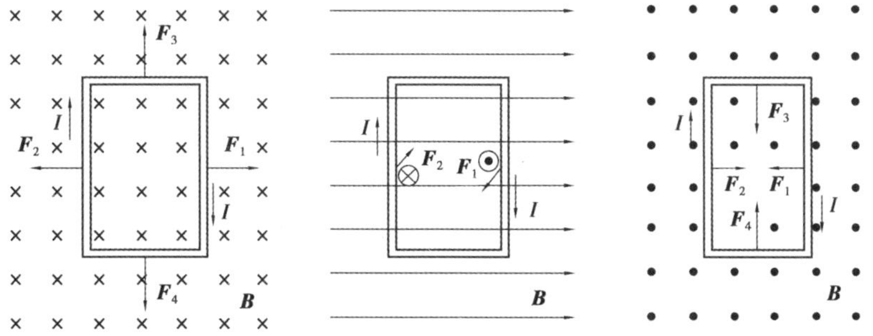

(a) θ=0°　　(b) θ=90°　　(c) θ=180°

图 7.30

总之,磁场对载流线圈作用的磁力矩,总是要使线圈转到它的 $\boldsymbol{e}_n$ 方向与磁场方向相一致的稳定平衡位置。

[例 7.9]如图 7.31(a)所示,半径为 0.20 m,电流为 20 A,可绕 Oy 轴旋转的圆形载流线圈放在均匀磁场中,磁感应强度 $\boldsymbol{B}$ 的大小为 0.08 T,方向沿 Ox 轴正向。此时线圈受力情况是怎样的?

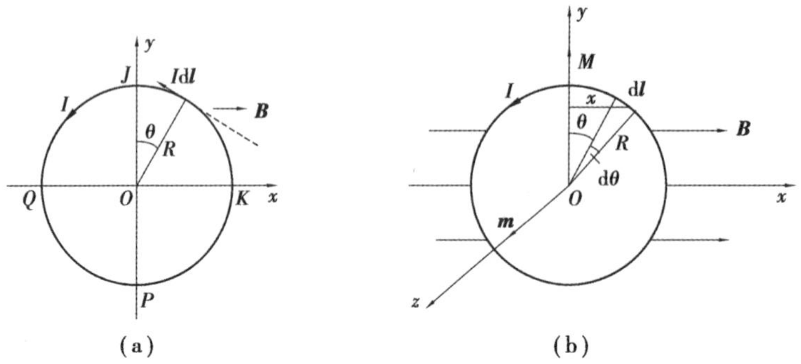

图 7.31

解:把圆线圈分为 PKJ 和 JQP 两部分。由例 7.8 可知,半圆 PKJ 所受的力 $\boldsymbol{F}_1$ 为

$$\boldsymbol{F}_1 = -BI(2R)\boldsymbol{k} = -0.64\boldsymbol{k}\ \mathrm{N}$$

即 $\boldsymbol{F}_1$ 的方向与 Oz 轴的正向相反,垂直纸面向里。作用在半圆 JQP 上的力 $\boldsymbol{F}_2$ 为

$$\boldsymbol{F}_2 = BI(2R)\boldsymbol{k} = 0.64\boldsymbol{k}\ \mathrm{N}$$

即 $\boldsymbol{F}_2$ 的方向与 Oz 轴的正向相同,垂直纸面向外。因此,作用在圆形载流线圈上的合力为零。

虽然作用在线圈上的合力为零,但力矩并不为零。如图 7.31(b)所示,按照力矩的定义,对 Oy 轴而言,作用在电流元 $I\mathrm{d}\boldsymbol{l}$ 上的磁力矩 $\mathrm{d}\boldsymbol{M}$ 的大小为

$$\mathrm{d}M = x\mathrm{d}F = I\mathrm{d}lBx\sin\theta$$

由图可以看出,$x=R\sin\theta$,$\mathrm{d}l=R\mathrm{d}\theta$,上式为

$$\mathrm{d}M = IBR^2\sin^2\theta\mathrm{d}\theta$$

于是,作用在整个线圈上的磁力矩 $\boldsymbol{M}$ 的大小则为

$$M = IBR^2\int_0^{2\pi}\sin^2\theta\mathrm{d}\theta = IB\pi R^2$$

力矩 $\boldsymbol{M}$ 的方向沿 Oy 轴正向。代入已知数据可得 $M=0.2\ \mathrm{N\cdot m}$。

上述结果如用式(7.22b)是很容易得到的。从图 7.31(b)可以看出,此线圈的磁矩 $\boldsymbol{m}$ 为

$$\boldsymbol{m} = IS\boldsymbol{k} = I\pi R^2\boldsymbol{k}$$

而磁感应强度 $\boldsymbol{B}$ 为

$$\boldsymbol{B} = B\boldsymbol{i}$$

所以,根据式(7.22b)得

$$\boldsymbol{M} = \boldsymbol{m}\times\boldsymbol{B} = I\pi R^2B\boldsymbol{k}\times\boldsymbol{i}$$

由矢量的矢积知 $\boldsymbol{k}\times\boldsymbol{i}=\boldsymbol{j}$,故上式可写成

$$\boldsymbol{M} = IB\pi R^2\boldsymbol{j}$$

这与上面的结果是一致的。

7.8 磁介质

实际的磁场中大多存在着各种各样的物质,这些物质因受磁场的作用而处于一种特殊的

状态,称为磁化状态。磁化后的物质反过来又对磁场产生影响,我们称能够影响磁场的物质为磁介质。

7.8.1　磁介质的磁化及分类

实验表明,不同物质对磁场的影响差异很大,若均匀磁介质处于磁感应强度为 $\boldsymbol{B}_0$ 的外磁场中,磁介质要被磁化,从而产生磁化电流。磁化电流也要激发磁感应强度为 $\boldsymbol{B}'$ 的附加磁场,则磁介质中的总磁感应强度 $\boldsymbol{B}$ 是 $\boldsymbol{B}_0$ 和 $\boldsymbol{B}'$ 的叠加,即

$$\boldsymbol{B} = \boldsymbol{B}_0 + \boldsymbol{B}' \tag{7.23}$$

对不同的磁介质,$\boldsymbol{B}'$ 的大小和方向可能有很大的差别。为了便于讨论磁介质的分类,我们引入相对磁导率 μ_r。当均匀磁介质充满整个磁场时,磁介质的相对磁导率定义为

$$\mu_r = \frac{B}{B_0} \tag{7.24}$$

式中,B 为磁介质中的总磁场的磁感应强度的大小,B_0 为真空中磁场或者说外磁场的磁感应强度的大小,μ_r 可用来描述不同磁介质磁化后对原外磁场的影响。类似于介电常量 ε 的定义,我们定义磁介质的磁导率

$$\mu = \mu_0\mu_r \tag{7.25}$$

实验指出,就磁性来说,物质可分为以下 3 类:

①抗磁质:这类磁介质的相对磁导率 $\mu_r<1$,在外磁场中,其附加磁感应强度 $\boldsymbol{B}'$ 与 $\boldsymbol{B}_0$ 方向相反,因而总磁感应强度的大小 $B<B_0$。如汞、铜、铋、氢、锌、铅等都是抗磁质。

②顺磁质:这类磁介质的相对磁导率 $\mu_r>1$,在外磁场中,其附加磁感应强度 $\boldsymbol{B}'$ 与 $\boldsymbol{B}_0$ 方向相同,因而总磁感应强度的大小 $B>B_0$。如锰、铬、铂、氧、铝等都是顺磁质。

③铁磁质:这类磁介质的相对磁导率 $\mu_r\gg1$,在外磁场中,其附加磁感应强度 $\boldsymbol{B}'$ 与 $\boldsymbol{B}_0$ 方向相同,且 $B'\gg B_0$,因而总磁感应强度的大小 $B\gg B_0$。如铁、镍、钴、钆等都是铁磁质。

抗磁质和顺磁质的磁性都很弱,统称为弱磁质。它们的 μ_r 尽管可能大于 1 或者小于 1,但是都很接近 1,而且 μ_r 都是与外磁场无关的常数,铁磁质的磁性都很强,且还具有一些特殊的性质。

7.8.2　顺磁质和抗磁质磁化的微观机理

下面用安培的分子电流学说简单说明顺磁性和抗磁性的起源。

在物质的分子中,每个电子都绕原子核做轨道运动,从而使之具有轨道磁矩;此外,电子本身还有自旋,因而也会具有自旋磁矩。一个分子内所有电子全部磁矩的矢量和,称为分子的固有磁矩,简称分子磁矩,用符号 $\boldsymbol{m}$ 表示。分子磁矩可用一个等效的圆电流 I 来表示,这就是安培当年为解释磁性起源而设想的分子电流的现代解释,如图 7.32 所示。这里需要明确的是,分子电流与导体中导电的传导电流是有区别的,构成分子电流的电子只做绕核运动,它们不是自由电子。

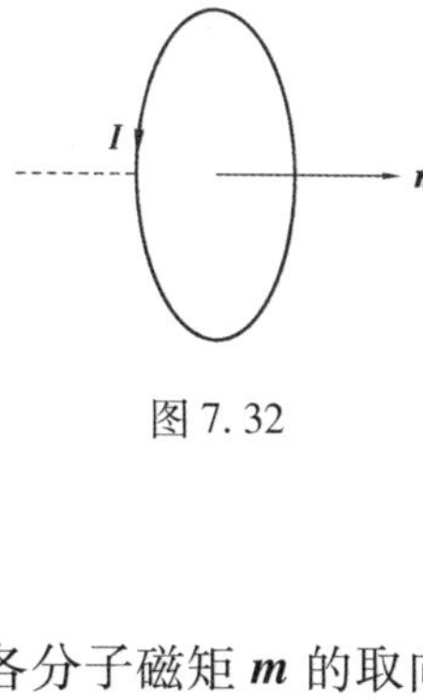

图 7.32

在顺磁性物质中,虽然每个分子都具有磁矩 $\boldsymbol{m}$,在没有外磁场时,各分子磁矩 $\boldsymbol{m}$ 的取向是无规则的,因而在顺磁质中任一宏观小体积内,所有分子磁矩的矢量和为零,以致顺磁质对外

不显现磁性，处于未被磁化的状态[图 7.33(a)]。

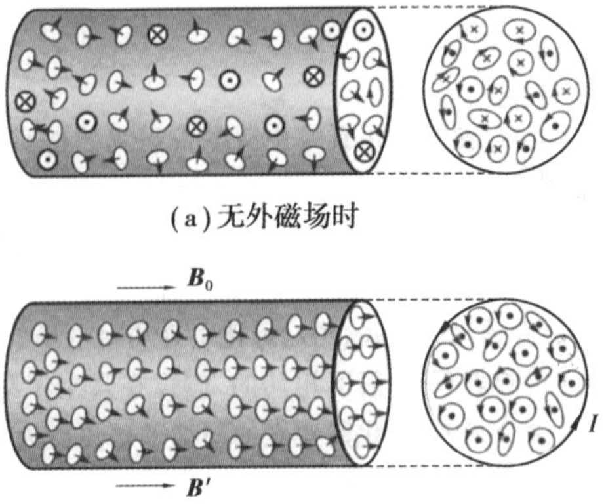

(a) 无外磁场时

(b) 有外磁场时

图 7.33

当顺磁性物质处在外磁场中时，各分子磁矩都要受到磁力矩的作用。从式(7.22)可知，在磁力矩作用下，各分子磁矩的取向都具有转到与外磁场方向相同的趋势[图 7.33(b)]，这样，顺磁质就被磁化了。显然，在顺磁质中因磁化而出现的附加磁感应强度 $\boldsymbol{B}'$ 与外磁场的磁感应强度 $\boldsymbol{B}_0$ 的方向相同。于是，在外磁场中，顺磁质内的磁感应强度 $\boldsymbol{B}$ 为

$$\boldsymbol{B} = \boldsymbol{B}_0 + \boldsymbol{B}'$$

对抗磁质来说，在没有外磁场作用时，虽然分子中每个电子的轨道磁矩与自旋磁矩都不等于零，但分子中全部电子的轨道磁矩与自旋磁矩的矢量和却等于零，即分子固有磁矩为零($\boldsymbol{m}$ = 0)。所以，在没有外磁场时，抗磁质并不显现出磁性。但在外磁场作用下，分子中每个电子的轨道运动和自旋运动都将发生变化，从而引起附加磁矩 $\Delta\boldsymbol{m}$，而且附加磁矩 $\Delta\boldsymbol{m}$ 的方向必与外磁场 $\boldsymbol{B}_0$ 的方向相反。

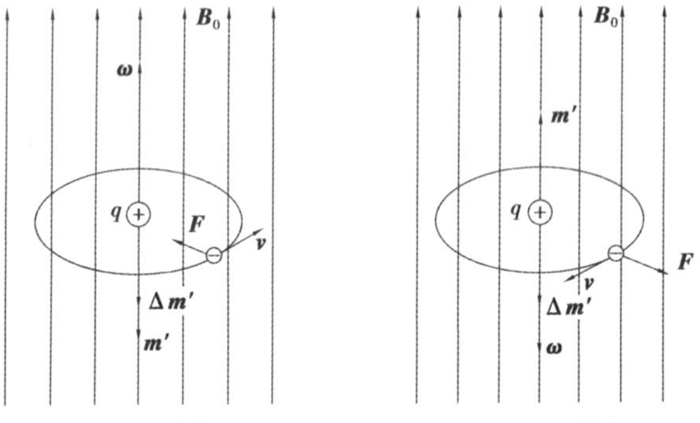

(a) $\boldsymbol{\omega}$，$\boldsymbol{B}_0$同向

(b) $\boldsymbol{\omega}$，$\boldsymbol{B}_0$反向

图 7.34

如图 7.34(a)所示，设一电子以半径 r，角速度 $\boldsymbol{\omega}$ 绕核做逆时针轨道运动，电子的磁矩 $\boldsymbol{m}'$ 的方向与外磁场的磁感应强度 $\boldsymbol{B}_0$ 的方向相反。可以证明，电子在洛伦兹力 $\boldsymbol{F}$ 的作用下，其附加磁矩 $\Delta\boldsymbol{m}'$ 与 $\boldsymbol{B}_0$ 的方向相反。如果上述电子以角速度 $\boldsymbol{\omega}$ 绕核做顺时针转动，同样可以证明，其 $\Delta\boldsymbol{m}'$ 也与 $\boldsymbol{B}_0$ 的方向相反[图 7.34(b)]。由于分子中每个电子的附加磁矩 $\Delta\boldsymbol{m}'$ 都与外磁场的磁感应强度 $\boldsymbol{B}_0$ 的方向相反，所有分子的附加磁矩 $\Delta\boldsymbol{m}$ 的方向也与 $\boldsymbol{B}_0$ 的方向相反。因此，在

抗磁质中，就要出现与外磁场 $\boldsymbol{B}_0$ 方向相反的附加磁场 $\boldsymbol{B}'$。于是，抗磁质内的磁感应强度 $\boldsymbol{B}$ 的值，要比 $\boldsymbol{B}_0$ 略小一点，即

$$B = B_0 - B'$$

7.8.3　磁化强度

从上面的讨论可以看到，磁介质的磁化，就其实质来说，或是由于在外磁场作用下分子磁矩的取向发生了变化，或是在外磁场作用下产生附加磁矩，而且前者也可归结为产生附加磁矩。因此，我们可以用磁介质中单位体积内分子的合磁矩来表示介质的磁化情况，这叫作磁化强度，用符号 $\boldsymbol{M}$ 表示，在均匀磁介质中取小体积 ΔV，在此体积内分子磁矩的矢量和为 $\sum \boldsymbol{m}_i$，那么磁化强度为

$$\boldsymbol{M} = \frac{\sum \boldsymbol{m}_i}{\Delta V} \tag{7.26}$$

在国际单位制中，磁化强度的单位为安培每米，符号为 A/m。

7.9　磁介质中的安培环路定理　磁场强度

如图 7.35(a)所示，设在单位长度有 n 匝线圈的无限长直螺线管内充满着各向同性均匀磁介质，线圈内的电流为 I，电流 I 在螺线管内激发的磁感应强度为 $\boldsymbol{B}(B=\mu_0 nI)$。而磁介质在磁场 $\boldsymbol{B}$ 中被磁化，从而使磁介质内的分子磁矩在磁场 $\boldsymbol{B}$ 的作用下有规则排列[图 7.35(b)]。从图中可以看出，在磁介质内部各处的分子电流总是方向相反，相互抵消，只在边缘上形成近似环形电流，这个电流称为磁化电流。

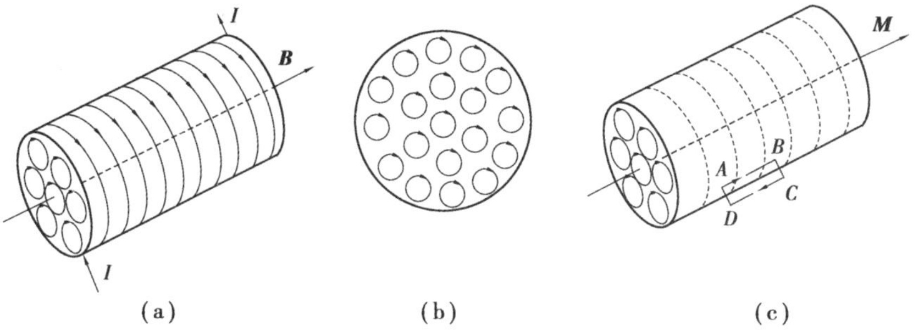

图 7.35

我们把圆柱形磁介质表面上沿柱体母线方向单位长度的磁化电流，称为磁化电流面密度 I_s。那么，在长为 L、截面积为 S 的磁介质里，由于被磁化而具有的磁矩值为 $\sum m_i = I_s LS$。于是由磁化强度定义式(7.26)可得磁化电流面密度和磁化强度之间的关系为

$$I_s = M$$

若在如图 7.35(c)所示的圆柱形磁介质内外横跨边缘处选取 $ABCDA$ 矩形环路，并设 $|AB|=l$，那么磁化强度 $\boldsymbol{M}$ 沿此环路的积分则为

$$\oint_l \boldsymbol{M} \cdot \mathrm{d}\boldsymbol{l} = M|AB| = I_s l$$

此外,对 $ABCDA$ 环路来说,由安培环路定理可有

$$\oint_l \boldsymbol{B} \cdot \mathrm{d}\boldsymbol{l} = \mu_0 \sum I_i$$

式中 $\sum I_i$ 为环路所包围线圈流过的传导电流 $\sum I$ 与磁化电流 $\sum I_s$ 之和,故上式可写成

$$\oint_l \boldsymbol{B} \cdot \mathrm{d}\boldsymbol{l} = \mu_0 \sum I + \mu_0 I_s l$$

所以有

$$\oint_l \boldsymbol{B} \cdot \mathrm{d}\boldsymbol{l} = \mu_0 \sum I + \mu_0 \oint_l \boldsymbol{M} \cdot \mathrm{d}\boldsymbol{l}$$

引进辅助量 $\boldsymbol{H}$,且令

$$\boldsymbol{H} = \frac{\boldsymbol{B}}{\mu_0} - \boldsymbol{M} \tag{7.27}$$

式中 $\boldsymbol{H}$ 称为磁场强度,于是得

$$\oint_l \boldsymbol{H} \cdot \mathrm{d}\boldsymbol{l} = \sum I \tag{7.28}$$

这就是磁介质中的磁场安培环路定理。它说明:磁场强度沿任意闭合回路的线积分,等于该回路所包围的传导电流的代数和。

在国际单位制中,磁场强度 $\boldsymbol{H}$ 的单位是安培每米,符号是 A/m。

在磁介质中,满足 $\boldsymbol{M} \propto \boldsymbol{H}$ 的磁介质称为线性磁介质。于是有

$$\boldsymbol{M} = \chi_m \boldsymbol{H}$$

其中 χ_m 是个量纲为 1 的量,叫作磁介质的磁化率,它是随磁介质的性质而异的。将上式代入 $\boldsymbol{H}$ 的定义式(7.27),有

$$\boldsymbol{H} = \frac{\boldsymbol{B}}{\mu_0} - \boldsymbol{M} = \frac{\boldsymbol{B}}{\mu_0} - \chi_m \boldsymbol{H}$$

或

$$\boldsymbol{B} = \mu_0 (1 + \chi_m) \boldsymbol{H}$$

可令式中 $1 + \chi_m = \mu_r$,且称 μ_r 为磁介质的相对磁导率,则上式可写为

$$\boldsymbol{B} = \mu_0 \mu_r \boldsymbol{H} \tag{7.29a}$$

令 $\mu_0 \mu_r = \mu$,并称 μ 为磁导率,上式即为

$$\boldsymbol{B} = \mu \boldsymbol{H} \tag{7.29b}$$

在真空中,$\boldsymbol{M} = 0$,故 $\chi_m = 0$,$\mu_r = 1$,$\boldsymbol{B} = \mu_0 \boldsymbol{H}$。如磁介质为顺磁质,由实验知道,其 $\chi_m > 0$,故 $\mu_r > 1$。对抗磁质来说,其 $\chi_m < 0$,故 $\mu_r < 1$。

显然,顺磁质和抗磁质确是两种弱磁性物质,它们的磁化率 χ_m 都很小,它们的相对磁导率($\mu_r = 1 + \chi_m$)与真空的相对磁导率($\mu_r = 1$)十分接近。因此,一般在讨论电流磁场的问题中,常可略去顺磁质、抗磁质磁化的影响。

最后,我们说明一下引进辅助量 $\boldsymbol{H}$ 的好处。由式(7.28)知道,在磁介质中,磁场强度的环流为

$$\oint_l \boldsymbol{H} \cdot \mathrm{d}\boldsymbol{l} = \sum I$$

而磁感应强度的环流则为

$$\oint_l \boldsymbol{B} \cdot \mathrm{d}\boldsymbol{l} = \mu_0\mu_r \sum I$$

可见,磁场中磁感应强度的环流与磁介质有关,而磁场强度的环流则只与传导电流有关。所以,这就像引入电位移 $\boldsymbol{D}$ 后,我们能够比较方便地处理电介质中的电场问题一样,引入磁场强度 $\boldsymbol{H}$ 这个物理量后,我们能够比较方便地处理磁介质中的磁场问题。

[**例** 7.10]如图 7.36 所示,有两个半径分别为 r 和 R 的“无限长”同轴圆筒形导体,在它们之间充以相对磁导率为 μ_r 的磁介质。当两圆筒通有相反方向的电流 I 时,求:

(1)磁介质中任意点 P 的磁感应强度的大小;

(2)圆柱体外面一点 Q 的磁感应强度。

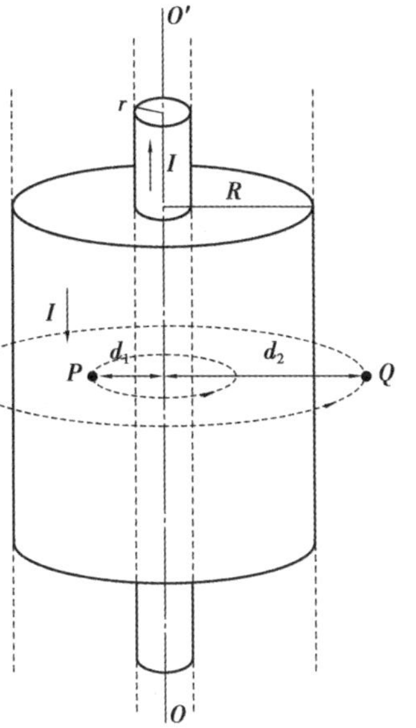

图 7.36

解:(1)这两个“无限长”的同轴圆筒,当有电流通过时,它们的磁场是轴对称分布的。设磁介质中点 P 到轴线 OO' 的垂直距离为 d_1,并以 d_1 为半径作一圆。根据式(7.28),有

$$\oint_l \boldsymbol{H} \cdot \mathrm{d}\boldsymbol{l} = H\int_0^{2\pi d_1} \mathrm{d}l = H2\pi d_1 = I$$

所以

$$H = \frac{1}{2\pi d_1}$$

由式(7.29),可得点 P 的磁感应强度的大小为

$$B = \mu H = \frac{\mu I}{2\pi d_1}$$

(2)设从点 Q 到轴线 $O'O$ 的垂直距离为 d_2,并以 d_2 为半径作一圆,显然此闭合路径所包围的传导电流的代数和为零,即 $\sum I=0$。根据式(7.28)可求得

$$\oint_l \boldsymbol{H} \cdot \mathrm{d}\boldsymbol{l} = H\int_0^{2\pi d_2} \mathrm{d}l = 0$$

所以

$$H = 0$$

由式(7.29),可得点 Q 的磁感应强度 $B=0$。

7.10 铁磁质

铁磁质是另一类磁介质,在实际中经常使用它,在电磁铁、电动机、变压器和电表的线圈中都要放置铁磁性物质,借以增强磁性及增强磁场。为什么铁磁质能大大地增强磁场呢? 下面我们用磁畴概念加以说明。

7.10.1 磁畴

从物质的原子结构观点来看,铁磁质内电子间因自旋引起的相互作用是非常强烈的,在这种作用下,铁磁质内部形成了一些微小的自发磁化区域,叫作磁畴,每一个磁畴中,各个电子的自旋磁矩排列得很整齐,因此它具有很强的磁性。磁畴的体积为 $10^{-12}\sim10^{-9}\ \mathrm{m}^3$,内含 $10^{17}\sim10^{20}$ 个原子。在没有外磁场时,铁磁质内各个磁畴的排列方向是无序的,所以铁磁质对外不显磁性[图 7.37(a)]。当铁磁质处于外磁场中时,各个磁畴的磁矩在外磁场的作用下都趋向于沿外磁场方向排列[图 7.37(b)],使整个磁畴趋向外磁场方向。所以铁磁质在外磁场中的磁化程度非常大,它所建立的附加磁感应强度 $\boldsymbol{B}'$ 比外磁场的磁感应强度 $\boldsymbol{B}_0$ 在数值上一般要大几十倍到数千倍,甚至达数百万倍。

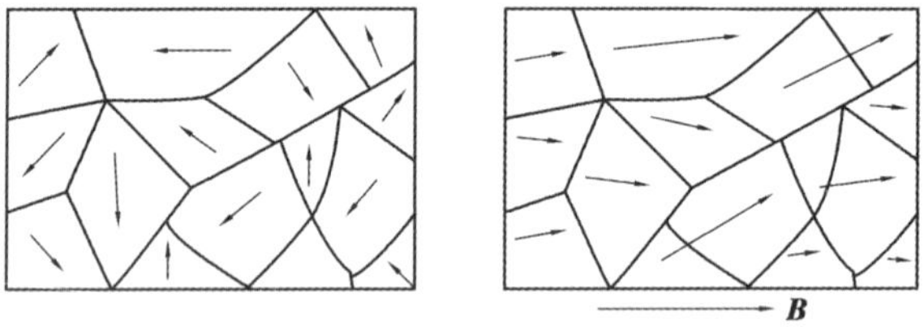

(a)无外磁场　　(b)有外磁场

图 7.37

从实验中还知道,铁磁质的磁化和温度有关,随着温度的升高,它的磁化能力逐渐减小,当温度升高到某一温度时,铁磁性就完全消失,铁磁质退化成顺磁质。这个温度叫作居里温度或居里点,这是因为铁磁质中自发磁化区域因剧烈的分子热运动而遭到破坏,磁畴也就瓦解了,铁磁质的铁磁性消失,过渡到顺磁质,从实验知道,铁的居里温度是 1 043 K,78% 坡莫合金的居里温度是 873 K,45% 坡莫合金的居里温度是 673 K。

7.10.2 磁化曲线　磁滞回线

顺磁质的磁导率 μ 很小,但是一个常量,不随外磁场的改变而变化,故顺磁质的 B 与 H 的关系是线性关系(图 7.38)。但铁磁质却不是这样,不仅它的磁导率比顺磁质的磁导率大得多,而且,当外磁场改变时,它的磁导率 μ 还随磁场强度 H 的改变而变化。图 7.39 中的 ONP 线段是从实验得出的某一铁磁质开始磁化时的 B-H 曲线,也叫初始磁化曲线。从曲线中可以看出 B 与 H 之间是非线性关系。当 H 从零(即点 O)逐渐增大时,B 急剧地增加,这是因为磁畴在磁场作用下迅速沿外磁场方向排列;到达点 N 以后,再增大 H 时,B 增加得就比较慢了;

当达到点 P 以后，再增加外磁场强度 H 时，B 的增加就十分缓慢，呈现出磁化已达饱和的程度。点 P 所对应的 B 值一般叫作饱和磁感应强度 B_m，这时，在铁磁质中，几乎所有磁畴都已沿着外磁场方向排列了。这时的磁场强度用 $+H_m$ 表示。

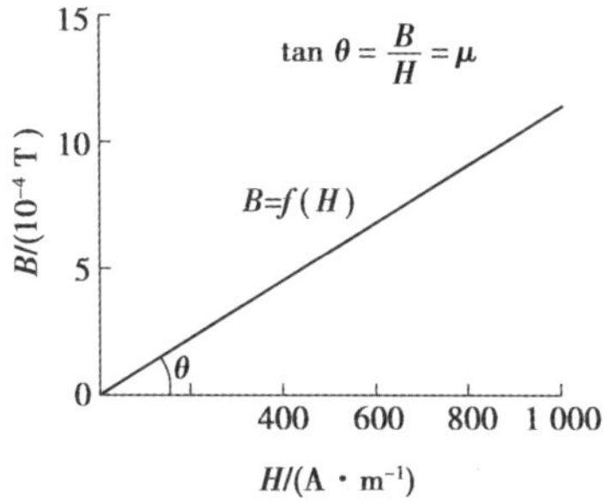

图 7.38

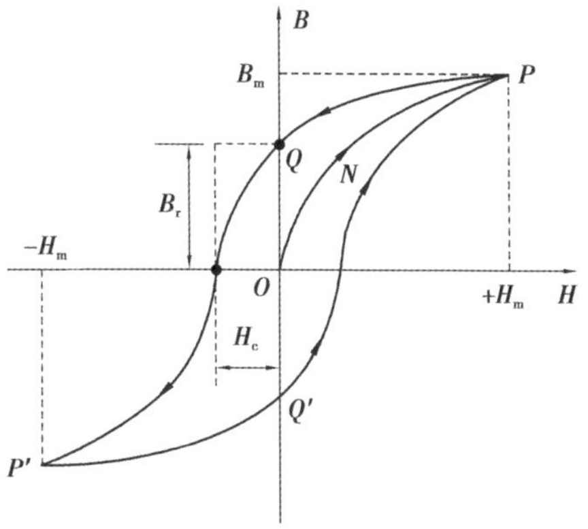

图 7.39

当磁场强度达到 $+H_m$ 后就开始减小，那么，在 H 减小的过程中，B-H 曲线是否仍按原来的起始磁化曲线退回来呢？实验表明，当外磁场由 $+H_m$ 逐渐减小时，磁感应强度 B 并不沿起始曲线 ONP 减小，而是沿图 7.39 中另一条曲线 PQ 比较缓慢地减小。这种 B 的变化落后于 H 的变化的现象，叫作磁滞现象，简称磁滞。

由于磁滞的缘故，当磁场强度减小到零（即 $H=0$）时，磁感应强度 B 并不等于零，而是仍有一定的数值 B_r，B_r 叫作剩余磁感应强度，简称剩磁。这是铁磁质所有的性质。如果一铁磁质有剩磁存在，这就表明它已被磁化过。由图 7.39 可以看出，随着反向磁场的增加，B 逐渐减小，当达到 $H=-H_c$ 时，B 等于零，这时铁磁质的剩磁就消失了，铁磁质也就不显现磁性。通常把 H_c 叫作矫顽力，它表示铁磁质抵抗去磁的能力。当反向磁场继续不断增强到 $-H_m$ 时，材料的反向磁化同样能达到饱和点 P'。此后，反向磁场逐渐减弱到零，B-H 曲线便沿 $P'Q'$ 变化。以后，正向磁场增强到 $+H_m$ 时，B-H 曲线就沿 $Q'P$ 变化，从而完成一个循环。所以，由于磁滞，B-H 曲线就形成一个闭合曲线，这个闭合曲线叫作磁滞回线。研究磁滞现象不仅可以了解铁磁质的特性，而且也有实用价值，因为铁磁材料往往是应用于交变磁场中的。需要指出，铁磁质在交变磁场中被反复磁化时，磁滞效应是要损耗能量的，而所损耗的能量与磁滞回线所包围的面积有关，面积越大，能量的损耗也越多。

7.10.3　金属铁磁性材料

前面已经指出铁磁性物质属强磁性材料，它在电工设备和科学研究中的应用非常广泛，按其磁滞回线的不同，可分为硬磁、软磁和压磁材料等。

实验表明，不同铁磁性物质的磁滞回线形状有很大差异。图 7.40 给出软磁和硬磁两种不同铁磁材料的磁滞回线。软磁材料的特点是相对磁导率 μ_r 和饱和磁感应强度 B_m 一般都比较大，但矫顽力 H_c 比硬磁质小得多。磁滞回线所包围的面积很小，磁滞特性不显著[图 7.40(a)]。软磁材料在磁场中很容易被磁化，而由于它的矫顽力很小，所以也容易去磁。因此，软磁材料是很适用于制造电磁铁、变压器、交流电动机、交流发电机等电器中的铁芯的。

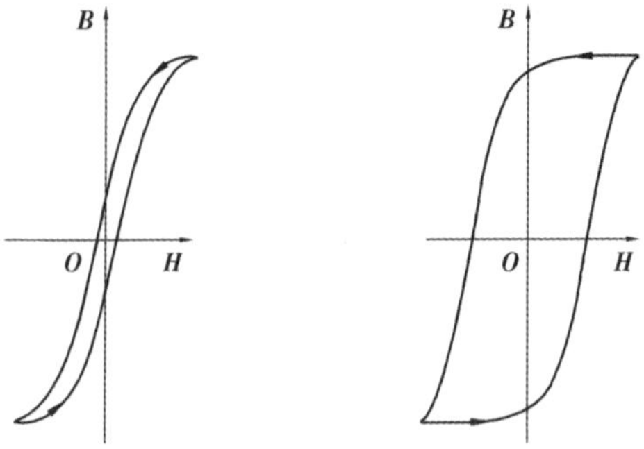

(a)软磁材料　(b)硬磁材料

图 7.40

硬磁材料又称永磁材料,它的特点是剩磁 B_r 和矫顽力 H_c 都比较大,磁滞回线所包围的面积也就大,磁滞特性非常显著[图 7.40(b)]。所以把硬磁材料放在外磁场中充磁后,仍能保留较强的磁性,并且这种剩余磁性不易被消除,因此硬磁材料适用于制造永磁体。在各种电表及其他一些电器设备中,常用永磁铁来获得稳定的磁场。

第 7 章习题

7.1　两根长度相同的细导线分别多层密绕在半径为 R 和 r 的两个长直圆筒上形成两个螺线管,两个螺线管的长度相同,$R=2r$,螺线管通过的电流相同为 I,螺线管中的磁感应强度大小 B_R、B_r 满足(　　)。

A. $B_R=2B_r$　B. $B_R=B_r$　C. $2B_R=B_r$　D. $B_R=4B_r$

7.2　一个半径为 r 的半球面如题 7.2 图放在均匀磁场中,通过半球面的磁通量为(　　)。

A. $2\pi r^2B$　B. πr^2B

C. $2\pi r^2B\cos\alpha$　D. $\pi r^2B\cos\alpha$

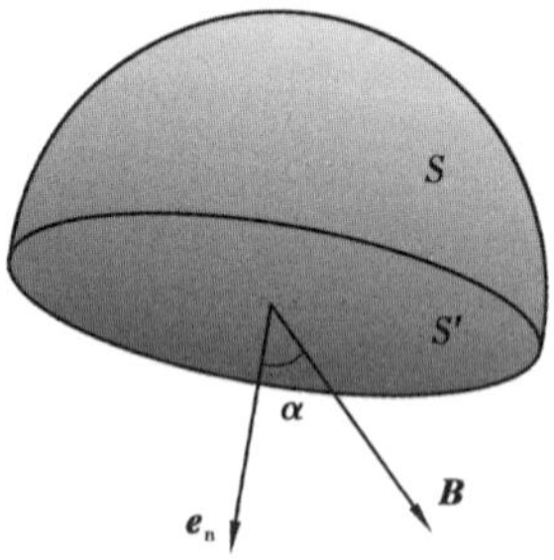

题 7.2 图

7.3　下列说法正确的是(　　)。

A. 闭合回路上各点磁感应强度都为零时,回路内一定没有电流穿过

B. 闭合回路上各点磁感应强度都为零时,回路内穿过电流的代数和必定为零

C. 磁感应强度沿闭合回路的积分为零时,回路上各点的磁感应强度必定为零

D. 磁感应强度沿闭合回路的积分不为零时,回路上任意一点的磁感应强度都不可能为零

7.4　在题7.4图(a)和(b)中各有一半径相同的圆形回路 L_1、L_2，圆周内有电流 I_1、I_2，其分布相同，且均在真空中，但在图(b)中 L_2 回路外有电流 I_3，P_1、P_2 为两圆形回路上的对应点，则(　　)。

A. $\oint_{L_1} \boldsymbol{B} \cdot d\boldsymbol{l} = \oint_{L_2} \boldsymbol{B} \cdot d\boldsymbol{l}, B_{P_1} = B_{P_2}$　　B. $\oint_{L_1} \boldsymbol{B} \cdot d\boldsymbol{l} \neq \oint_{L_2} \boldsymbol{B} \cdot d\boldsymbol{l}, B_{P_1} = B_{P_2}$

C. $\oint_{L_1} \boldsymbol{B} \cdot d\boldsymbol{l} = \oint_{L_2} \boldsymbol{B} \cdot d\boldsymbol{l}, B_{P_1} \neq B_{P_2}$　　D. $\oint_{L_1} \boldsymbol{B} \cdot d\boldsymbol{l} \neq \oint_{L_2} \boldsymbol{B} \cdot d\boldsymbol{l}, B_{P_1} \neq B_{P_2}$

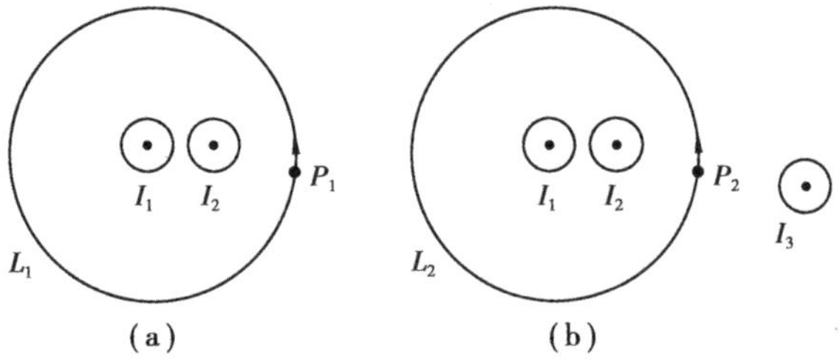

题7.4图

7.5　半径为 R 的圆柱形无限长载流直导体置于均匀无限大磁介质之中，若导体中流过的恒定电流为 I，磁介质的相对磁导率为 $\mu_r(\mu_r<1)$，则磁介质内的磁化强度为(　　)。

A. $-(\mu_r-1)I/2\pi r$　　B. $(\mu_r-1)I/2\pi r$

C. $-\mu_r I/2\pi r$　　D. $I/2\pi\mu_r r$

7.6　如题7.6图所示，几种载流导线在平面内分布，电流均为 I，它们在点 O 的磁感应强度各为多少？

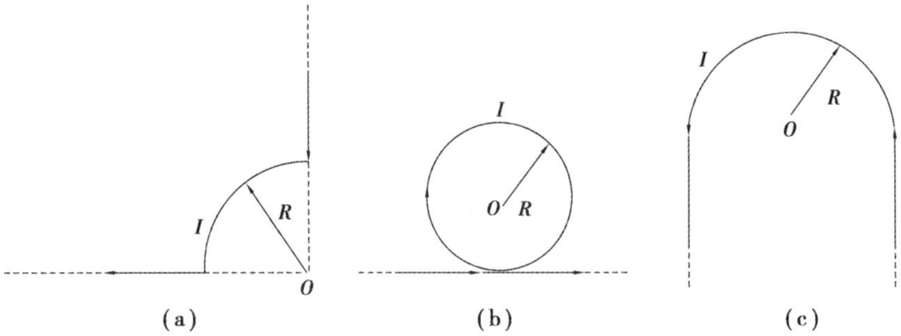

题7.6图

7.7　如题7.7图所示，有两根导线沿半径方向接到铁环上的 A、B 两点上，并与很远处的电源相连，求环中心 O 处的磁感应强度。

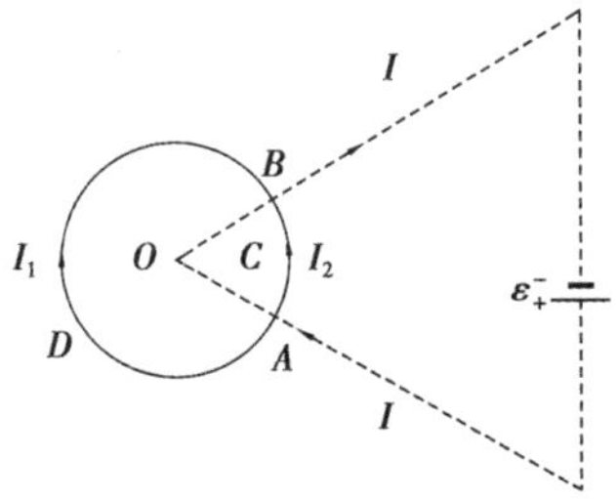

题7.7图

7.8　一长为 L,带电量为 q 的均匀带电细棒,以速率 v 沿 x 轴正方向运动。当棒运动到 y 轴重合的位置时,细棒的下端与坐标原点 O 的距离为 a,如题 7.8 图所示,求此时坐标原点处的磁感应强度的值。

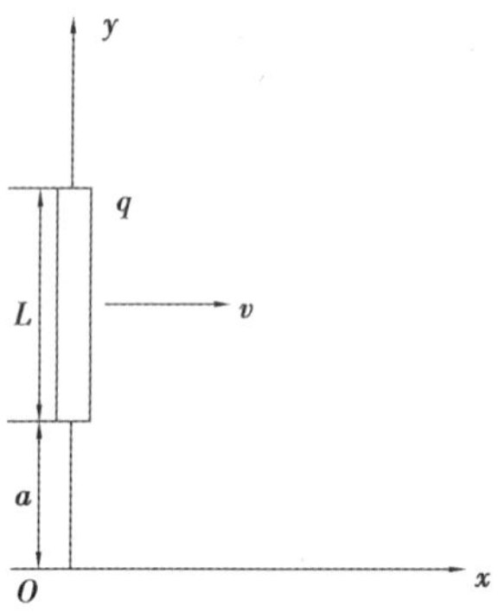

题 7.8 图

7.9　电流 I 均匀地流过半径为 R 的圆形长直导线,试计算单位长度导线内的磁场通过如题 7.9 图中所示剖面的磁通量。

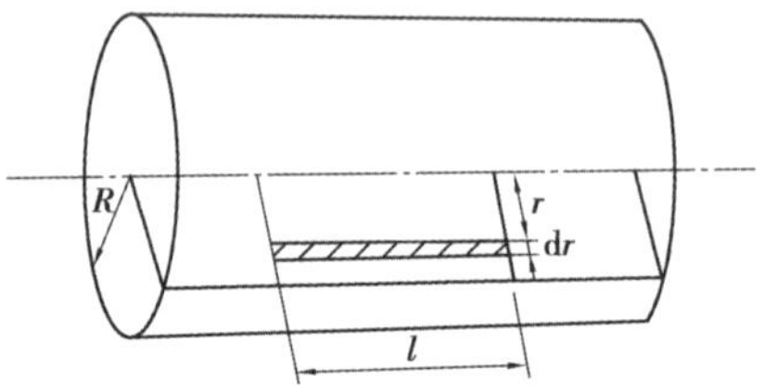

题 7.9 图

7.10　如题 7.10 图所示,无限长载流直导线的电流为 I,试求通过矩形面积的磁通量。

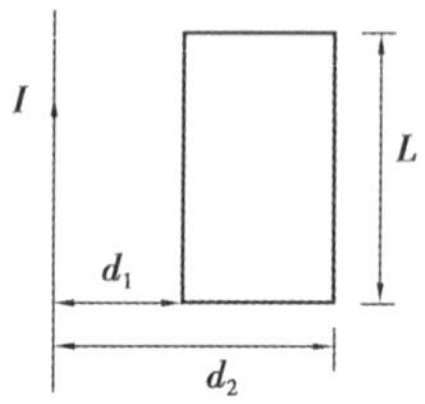

题 7.10 图

7.11　已知 10 mm^2 裸铜线允许通过 50 A 电流而不会使导线过热。电流在导线横截面上均匀分布。求:(1)导线内、外磁感应强度的分布;(2)导线表面的磁感应强度。

7.12　有一同轴电缆,其尺寸如题 7.12 图所示。两导体中的电流均为 I,但电流的流向相反,导体的磁性可不考虑。试计算以下各处的磁感应强度:(1)$r<R_1$;(2)$R_1<r<R_2$;(3)$R_2<r<R_3$;(4)$r>R_3$。画出 B-r 图线。

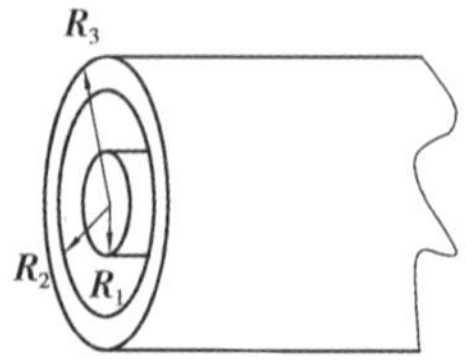

题 7.12 图

7.13　如题 7.13 图所示为一螺绕环，环内为真空，环上均匀地密绕有 N 匝线圈，线圈中的电流为 I，求载流螺绕环内的磁场。

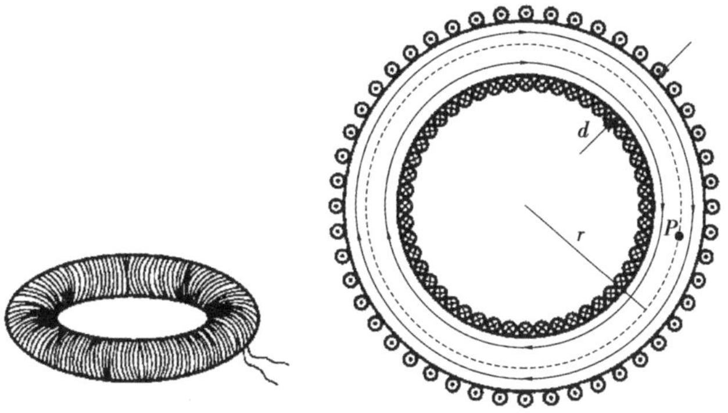

题 7.13 图

7.14　如题 7.14 图所示，载流长直导线的电流为 I，试求通过矩形面积的磁通量。

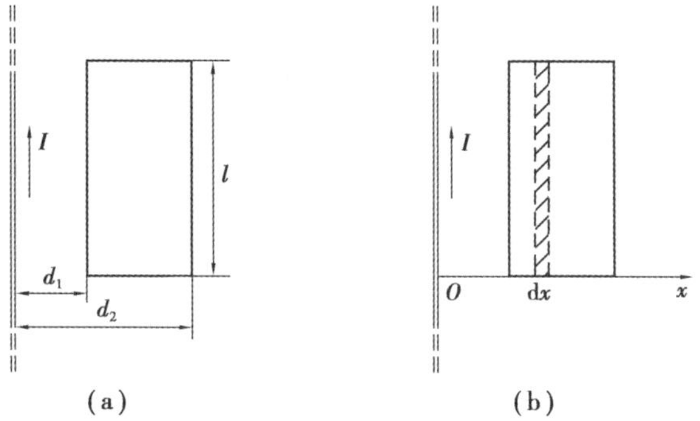

题 7.14 图

7.15　已知地面上空某处地磁场的磁感应强度 $B=0.4\times10^{-4}$ T，方向向北。若宇宙射线中有一速率 $v=5.0\times10^{7}$ m/s 的质子，垂直地通过该处。求：(1) 洛伦兹力的方向；(2) 洛伦兹力的大小，并与该质子受到的万有引力相比较。

7.16　在一个显像管的电子束中，电子有 1.2×10^{4} eV 的动能，这个显像管安放的位置使电子水平地由南向北运动。地球磁场的垂直分量 $B_{\perp}=5.5\times10^{-5}$ T，并且方向向下。求：(1) 电子束偏转方向；(2) 电子束在显像管内通过 20 cm 到达屏面时光点的偏转间距。

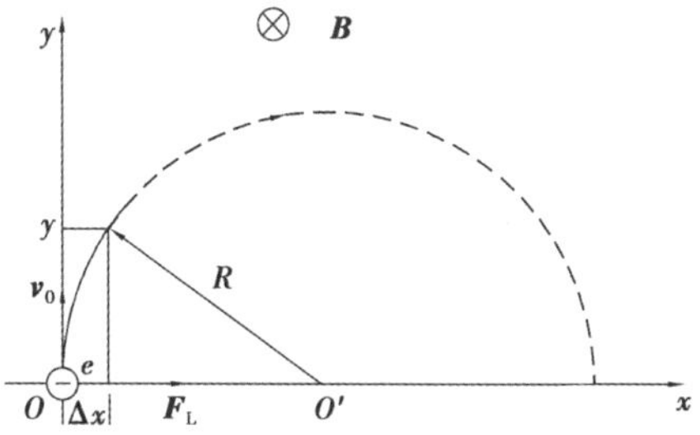

题 7.16 图

7.17 从太阳射来的速度为 0.80×10^{8} m/s 的电子进入地球赤道上空高层范艾伦辐射带中,该处磁场为 4.0×10^{-7} T,此电子回转轨道半径为多大? 若电子沿地球磁场的磁感线旋进到地磁北极附近,地磁北极附近磁场为 2.0×10^{-5} T,其轨道半径又为多少?

7.18 带电粒子在过饱和液体中运动,会留下一串气泡显示出粒子运动的轨迹。设在气泡室内有一质子垂直于磁场飞过,留下一个半径为 3.5 cm 的圆弧径迹,测得磁感应强度为 0.20 T,求此质子的动量和动能。

7.19 一电子束以速度 $\boldsymbol{v}$ 沿 x 轴正方向射出,如题 7.20 图所示,在 y 轴方向有强度为 $\boldsymbol{E}$ 的电场,为了使电子束不发生偏转,假设只能提供 $B=\dfrac{2E}{v}$ 的匀强磁场,则该磁场应加在什么方向?

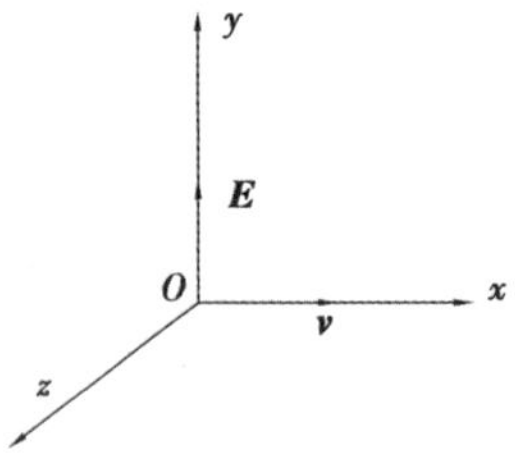

题 7.19 图

7.20 如题 7.20 图所示,一根长直导线载有电流 $I_1=30$ A,矩形回路载有电流 $I_2=20$ A。试计算作用在回路上的合力。已知 $d=1.0$ cm,$b=8.0$ cm,$l=0.12$ m。

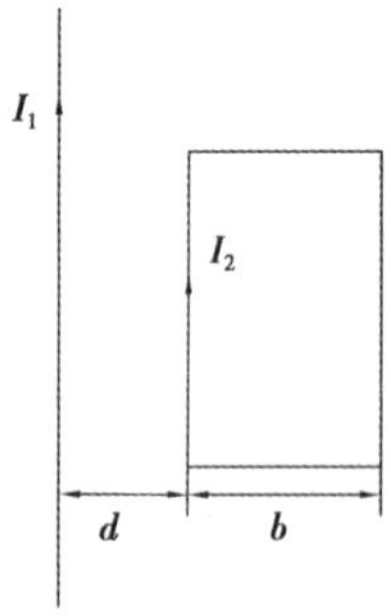

题 7.20 图

7.21 一段载流为 I_2,长为 l 的直导线 AC,置于无限长载流直导线 I_1 附近,相距为 a,如题 7.21 图所示,求此直导线 AC 所受的安培力。

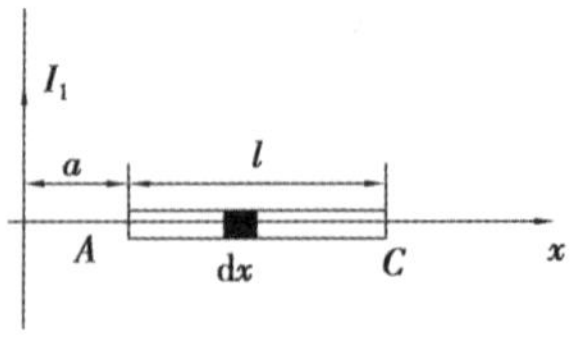

题 7.21 图

7.22 一半径为 R 的圆形线圈,通有电流 I,放在匀强磁场 $\boldsymbol{B}$ 中,磁场方向与线圈平面平行,此时线圈可绕 OO' 直径转动,如题 7.22 图所示,试证明:线圈所受的对 OO' 轴的磁力矩为 BIS。

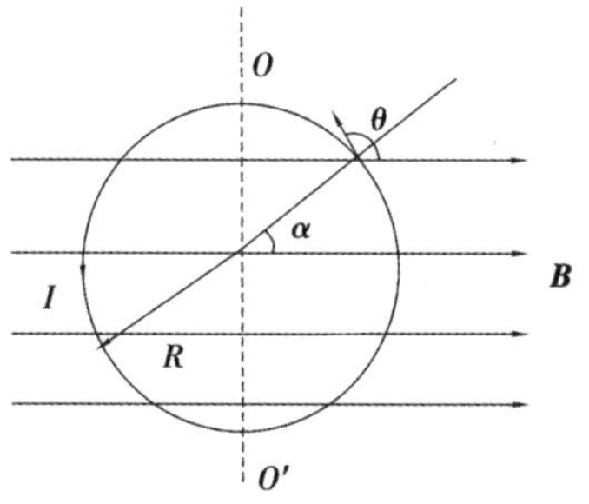

题7.22图

7.23　在均匀磁场 $\boldsymbol{B}$ 中，放置一个边长为 $l=0.1$ m 的正三角形载流线圈，磁场与线圈平面平行，如题7.23图所示，设 $I=10$ A，$B=1$ T，求线圈所受磁力矩的大小。

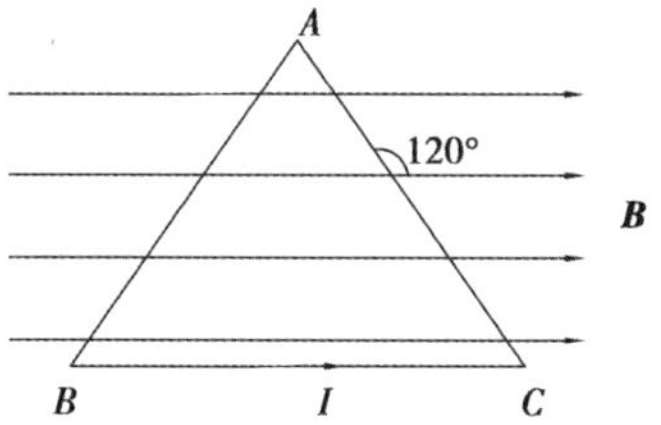

题7.23图

7.24　如题7.24图所示，半径为 R 的圆片均匀带电，面电荷密度为 σ，令该圆片以角速度 ω 绕通过其中心且垂直于圆平面的轴旋转。求轴线上距圆片中心为 x 处的 P 点的磁感应强度和旋转圆片的磁矩。

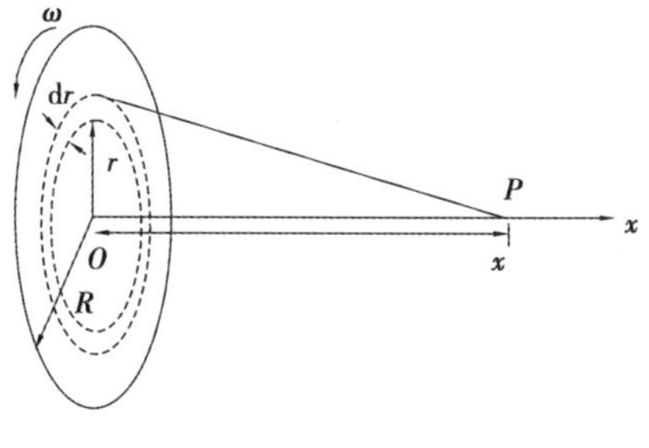

题7.24图

7.25　螺线环中心周长为10 cm，环上均匀密绕线圈为200匝，线圈中通过电流为0.1 A。(1)若管内充满相对磁导率 $\mu_r=4\ 200$ 的磁介质，求管内的磁感应强度 $\boldsymbol{B}$ 和磁场强度 $\boldsymbol{H}$ 的大小；(2)求磁介质内由导线中电流产生的磁感应强度 $\boldsymbol{B}_0$ 和磁化电流产生的 $\boldsymbol{B}'$ 大小各是多少？

7.26　一根长直同轴电缆，内、外导体之间充满磁介质，如题7.26图所示，磁介质的相对磁导率 $\mu_r(\mu_r<1)$，导体的磁化可以忽略不计。现轴向有恒定电流 I 通过电缆，内、外导体上电流的方向相反。求：(1)空间内各区域内的磁感应强度和磁化强度；(2)磁介质表面的磁化电流。

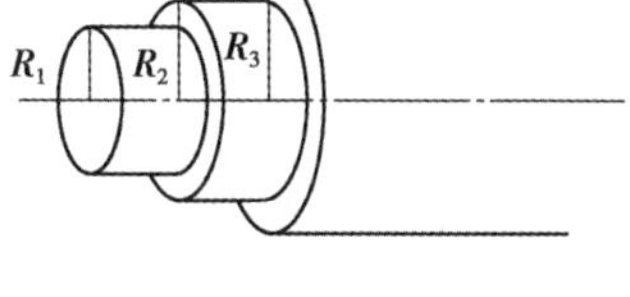

题7.26图

第8章 电磁感应和电磁场

电磁感应定律的发现,是电磁学领域中的重大成就之一。在理论上,它揭示了电与磁相互联系和转化的重要一面,推动了电磁场理论的建立;在实践上,它为电工学和电子技术奠定了基础。

本章的主要内容包括在电磁感应现象的基础上讨论电磁感应定律,以及动生电动势和感生电动势;介绍自感和互感,磁场的能量,以及麦克斯韦关于有旋电场和位移电流的假设,并简要介绍电磁场理论的基本概念。

8.1 电磁感应的基本定理

8.1.1 电磁感应现象

1831 年 8 月 29 日法拉第首次发现,处在随时间而变化的电流附近的闭合回路中有感应电流产生,在兴奋之余,他又做了一系列实验,用不同的方式证实电磁感应现象的存在及其规律,下面择取几个表明电磁感应现象的实验,并说明产生这一现象的条件:

①如图 8.1 所示,线圈 A 和 B 绕在一环形铁芯上,B 与开关 S 和电源相接,A 接有电流计 G。在开关 S 闭合和打开的瞬时,与线圈 A 连接的电流计的指针将发生偏转,但两种情况下电流的流向相反。

②取一如图 8.2 所示的线圈 A,把它的两端和电流计 G 连成一闭合回路。若将一磁铁插入线圈或从线圈中抽出,或者磁铁不动,线圈向着(或背离)磁铁运动,即两者发生相对运动时,电流计的指针都将发生偏转。电流计指针的偏转方向,与两者的相对运动情况有关。

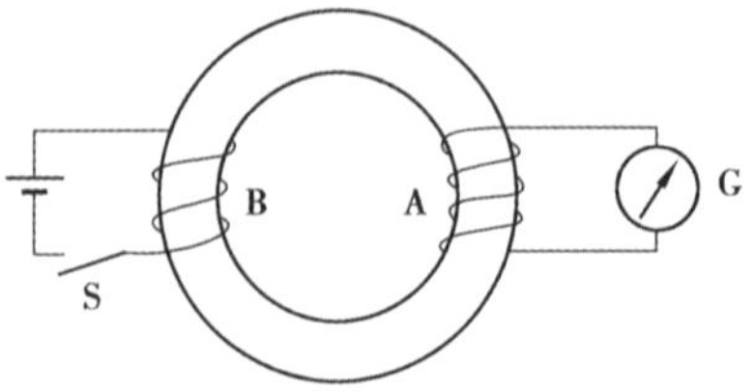

图 8.1

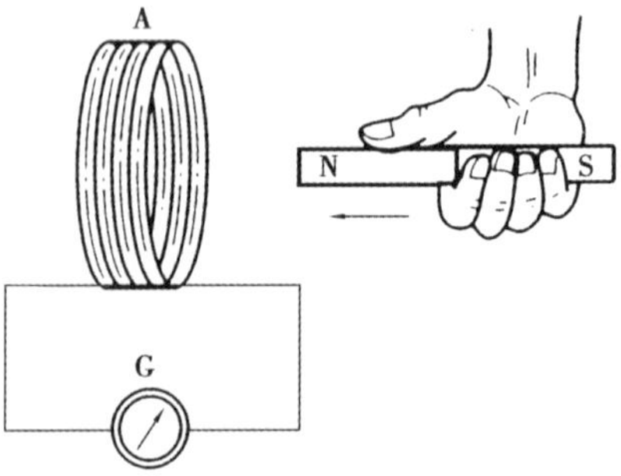

图 8.2

从上述实验可以看出，无论是使闭合回路（或称探测线圈）保持不动而使闭合回路（或线圈）中的磁场发生变化，或者是磁场保持不变而使闭合回路（或线圈）在磁场中运动，都可以在闭合回路（或线圈）中引起电流。这就是说，尽管在闭合回路（或线圈）中引起电流的方式有所不同，但都可归结出一个共同点，即通过闭合回路（或线圈）的磁通量都发生了变化。这里要特别强调一下，不是磁通量本身，而是磁通量的变化，才是引发电磁感应现象的必要条件。于是，可以得出如下结论：当穿过一个闭合导体回路所围面积的磁通量发生变化时，不管这种变化是什么因素所引起的，回路中都有电流产生。这种现象叫作电磁感应现象，回路中所出现的电流叫作感应电流。在回路中出现电流，表明回路中有电动势存在。这种在回路中由磁通量的变化而引起的电动势，叫作感应电动势。

8.1.2　电磁感应定律

电磁感应定律现可表述为：当穿过闭合回路所围面积的磁通量发生变化时，不论这种变化是什么引起的，回路中都会建立起感应电动势，且此感应电动势等于磁通量对时间变化率的负值，即

$$\varepsilon_i = -\frac{\mathrm{d}\Phi}{\mathrm{d}t} \tag{8.1a}$$

在国际单位制中，ε_i 的单位为伏特（V），Φ 的单位为韦伯（Wb），t 的单位为秒（s）。至于式中负号的物理意义，将在下面楞次定律中再予以讨论。

应当指出，式(8.1a)中的 Φ 是穿过回路所围面积的磁通量。如果回路是由 N 匝密绕线圈组成的，而穿过每匝线圈的磁通量都等于 Φ，那么通过 N 匝密绕线圈的磁通匝数则为 $N\Phi$，磁通匝数也叫磁链。对此，电磁感应定律就可写成

$$\varepsilon_i = -\frac{\mathrm{d}(N\Phi)}{\mathrm{d}t} \tag{8.1b}$$

如果闭合回路的电阻为 R，那么根据闭合回路欧姆定律 $\varepsilon = IR$，则回路中的感应电流为

$$I_i = -\frac{1}{R}\frac{\mathrm{d}\Phi}{\mathrm{d}t} \tag{8.2}$$

利用上式以及 $I = \mathrm{d}q/\mathrm{d}t$，可计算出在时间间隔 $\Delta t = t_2 - t_1$ 内，由于电磁感应而流过回路的电荷。设在时刻 t_1 穿过回路所围面积的磁通量为 Φ_1，在时刻 t_2 穿过回路所围面积的磁通量为 Φ_2，于是在 Δt 时间内，通过回路的感应电荷则为

$$q = \int_{t_1}^{t_2} I\mathrm{d}t = -\frac{1}{R}\int_{\Phi_1}^{\Phi_2}\mathrm{d}\Phi = \frac{1}{R}(\Phi_1 - \Phi_2) \tag{8.3}$$

比较式(8.2)和式(8.3)可以看出，感应电流与回路中磁通量随时间的变化率（即变化的快慢）有关，变化率越大，感应电流越强；但感应电荷则只与回路中磁通量的变化量有关，而与磁通量随时间的变化率无关。在计算感应电荷时，式(8.3)取绝对值。从式(8.3)还可以看出，对于给定电阻 R 的闭合回路来说，如从实验中测出流过此回路的电荷 q，那么就可以知道此回路内磁通量的变化。这就是磁强计的设计原理。

8.1.3　楞次定律

1833 年，楞次从实验中总结出判断感应电流方向的方法：闭合回路中感应电流的方向，总是使得它所激发的磁场去反抗引起感应电流的磁通量的变化。这一结论叫作楞次定律。

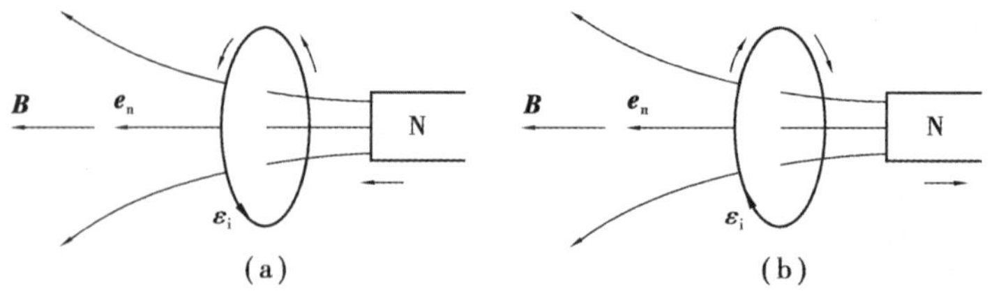

图 8.3

如图 8.3(a)所示,当磁铁向着导体回路移动时,穿过导体回路所围面积的磁通量 Φ_m 增加,这时回路中将产生感应电流 I。根据楞次定律,感应电流 I 激发的磁场应与磁铁产生的磁场方向相反,以反抗原磁通量 Φ_m 的增加,所以感应电流的方向应如图 8.3(a)所示。当磁铁离开导体回路时,穿过回路的磁通量 Φ_m 减少,这时感应电流 I 所激发的磁场应与磁铁产生的磁场方向相同,以补偿原磁通量 Φ_m 的减少,如图 8.3(b)所示。

另外,当磁铁的 N 极向回路推进时,回路中出现如图 8.3(a)所示方向的感应电流 I。如果把闭合回路等效为一块薄磁片,那么,面对磁铁的那一面相当于磁片的 N 极,它与磁铁的 N 极相斥,起到阻碍磁铁向回路推进的作用。当磁铁的 N 极远离线圈运动时,回路中则出现如图 8.3(b)所示方向的感应电流 I。那么,闭合回路面对磁铁的那一面相当于磁片的 S 极,它与磁铁的 N 极相吸,起到阻碍磁铁远离线圈的作用。由此可见,从运动的角度来看,楞次定律总是体现为效果阻碍原因。如果把磁通量的变化视作原因,感应电流激发的磁场看作效果,那么楞次定律又可表述为感应电流的效果,总是去反抗引起感应电流的原因。

楞次定律是能量守恒定律在电磁感应现象上的具体体现。如把磁铁 N 极插入线圈时,线圈中因有感应电流流过,也相当于磁铁。由楞次定律知,线圈的 N 极应与磁铁的 N 极相对。这样,插入磁铁时外力必须克服两个 N 极的斥力做机械功。正是此机械功转化为感应电流的焦耳热。

[**例** 8.1](交流发电机的原理)在如图 8.4 所示的均匀磁场中,置有面积为 S 的可绕 OO' 轴转动的 N 匝线圈。若线圈以角速度 ω 做匀速转动,求线圈中的感应电动势。

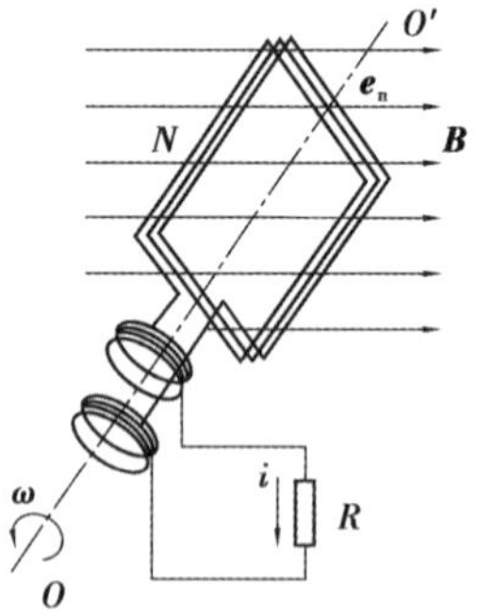

图 8.4

解:设在 $t=0$ 时,线圈平面的正法线 $\boldsymbol{e}_n$ 的方向与磁感应强度 $\boldsymbol{B}$ 的方向相同,那么,在时刻 t,$\boldsymbol{e}_n$ 与 $\boldsymbol{B}$ 之间的夹角为 $\theta=\omega t$。此时,穿过 N 匝线圈的磁链 $N\Phi$ 为

$$N\Phi = NBS\cos\theta = NBS\cos\omega t$$

可得线圈中的感应电动势为

$$\varepsilon = -\frac{\mathrm{d}(N\Phi)}{\mathrm{d}t} = NBS\omega \sin \omega t$$

式中 N,S,B 和 ω 均是常量。令 $\varepsilon_m = NBS\omega$，上式为

$$\varepsilon = \varepsilon_m \sin \omega t$$

线圈单位时间转动的周数用 f 表示，所以有 $\omega = 2\pi f$。上式亦可写成

$$\varepsilon = \varepsilon_m \sin 2\pi f t$$

由上述计算可知，在均匀磁场中，匀速转动的线圈内所建立的感应电动势是时间的正弦函数。ε_m 为感应电动势的最大值，叫作电动势的振幅。它与磁场的磁感应强度、线圈的面积、匝数和转动的角速度成正比。

当外电路的电阻 R 较之线圈的电阻 R_i 大得很多，即 $R \gg R_i$ 时，则根据欧姆定律闭合回路中的感应电流为

$$i = \frac{\varepsilon_m}{R} \sin \omega t = I_m \sin \omega t$$

式中 $I_m = \frac{\varepsilon_m}{R}$ 为感应电流的振幅。可见在均匀磁场中匀速转动的线圈内的感应电流也是时间的正弦函数。这种电流叫作正弦交变电流，简称交流电。

8.2　动生电动势

上一节我们曾指出，不论什么原因，只要使穿过回路的磁通量发生变化，回路中就会有感应电动势。这样，从表达磁通量的式中可以看出，穿过回路所围面积 S 的磁通量是由磁感应强度、回路面积的大小以及面积在磁场中的取向等三个因素决定的，因此，只要这三个因素中任一因素发生变化，都可使磁通量变化，从而引起感应电动势。为便于区分，通常把由磁感应强度变化而引起的感应电动势，称为感生电动势；而把由回路所围面积的变化或面积取向变化而引起的感应电动势，称为动生电动势。本节主要讨论动生电动势。

如图 8.5 所示，在磁感应强度为 $\boldsymbol{B}$ 的均匀磁场中，有一长为 l 的导线 OP 以速度 $\boldsymbol{v}$ 向右运动，且 $\boldsymbol{v}$ 与 $\boldsymbol{B}$ 垂直。导线内每个自由电子都受到洛伦兹力 $\boldsymbol{F}_m$ 的作用，有

$$\boldsymbol{F}_m = (-e)\boldsymbol{v} \times \boldsymbol{B}$$

式中 $-e$ 为电子的电荷，$\boldsymbol{F}_m$ 的方向与 $\boldsymbol{v}\times\boldsymbol{B}$ 的方向相反，由 P 指向 O。这个力是非静电力，它驱使电子沿导线由 P 向 O 移动，致使 O 端积累了负电，P 端则积累了正电，从而在导线内建立起静电场。当作用在电子上的静电场力 $\boldsymbol{F}_e$ 与洛伦兹力 $\boldsymbol{F}_m$ 相平衡（即 $\boldsymbol{F}_e+\boldsymbol{F}_m=0$）时，$O$、$P$ 两端间便有稳定的电势差。由于洛伦兹力是非静电力，所以，如以 $\boldsymbol{E}_k$ 表示非静电的电场强度，则有

$$\boldsymbol{E}_k = \frac{\boldsymbol{F}_m}{-e} = \boldsymbol{v} \times \boldsymbol{B}$$

$\boldsymbol{E}_k$ 与 $\boldsymbol{F}_m$ 的方向相反，而与 $\boldsymbol{v}\times\boldsymbol{B}$ 的方向相同。在磁场中运动的导线 OP 所产生的动生电动势为

$$\varepsilon_i = \int_{OP} \boldsymbol{E}_k \cdot \mathrm{d}\boldsymbol{l} = \int_{OP} (\boldsymbol{v} \times \boldsymbol{B}) \cdot \mathrm{d}\boldsymbol{l} \tag{8.4}$$

考虑到 $\boldsymbol{v}$ 与 $\boldsymbol{B}$ 垂直，且矢积 $\boldsymbol{v}\times\boldsymbol{B}$ 的方向与 $\mathrm{d}\boldsymbol{l}$ 的方向相同，以及 $\boldsymbol{v}$ 与 $\boldsymbol{B}$ 均为常矢量，故上式成为

$$\varepsilon_i = \int_0^l vB\mathrm{d}l = vBl$$

导线 OP 上动生电动势的方向是由 O 指向 P(图8.5)。应当注意,此式只能用来计算在均匀磁场中直导线以恒定速度垂直磁场运动时所产生的动生电动势。对任意形状的导线在非均匀磁场中运动所产生的动生电动势,则要由式(8.4)来进行计算。

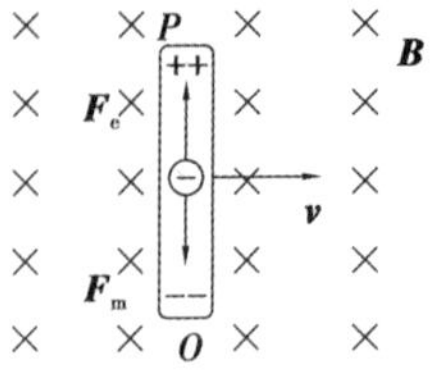

图8.5

[例8.2]一根长度为 L 的铜棒,在磁感应强度为 $\boldsymbol{B}$ 的均匀磁场中,以角速度 ω 在与磁场方向垂直的平面上绕棒的一端 O 做匀速转动(图8.6),试求在铜棒两端的感应电动势。

解:在铜棒上取极小的一段线元 $\mathrm{d}l$,其速度为 $\boldsymbol{v}$,并且 $\boldsymbol{v},\boldsymbol{B},\mathrm{d}\boldsymbol{l}$ 互相垂直(图8.6)。于是,由式(8.4)得 $\mathrm{d}\boldsymbol{l}$ 两端的动生电动势为

$$\mathrm{d}\varepsilon_i = (\boldsymbol{v} \times \boldsymbol{B}) \cdot \mathrm{d}\boldsymbol{l} = Bv\mathrm{d}l = Bl\omega\mathrm{d}l$$

于是铜棒两端之间的动生电动势为各线元的动生电动势之和,即

$$\varepsilon_i = \int_l \mathrm{d}\varepsilon_i = \int_0^l B\omega l\mathrm{d}l = \frac{1}{2}B\omega L^2$$

动生电动势的方向由 O 指向 P,O 端带负电,P 端带正电。

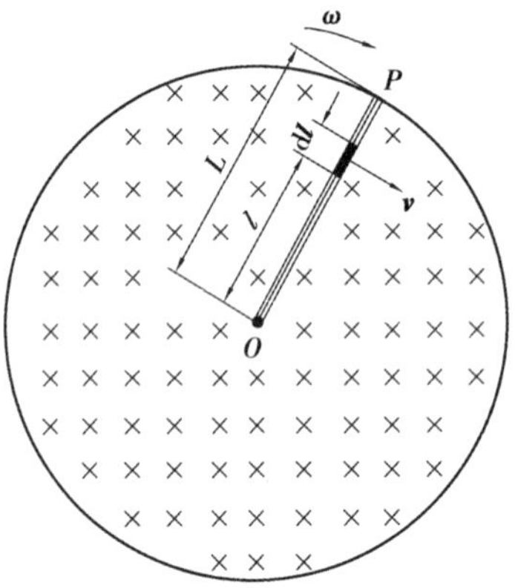

图8.6

8.3 感生电动势　涡旋电场

在8.1节电磁感应现象的实验中,我们已看到,把一闭合导体回路放置在变化的磁场中时,穿过此闭合回路的磁通量发生变化,从而在回路中要激起感应电流。大家知道,要形成电流,不仅要有可以移动的电荷,而且还要有迫使电荷定向运动的电场。但是由穿过闭合导体回路的磁通量变化而引起的电场不可能是静电场,于是麦克斯韦在分析了一些电磁感应现象以

后，提出了如下假设：变化的磁场在其周围空间要激发一种电场，这个电场叫作感生电场，用符号 $\boldsymbol{E}_k$ 表示。感生电场与静电场一样都对电荷有力的作用。它们之间的不同之处是：静电场存在于静止电荷周围的空间内，感生电场则是由变化的磁场所激发，不是由电荷所激发；静电场的电场线是始于正电荷、终于负电荷的，而感生电场的电场线则是闭合的。正是由于感生电场的存在，才在闭合回路中形成感生电动势。由电动势的定义式，感生电动势等于感生电场 $\boldsymbol{E}_k$ 沿任意闭合回路的线积分，即

$$\varepsilon_i = \oint_l \boldsymbol{E}_k \cdot d\boldsymbol{l} = -\frac{d\Phi}{dt} \tag{8.5}$$

应当明确，这个由麦克斯韦感生电场的假设而得到的感生电动势表达式，不只对由导体所构成的闭合回路，甚至对真空，也都是适用的。这就是说，只要穿过空间内某一闭合回路所围面积的磁通量发生变化，那么此闭合回路上的感生电动势总是等于感生电场 $\boldsymbol{E}_k$ 沿该闭合回路的环流。

由此，可以进一步说明感生电场的性质。我们记得，静电场是一种保守场，沿任意闭合回路静电场的电场强度环流恒为零。而感生电场与静电场不同，它沿任意闭合回路的环流一般不等于零。这就是说，感生电场不是保守场。由于静电场的电场线是有头有尾的，而感生电场的电场线是闭合的，故感生电场也称为有旋电场。

最后，由于磁通量为

$$\Phi = \oint_S \boldsymbol{B} \cdot d\boldsymbol{S}$$

所以，式(8.5)也可写成

$$\varepsilon_i = \oint_l \boldsymbol{E}_k \cdot d\boldsymbol{l} = -\frac{d}{dt}\int_S \boldsymbol{B} \cdot d\boldsymbol{S}$$

若闭合回路是静止的，它所围的面积 S 也不随时间变化，则上式亦可写成

$$\varepsilon_i = \oint_l \boldsymbol{E}_k \cdot d\boldsymbol{l} = -\int_S \frac{\partial \boldsymbol{B}}{\partial t} \cdot d\boldsymbol{S} \tag{8.6}$$

式中 $\partial\boldsymbol{B}/\partial t$ 是闭合回路所围面积内某点的磁感应强度随时间的变化率。式(8.6)表明，只要存在着变化的磁场，就一定会有感生电场；而且 $\partial\boldsymbol{B}/\partial t$ 与 $\boldsymbol{E}_k$ 在方向上应遵从左手螺旋关系。

[**例** 8.3]如图 8.7 所示，均匀磁场 $\boldsymbol{B}$ 被局限在半径为 R 的圆筒内，$\boldsymbol{B}$ 与筒轴平行，$\dfrac{dB}{dt}>0$，求筒内外 $\boldsymbol{E}_{涡}$。

解：根据磁场分布的对称性可知，变化磁场产生的涡旋电场，其闭合的电力线是一系列同心圆周，圆心在圆筒的轴线处。

①筒内点 P 的 $\boldsymbol{E}_{涡}$：

取过点 P 的电力线为闭合回路 $\boldsymbol{l}$，绕行方向取为顺时针，可知

$$\oint_l \boldsymbol{E}_{涡} \cdot d\boldsymbol{l} = -\frac{d\Phi}{dt}$$

$$\oint_l \boldsymbol{E}_{涡} \cdot d\boldsymbol{l} = \oint_l E_{涡}\, dl = E_{涡}\oint_{涡} dl = E_{涡} \cdot 2\pi r$$

$$\frac{d\Phi}{dt} = \frac{d}{dt}(\boldsymbol{B} \cdot \boldsymbol{S}) = \frac{d}{dt}(BS\cos 0°) = \pi r^2 \frac{dB}{dt}$$

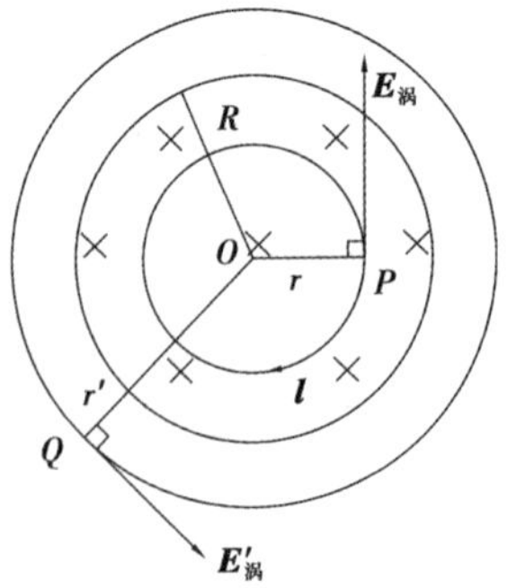

图 8.7

$$\Rightarrow E_{涡}\cdot 2\pi r=-\pi r^2\frac{dB}{dt}$$

即

$$E_{涡}=-\frac{1}{2}r\frac{dB}{dt}$$

$$因为\frac{dB}{dt}>0,所以E_{涡}<0$$

$\boldsymbol{E}_{涡}$ 方向如图 8.7 所示,即电力线与 $\boldsymbol{l}$ 绕向相反(实际上,用楞次定律可方便地直接判断出电力线的绕行方向)。

②筒外 Q 点的 $\boldsymbol{E}'_{涡}$:

取过 Q 点的电力线 $\boldsymbol{l}$ 为回路,绕行方向为顺时针。

$$因为\oint_{l'}\boldsymbol{E}'_{涡}\cdot d\boldsymbol{l}'=\oint_{l'}E'_{涡}\,dl'=E'_{涡}\oint_{l'}dl'=E'_{涡}2\pi r$$

及

$$\frac{d\Phi}{dt}=\frac{d}{dt}(\boldsymbol{B}\cdot\boldsymbol{S})=\frac{d}{dt}(BS\cos 0^\circ)=\pi R^2\frac{dB}{dt}$$

$$E'_{涡}2\pi r'=-\pi R^2\frac{dB}{dt}$$

即

$$E'_{涡}=-\frac{R^2}{2r}\frac{dB}{dt}$$

$$因为\frac{dB}{dt}>0,所以E'_{涡}<0$$

$\boldsymbol{E}'_{涡}$方向如图 8.7 所示。

8.4 自感和互感

如图 8.8 所示,在通有电流 I_1 的闭合回路 1 的附近,有另一个通有电流 I_2 的闭合回路 2。我们将仅由回路 1 中电流 I_1 的变化而在回路 1 自身中引起的感应电动势称为自感电动势,用符号 ε_L 表示;而把仅由回路 2 中电流 I_2 的变化而在回路 1 中引起的感应电动势称为互感电动势,用符号 ε_{12} 表示。下面分别讨论这两种感应电动势。

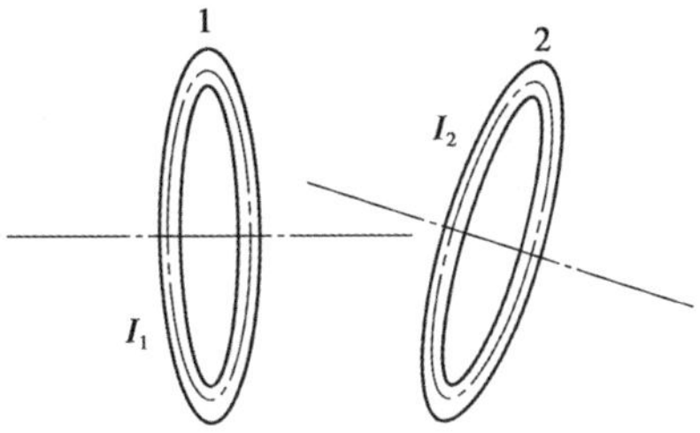

图 8.8

8.4.1　自感电动势　自感

考虑一个闭合回路,设其中的电流为 I。根据毕奥-萨伐尔定律,此电流在空间任意一点的磁感应强度都与 I 成正比,因此,穿过回路本身所围面积的磁通量也与 I 成正比,即

$$\Phi = LI \tag{8.7}$$

式中 L 为比例系数,叫作自感。实验表明,自感 L 只与回路的形状、大小以及周围介质的磁导率有关。由式(8.7)可以看出,如果 I 为单位电流,则 $L=\Phi$。可见,某回路的自感,在数值上等于回路中的电流为一个单位时,穿过此回路所围面积的磁通量。

根据电磁感应定律,由式(8.7)可求得自感电动势

$$\varepsilon_{\mathrm{L}} = -\frac{\mathrm{d}\Phi}{\mathrm{d}t} = -\left(L\frac{\mathrm{d}I}{\mathrm{d}t} + I\frac{\mathrm{d}L}{\mathrm{d}t}\right)$$

如果回路的形状、大小和周围介质的磁导率都不随时间变化,则 L 为一常量,故 $\mathrm{d}L/\mathrm{d}t=0$,因而

$$\varepsilon_{\mathrm{L}} = -L\frac{\mathrm{d}I}{\mathrm{d}t} \tag{8.8}$$

由上式可以看出,自感的意义也可以这样来理解:某回路的自感,在数值上等于回路中的电流随时间的变化率为一个单位时,在回路中所引起的自感电动势的绝对值。

式(8.8)中的负号,是楞次定律的数学表示。它指出,自感电动势将反抗回路中电流的改变,也就是说,电流增加时,自感电动势与原来电流的方向相反;电流减小时,自感电动势与原来电流的方向相同。必须强调指出,自感电动势所反抗的是电流的变化,而不是电流本身。自感的单位是亨利,其符号是 H。

8.4.2　互感电动势　互感

假定有两个邻近的线圈 1 和 2(图 8.9),当其他条件不变,只是其中一个线圈的电流发生变化时,在另一个线圈中就会引起互感电动势。若线圈 1 中电流 I_1 所激发的磁场穿过线圈 2 的磁通量是 Φ_{21}。而根据毕奥-萨伐尔定律,在空间的任意一点,I_1 所建立的磁感应强度都与 I_1 成正比,因此 I_1 的磁场穿过线圈 2 的磁通量也必然与 I_1 成正比,所以有

$$\Phi_{21} = M_{21}I_1$$

式中 M_{21} 是比例系数。

同理,线圈 2 中电流 I_2 所激发的磁场穿过线圈 1 的磁通量 Φ_{12},应与 I_2 成正比,所以有

$$\Phi_{12} = M_{12}I_2$$

式中 M_{12} 是比例系数。

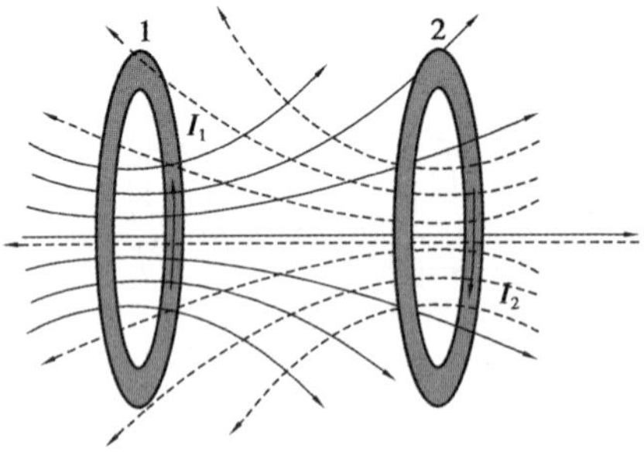

图 8.9

M_{21} 和 M_{12} 只与两个线圈的形状、大小、匝数、相对位置以及周围磁介质的磁导率有关，所以把它叫做两线圈的互感。理论和实验都证明，在两线圈的形状、大小、匝数、相对位置以及周围的磁介质的磁导率都保持不变时，M_{21} 和 M_{12} 是相等的，即 $M_{21}=M_{12}=M$，则上述两式可简化为

$$\Phi_{21}=MI_1,\quad \Phi_{12}=MI_2 \tag{8.9}$$

从上面两式可以看出，两个线圈的互感 M 在数值上等于其中一个线圈中的电流为一个单位时，穿过另一个线圈所围面积的磁通量。

由此可得当线圈 1 中的电流 I_1 发生变化时，根据电磁感应定律，在线圈 2 中引起的互感电动势为

$$\varepsilon_{21}=-\frac{\mathrm{d}\Phi_{21}}{\mathrm{d}t}=-M\frac{\mathrm{d}I_1}{\mathrm{d}t} \tag{8.10a}$$

同理，当线圈 2 中的电流 I_2 发生变化时，在线圈 1 中引起的互感电动势为

$$\varepsilon_{12}=-\frac{\mathrm{d}\Phi_{12}}{\mathrm{d}t}=-M\frac{\mathrm{d}I_2}{\mathrm{d}t} \tag{8.10b}$$

由上面两式可以看出，互感 M 的意义也可以这样来理解：两个线圈的互感 M，在数值上等于一个线圈中的电流随时间的变化率为一个单位时，在另一个线圈中所引起的互感电动势的绝对值。另外还可以看出，当一个线圈中的电流随时间的变化率一定时，互感越大，则在另一个线圈中引起的互感电动势就越大；反之，互感越小，在另一个线圈中引起的互感电动势就越小。所以，互感是表明相互感应强弱的一个物理量，互感的单位名称也为亨利(H)。

式(8.10)中的负号表示，在一个线圈中所引起的互感电动势，要反抗另一个线圈中电流的变化。

[**例** 8.4]如图 8.10 所示，有两个同轴圆筒形导体，其半径分别为 R_1 和 R_2，通过它们的电流均为 I，但电流的方向相反。设在两圆筒之间充满磁导率为 μ 的均匀磁介质，试求其自感。

解：两圆筒之间任一点的磁感应强度为

$$B=\frac{\mu I}{2\pi r}$$

如图 8.10 所示，若在两圆筒之间取一长为 l 的面 $PQRS$，并将此面积分成许多小面积元，穿过面积元 $\mathrm{d}S=l\mathrm{d}r$ 的磁通量则为

$$\mathrm{d}\Phi=\boldsymbol{B}\cdot\mathrm{d}\boldsymbol{S}$$

由于 $\boldsymbol{B}$ 与面积元 $\mathrm{d}\boldsymbol{S}$ 间的夹角为零，所以有

$$\mathrm{d}\Phi=Bl\mathrm{d}r$$

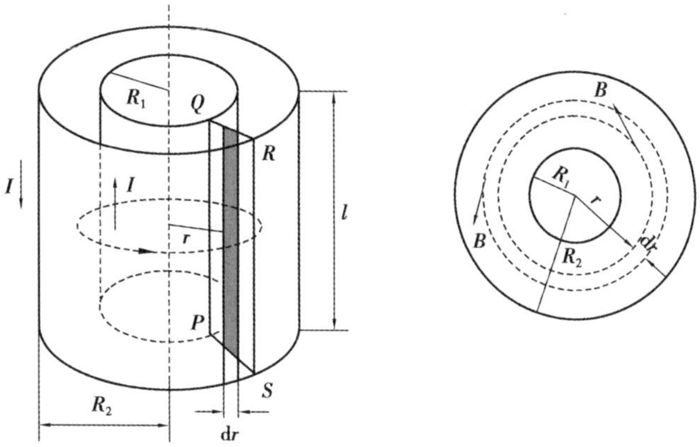

图 8.10

于是，穿过面 $PQRS$ 的磁通量就为

$$\Phi = \int \mathrm{d}\Phi = \int_{R_1}^{R_2} \frac{\mu I}{2\pi r} l \mathrm{d}r = \frac{\mu I l}{2\pi} \ln \frac{R_2}{R_1}$$

由自感的定义，可得长度为 l 的两圆筒导体的自感为

$$L = \frac{\Phi}{I} = \frac{\mu l}{2\pi} \ln \frac{R_2}{R_1}$$

单位长度的自感则为 $\frac{\mu}{2\pi} \ln \frac{R_2}{R_1}$。

［**例** 8.5］（两同轴长直密绕螺线管的互感）如图 8.11 所示，有两个长度均为 l，半径分别为 r_1 和 r_2（且 $r_1<r_2$），匝数分别为 N_l 和 N_2 的同轴长直密绕螺线管，试计算它们的互感。

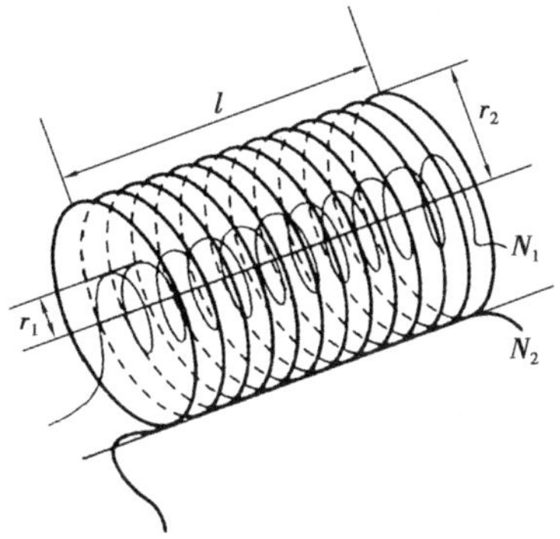

图 8.11

解：从题意知，这两个同轴长直螺线管是半径不等的密绕螺线管，而且它们的形状、大小、磁介质和相对位置均固定不变。因此，我们可以先设想在某一线圈中通以电流 I，再求出穿过另一线圈的磁通量 Φ，然后按互感的定义式 $M=\Phi/I$，求出它们的互感。

按以上分析，设有电流 I_1 通过半径为 r_1 的螺线管，此螺线管内的磁感应强度为

$$B_1 = \mu_0 \frac{N_1}{l} I_1 = \mu_0 n_1 I_1$$

应当注意，考虑到螺线管是密绕的，所以在两螺线管之间的区域内的磁感应强度为零。于是穿过半径为 r_2 的螺线管的磁通匝数

$$N_2\Phi_{21} = N_2B_1(\pi r_1^2) = n_2lB_1(\pi r_1^2)$$

把 B_1 代入,有

$$N_2\Phi_{21} = \mu_0 n_1 n_2 l(\pi r_1^2)I_1$$

可得互感为

$$M_{21} = \frac{N_2\Phi_{21}}{I_1} = \mu_0 n_1 n_2 l(\pi r_1^2)$$

我们还可以设电流 I_2 通过半径为 r_2 的螺线管,从而来计算互感 M_{12}。当电流 I_2 通过半径为 r_2 的螺线管时,在此螺线管内的磁感应强度为

$$B_2 = \mu_0\frac{N_2}{l}I_2 = \mu_0 n_2 I_2$$

而穿过半径为 r_1 的螺线管的磁通匝数为

$$N_1\Phi_{12} = N_1B_2(\pi r_1^2) = \mu_0 n_1 n_2 l(\pi r_1^2)I_2$$

同样可得

$$M_{12} = \frac{N_1\Phi_{12}}{I_2} = \mu_0 n_1 n_2 l(\pi r_1^2)$$

从上述结果可以看出,不仅 $M_{12}=M_{21}=M$,而且对两个大小、形状和相对位置给定的同轴长直密绕螺线管来说,它们的互感是确定的。

8.5 磁场的能量 磁能密度

在电场中,对电容充电过程所做的功等于贮存在电容中的能量,其值为

$$W_e = \frac{1}{2}QU = \frac{1}{2}CU^2$$

而且在电容中的能量是贮存在两极板之间的电场中的。在一般情况下,电场内某点处的电场强度为 E,那么该点附近的电场能量密度为

$$w_e = \frac{1}{2}\varepsilon E^2$$

在电流激发磁场的过程中,也是要供给能量的,所以磁场也应具有能量。为此,我们可以仿照研究静电场能量的方法来讨论磁场的能量。

设在电路中含有一个自感为 L 的线圈,电阻为 R,电源的电动势为 ε,在开关 S 未闭合时,电路中没有电流,线圈内也没有磁场。而开关闭合后,线圈中的电流逐渐增大,最后电流达到稳定值。在电流增大的过程中,线圈中有自感电动势,它会阻止磁场的建立,与此同时,在电阻 R 上释出焦耳热,因此自感电动势 $\varepsilon=-L\frac{dI}{dt}$ 做负功。在建立电流 I 的整个过程中,外电源不仅要供给电路中产生焦耳热的能量,而且还要反抗自感电动势做功 W,即

$$W = \int dW = \int_0^\infty(-\varepsilon)I dt = \int_0^\infty = L\frac{dI}{dt}I dt = \int_0^l LI dI = \frac{1}{2}LI^2$$

电源反抗自感电动势所做的功 W 转化为储存在线圈中的能量,称为自感磁能,即

$$W_m = \frac{1}{2}LI^2 \tag{8.11}$$

我们知道,磁场的性质是用磁感应强度来描述的。既然如此,那么磁场能量也可用磁感应强度来表示。为简单起见,我们以长直螺线管为例进行讨论。体积为 V 的长直螺线管的自感 $L=\mu n^2V$,螺线管中通有电流 I 时,螺线管中磁场的磁感应强度为 $B=\mu nI$,把它们代入式(8.11),可得螺线管内的磁场能量为

$$W_m = \frac{1}{2}LI^2 = \frac{1}{2}\mu n^2 V\left(\frac{B}{\mu n}\right)^2 = \frac{1}{2}\frac{B^2}{\mu}V$$

上式表明,磁场能量与磁感应强度、磁导率和磁场所占的体积有关。由此又可得出单位体积磁场的能量——磁场能量密度 w_m 为

$$w_m = \frac{W_m}{V} = \frac{1}{2}\frac{B^2}{\mu}$$

w_m 的单位为 J/m^3。上式表明,磁场能量密度与磁感应强度的二次方成正比。对于均匀的磁介质,由于 $B=\mu H$,上式又可以写成

$$w_m = \frac{1}{2}\mu H^2 = \frac{1}{2}BH \tag{8.12}$$

必须指出,式(8.12)虽然是从长直螺线管这一特例导出的,但是可以证明,在任意的磁场中某处的磁场能量密度都可以用式(8.12)表示,式中的 B 和 H 分别为该处的磁感应强度和磁场强度。总之,式(8.12)说明:任何磁场都具有能量,磁场的能量存在于磁场的整个体积之中。

[**例** 8.6](同轴电缆的磁能和自感)如图 8.12 所示,同轴电缆中金属芯线的半径为 R_1,共轴金属圆筒的半径为 R_2,中间充以磁导率为 μ 的磁介质。若芯线与圆筒分别和电池两极相接,芯线与圆筒上的电流大小相等、方向相反。设可略去金属芯线内的磁场,求此同轴电缆芯线与圆筒之间单位长度上的磁能和自感。

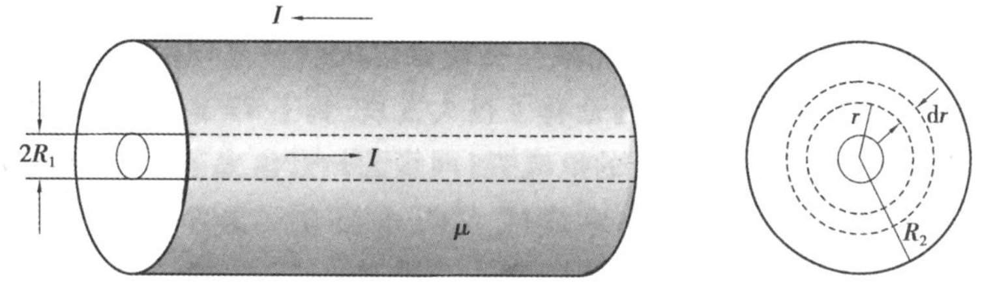

图 8.12

解:由题意知电缆芯线内的磁场强度为零,由安培环路定理可知电缆外部的磁场强度也为零,这样,只在芯线与圆筒之间存在磁场。在电缆内距轴线的垂直距离为 r 处的磁场强度为

$$H = \frac{1}{2\pi r}$$

可得,在芯线与圆筒之间,距芯线为 r 处附近,磁场的能量密度为

$$w_m = \frac{1}{2}\mu H^2 = \frac{\mu}{2}\left(\frac{I}{2\pi r}\right)^2 = \frac{\mu I^2}{8\pi^2 r^2}$$

磁场的总能量为

$$W_m = \int_V w_m \mathrm{d}V = \frac{\mu I^2}{8\pi^2}\int_V \frac{1}{r^2}\mathrm{d}V$$

对于单位长度的电缆,取一薄层圆筒形体积元 $\mathrm{d}V=2\pi r\mathrm{d}r$,代入上式,得单位长度同轴电缆的磁场能量为

$$W_m = \frac{\mu I^2}{8\pi^2}\int_{R_1}^{R_2}\frac{2\pi r\mathrm{d}r}{r^2} = \frac{\mu I^2}{4\pi}\ln\frac{R_2}{R_1}$$

由磁能公式 $W_m=\frac{1}{2}LI^2$,可得单位长度同轴电缆的自感为

$$L = \frac{\mu}{2\pi}\ln\frac{R_2}{R_1}$$

若同轴电缆内充满非均匀磁介质,其磁导率 $\mu=k\frac{r}{R_1}$,k 为一常量,则单位长度同轴电缆的磁能和自感可求得为

$$w_m = \frac{kI^2}{4\pi R_1}(R_2 - R_1)$$

和

$$L = \frac{k}{2\pi R_1}(R_2 - R_1)$$

8.6 RL 电路

第 6 章中,我们曾讨论了含有电容的电路中电流的增长和衰减情况。这一节,我们将讨论含有电感的电路中电流变化的规律,这也是一种暂态过程。

8.6.1 电流的增长

在如图 8.13 所示的电路中,电源的电动势为 ε,电阻为 R,线圈的自感为 L。闭合开关 S,线圈中的自感电动势 ε_L 的方向与电路中电流增长的方向相反,电路中的电流将逐步增长,而自感电动势为

$$\varepsilon_L = -L\frac{\mathrm{d}I}{\mathrm{d}t}$$

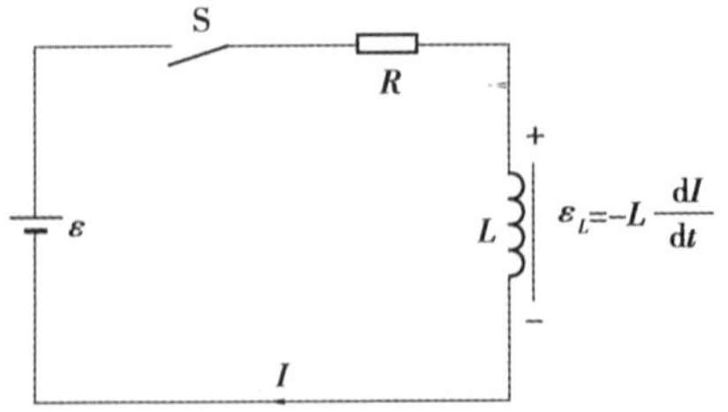

图 8.13

由闭合电路欧姆定律,有

$$\varepsilon + \varepsilon_L = RI$$

即

$$\varepsilon - L\frac{\mathrm{d}I}{\mathrm{d}t} = RI$$

上式也可写成

$$\frac{\mathrm{d}I}{I - \frac{\varepsilon}{R}} = -\frac{R}{L}\mathrm{d}t$$

考虑到 $t=0$ 时,$I=0$,上式积分后,可得

$$\ln\frac{I - \frac{\varepsilon}{R}}{-\frac{\varepsilon}{R}} = -\frac{R}{L}t$$

上式也可写成

$$I = \frac{\varepsilon}{R}\left(1 - \mathrm{e}^{-\frac{R}{L}t}\right) \tag{8.13}$$

式中$\mathrm{e}^{-\frac{R}{L}t}$随时间的增加而呈指数衰减。当 $t\to\infty$ 时,$I=\varepsilon/R$,此时电流达到稳定极值;当 $t=\tau=L/R$ 时,$I\approx 0.63\varepsilon/R$,$\tau$ 叫作 RL 电路的时间常数或弛豫时间。这就是说,$t=\tau$ 时,电流可达电流稳定值的 63%。从式(8.13)可以看出,当 $t=3\tau$ 时,$(1-\mathrm{e}^{-\frac{R}{L}t})\approx 0.95$;$t=5\tau$ 时,$(1-\mathrm{e}^{-\frac{R}{L}})\approx 0.993$。因此,我们可以认为 t 为$(3\sim5)\tau$ 时,RL 电路中电流已达稳定值。显然,时间常数 τ 与 R 和 L 有关,R 越小,L 越大,达到电流稳定值所需的时间越长,电流增长得越慢。图 8.14 给出了 RL 电路在不同 τ 情形下的电流增长曲线。

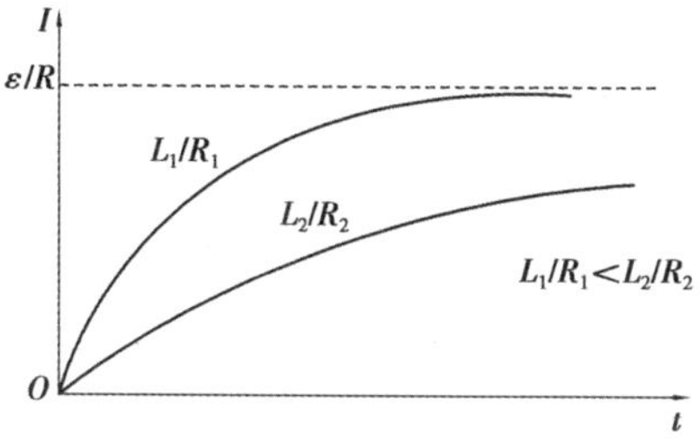

图 8.14

8.6.2　电流的衰减

下面讨论在 RL 电路中电流衰减的情况。

如图 8.15(a)所示,将开关 S 与位置 1 接通相当长时间后,电路中的电流已达稳定值 ε/R。然后,迅速把开关放到位置 2,这时电路中仅有自感电动势 ε_L。按照欧姆定律,有

$$\varepsilon_L = RI$$

即

$$-L\frac{\mathrm{d}I}{\mathrm{d}t} = RI$$

可得

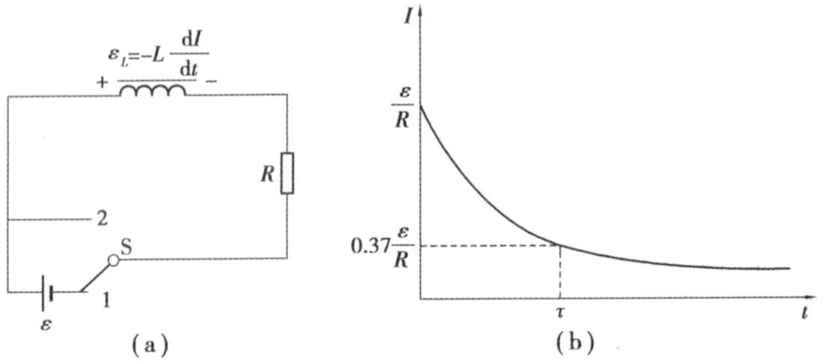

图 8. 15

$$\frac{dI}{I}=-\frac{R}{L}dt$$

令电源从电路中撤出去的时刻(即 $t=0$ 时),电路中的电流为 ε/R,那么,上式的积分为

$$I=\frac{\varepsilon}{R}e^{-\frac{R}{L}t} \tag{8. 14}$$

上式表明,电路中的电流不会突然减少到零,而是逐渐衰减到零。这是因为自感电动势反抗电路中电流的减少;电阻越小,自感越大,电流衰减得越慢。当时间 t 等于时间常数 τ 时(即 $t=\tau=L/R$),电流将衰减为起始电流的 1/e,即 $I\approx0.376\varepsilon/R$。从式(8. 14)可以看出,当 $t=3\tau$ 时,$e^{-\frac{R}{L}t}\approx0.05$;$t=5\tau$ 时,$e^{-\frac{R}{L}t}\approx0.007$。因此,在 t 为 $(3\sim5)\tau$ 时,可认为 RL 电路中的电流已衰减到零。图 8. 15(b)给出了 RL 电路中电流衰减时的电流与时间的关系曲线。

8.7 位移电流

8.7.1 电磁场的基本规律

对于静电场,由库仑定律和电场强度叠加原理,可以导出描述电场性质的高斯定理和静电场环路定理,即

$$\oint_S \boldsymbol{D}\cdot d\boldsymbol{S}=\sum q_i$$

$$\oint_l \boldsymbol{E}\cdot d\boldsymbol{l}=0$$

对于稳恒磁场,由毕奥-萨伐尔定律和磁感应强度叠加原理,可以导出描述稳恒磁场性质的高斯定理和安培环路定理,即

$$\oint_S \boldsymbol{B}\cdot d\boldsymbol{S}=0$$

$$\oint_l \boldsymbol{H}\cdot d\boldsymbol{l}=\sum I_i$$

对于变化的磁场,麦克斯韦提出,感生电动势现象预示着变化的磁场周围产生了涡旋电场。于是,法拉第电磁感应定律就表明了在普遍(非稳恒)情况下电场的环路定理应是

$$\oint_l \boldsymbol{E}\cdot d\boldsymbol{l}=-\int_S\frac{\partial B}{\partial t}\cdot dS$$

注意:普遍(非稳恒)情况下电场的环路定理中的电场 $\boldsymbol{E}$ 是静电场和非稳恒电场的总和,而静电场的环路定理只是它的一个特例。

当时的实验资料和理论分析,都没有发现电场的高斯定理和磁场的高斯定理在非稳恒条件下有什么不合理的地方。麦克斯韦假定它们在普遍(非稳恒)情况下仍应成立。然而,麦克斯韦在分析安培环路定理时发现,将它应用到非稳恒磁场时遇到了困难。

8.7.2　传导电流和位移电流

在稳恒条件下,无论载流回路周围是真空还是磁介质,安培环路定理都可写成

$$\oint_l \boldsymbol{H}\cdot \mathrm{d}\boldsymbol{l} = \sum I_i = \int_S \boldsymbol{j}_0 \cdot \mathrm{d}\boldsymbol{S} \tag{8.15}$$

式中,$\sum I_i$ 是穿过以闭合回路 l 为边界的任意曲面 S 的传导电流,等于传导电流密度 $\boldsymbol{j}_0$ 在 S 面上的通量。

由 $\boldsymbol{j}_0$ 的定义可知,根据电荷守恒定律,通过封闭面流出的电量应等于封闭面内电荷 q 的减少量。因此有

$$\oint_S \boldsymbol{j}_0 \cdot \mathrm{d}\boldsymbol{S} = -\frac{\mathrm{d}q}{\mathrm{d}t} \tag{8.16}$$

这一关系式称为电流的连续性方程。

导体内各处的电流密度都不随时间变化的电流叫作稳恒电流。稳恒电流的一个重要性质就是通过任意一封闭曲面的稳恒电流等于零,即

$$\oint_S \boldsymbol{j}_0 \cdot \mathrm{d}\boldsymbol{S} = 0 \tag{8.17}$$

通过任意封闭曲面的电流等于零,即任意一段时间内流出和流入该封闭曲面的电量相等,而这一封闭曲面内的总电量应不随时间改变。在导体内各处都可作一个任意形状和大小的封闭曲面,由此可以分析出:在稳恒电流情况下,导体内电荷的分布不随时间改变,不随时间改变的电荷分布产生不随时间改变的电场,这种电场称为稳恒电场。导体内恒定的不随时间改变的电荷分布就像固定的静止电荷分布一样,因此,稳恒电场与静电场有许多相似之处,例如,它们都服从高斯定理和电场强度环路积分为零的环路定理。若以 $\boldsymbol{E}$ 表示稳恒电场的电场强度,则也应有

$$\oint_L \boldsymbol{E}\cdot \mathrm{d}\boldsymbol{l} = 0$$

为了考察在非稳恒条件下,安培环路定理式(8.15)是否仍然成立,我们分析如图 8.16 所示的电容器充放电电路。电容器的充放电过程显然是非稳恒过程,导线中的电流是随时间变化的,并且在两极板之间的绝缘介质中没有传导电流,如果我们围绕导线取一闭合回路 l,并以 l 为边界作两个曲面 S_1 和 S_2,其中 S_1 与导线相交而 S_2 穿过两极板之间的绝缘介质。这里设曲面 S_1 上的各处法线方向指向封闭曲面内,以便与回路 l 的绕向匹配,则

$$\int_{S_1} \boldsymbol{j}_0 \cdot \mathrm{d}\boldsymbol{S} = I_0 \tag{8.18a}$$

$$\int_{S_2} \boldsymbol{j}_0 \cdot \mathrm{d}\boldsymbol{S} = 0 \tag{8.18b}$$

就是说,电容器的存在破坏了电路中传导电流的连续性,导致以同一闭合回路 l 所作的不同曲面 S_1 和 S_2 上穿过的电流不同,从而使式(8.15)失去了意义。因此,在非稳恒磁场的情况

下安培环路定理式(8.15)不再适用,必须以新的规律来代替它。

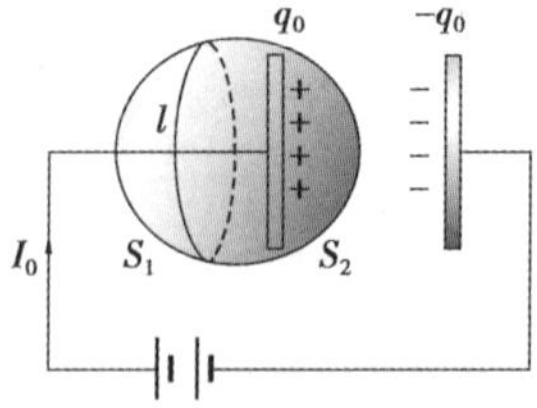

图 8.16

在图 8.16 所示的电容器充电过程中,传导电流在电容器极板上终止的同时,将在极板表面引起自由电荷的积累,即正极板$+q_0$ 增加,负极板$-q_0$ 增加,从而引起两极板之间的电场随之变化。因为穿过任意闭合曲面 S 的传导电流密度的通量 $\oint_S \boldsymbol{j}_0 \cdot \mathrm{d}\boldsymbol{S}$ 就是流出 S 面的电流,它应当等于 S 面内部自由电荷在单位时间的减少率,即

$$\oint_S \boldsymbol{j}_0 \cdot \mathrm{d}\boldsymbol{S} = -\frac{\mathrm{d}q_0}{\mathrm{d}t} \tag{8.19}$$

式中,$\boldsymbol{S}$ 是由 S_1 和 S_2 构成的闭合曲面的面积矢量;q_0 是积累在闭合曲面 S 内的极板上的自由电荷,即图 8.16 所示的正极板表面的自由电荷。根据麦克斯韦的假设,对此非稳恒电场,高斯定理仍然成立,则有

$$\oint_S \boldsymbol{D} \cdot \mathrm{d}\boldsymbol{S} = q_0$$

对此式两边求导数,得

$$\frac{\mathrm{d}}{\mathrm{d}t}\oint_S \boldsymbol{D} \cdot \mathrm{d}\boldsymbol{S} = \oint_S \frac{\partial \boldsymbol{D}}{\partial t} \cdot \mathrm{d}\boldsymbol{S} = \frac{\mathrm{d}q_0}{\mathrm{d}t}$$

代入式(8.19),得

$$\oint_S \boldsymbol{j}_0 \cdot \mathrm{d}\boldsymbol{S} = -\oint_S \frac{\partial \boldsymbol{D}}{\partial t} \cdot \mathrm{d}\boldsymbol{S}$$

可将其改写为

$$\oint_S \left(\boldsymbol{j}_0 + \frac{\partial \boldsymbol{D}}{\partial t}\right) \cdot \mathrm{d}\boldsymbol{S} = 0$$

或

$$\int_{S_1} \left(\boldsymbol{j}_0 + \frac{\partial \boldsymbol{D}}{\partial t}\right) \cdot \mathrm{d}\boldsymbol{S} = \int_{S_2} \left(\boldsymbol{j}_0 + \frac{\partial \boldsymbol{D}}{\partial t}\right) \cdot \mathrm{d}\boldsymbol{S}$$

由此可见,在非稳恒条件下,尽管传导电流密度 $\boldsymbol{j}_0$ 不一定连续,但 $\boldsymbol{j}_0+\dfrac{\partial \boldsymbol{D}}{\partial t}$这个量永远是连续的。并且$\dfrac{\partial \boldsymbol{D}}{\partial t}$具有电流密度的性质,麦克斯韦把它称作位移电流密度 $\boldsymbol{j}_\mathrm{D}$,即

$$\boldsymbol{j}_\mathrm{D} = \frac{\partial \boldsymbol{D}}{\partial t} \tag{8.20}$$

而把$\dfrac{\mathrm{d}\Phi_\mathrm{D}}{\mathrm{d}t}$称为位移电流,用 I_D 表示,即

$$I_\mathrm{D} = \frac{\mathrm{d}\Phi_\mathrm{D}}{\mathrm{d}t} = \frac{\mathrm{d}}{\mathrm{d}t}\int_S \boldsymbol{D} \cdot \mathrm{d}\boldsymbol{S} = \int_S \frac{\partial \boldsymbol{D}}{\partial t} \cdot \mathrm{d}\boldsymbol{S} = \int_S \boldsymbol{j}_\mathrm{D} \cdot \mathrm{d}\boldsymbol{S} \tag{8.21}$$

并把传导电流 I_0 与位移电流 I_D 合在一起称为全电流 I，即全电流 I 为

$$I = I_0 + I_D = \int_S \boldsymbol{j}_0 \cdot \mathrm{d}\boldsymbol{S} + \int_S \boldsymbol{j}_D \cdot \mathrm{d}\boldsymbol{S} = \int_S \left(\boldsymbol{j}_0 + \frac{\partial \boldsymbol{D}}{\partial t}\right) \mathrm{d}\boldsymbol{S} \tag{8.22}$$

在如图 8.16 所示的电路中，电容器极板表面中断了传导电流的连续性。在一般情况下，电介质中的电流主要是位移电流，传导电流可忽略不计；而在导体中主要是传导电流，位移电流可忽略不计。但在超高频电流情况下，导体内的传导电流和位移电流均起作用，不可忽略。

因为在电介质中 $\boldsymbol{D}=\varepsilon_0\boldsymbol{E}+\boldsymbol{P}$，所以位移电流密度 $\boldsymbol{j}_D$ 为

$$\boldsymbol{j}_D = \frac{\partial \boldsymbol{D}}{\partial t} = \varepsilon_0 \frac{\partial \boldsymbol{E}}{\partial t} + \frac{\partial \boldsymbol{P}}{\partial t}$$

式中，右边第二项来自交变电路中电介质的反复极化，若在真空中，这一项等于零。因此，真空中位移电流密度为

$$\boldsymbol{j}_D = \varepsilon_0 \frac{\partial \boldsymbol{E}}{\partial t}$$

它是位移电流的基本组成部分，说明真空中的位移电流或说“纯粹”的位移电流本质上是变化着的电场，而与电荷的定向运动无关。

8.7.3　全电流定律

在引进了位移电流的概念之后，麦克斯韦为了把安培环路定理推广到非稳恒情况下也适用的普遍形式，用全电流代替传导电流，得到

$$\oint_l \boldsymbol{H} \cdot \mathrm{d}\boldsymbol{l} = \sum I_i + \int_S \frac{\partial \boldsymbol{D}}{\partial t} \cdot \mathrm{d}\boldsymbol{S} \tag{8.23}$$

即在普遍情况下，磁场强度 $\boldsymbol{H}$ 沿任一闭合回路 l 的积分等于穿过以该回路为边界的任意曲面的全电流，这就是麦克斯韦的全电流定律。

麦克斯韦的位移电流假设的实质在于，它说明了位移电流与传导电流一样都是激发磁场的源，其核心是变化的电场可以激发磁场。但是，位移电流与传导电流仅仅在激发磁场这一点上是相同的。在本质上位移电流是变化着的电场，而传导电流则是自由电荷的定向运动。此外，传导电流在通过导体时会产生焦耳热，而导体中的位移电流则不会产生焦耳热。高频情况下介质的反复极化会放出大量热，这是位移电流热效应产生的原因，但这与传导电流通过导体时放出的焦耳热不同，它们遵从完全不同的规律。

8.8　麦克斯韦方程组

麦克斯韦把电磁现象的普遍规律概括为 4 个方程式，通常称为麦克斯韦方程组。

①通过任意闭合曲面的电通量等于该曲面所包围的自由电荷的代数和，即

$$\oint_S \boldsymbol{D} \cdot \mathrm{d}\boldsymbol{S} = \sum q_i$$

注意：上式在电荷和电场都随时间变化时仍然成立。这意味着尽管这时电场与电荷之间的关系不像静电场那样由库仑定律决定，但任一闭合曲面的电通量与闭合曲面内自由电荷的电量之间的关系仍遵从高斯定理。

②电场强度沿任意闭合曲线的线积分等于以该曲线为边界的任意一个曲面的磁通量对时间变化率的负值,即

$$\oint_l \boldsymbol{E} \cdot \mathrm{d}\boldsymbol{l} = -\int_S \frac{\partial \boldsymbol{B}}{\partial t} \cdot \mathrm{d}\boldsymbol{S}$$

这里的电场 $\boldsymbol{E}$ 包括自由电荷产生的库仑电场和由变化磁场所产生的涡旋电场。

③通过任意一个闭合曲面的磁通量恒等于零,即

$$\oint_S \boldsymbol{B} \cdot \mathrm{d}\boldsymbol{S} = 0$$

这也是从稳恒磁场到对随时间变化的非稳恒磁场情况的假设性推广。

④磁场强度沿任意一个闭合曲线的线积分等于穿过以该曲线为边界的曲面的全电流,即

$$\oint_l \boldsymbol{H} \cdot \mathrm{d}\boldsymbol{l} = \sum I_i + \int_S \frac{\partial \boldsymbol{D}}{\partial t} \cdot \mathrm{d}\boldsymbol{S}$$

前面我们已对此作了详细论述。

归纳起来,麦克斯韦方程组的积分形式为

$$\begin{cases} \oint_S \boldsymbol{D} \cdot \mathrm{d}\boldsymbol{S} = \sum q_i \\ \oint_l \boldsymbol{E} \cdot \mathrm{d}\boldsymbol{l} = -\int_S \frac{\partial \boldsymbol{B}}{\partial t} \cdot \mathrm{d}\boldsymbol{S} \\ \oint_S \boldsymbol{B} \cdot \mathrm{d}\boldsymbol{S} = 0 \\ \oint_l \boldsymbol{H} \cdot \mathrm{d}\boldsymbol{l} = \sum I_i + \int_S \frac{\partial \boldsymbol{D}}{\partial t} \mathrm{d}\boldsymbol{S} \end{cases} \tag{8.24}$$

从上面的论述中可以看到,麦克斯韦理论不但提出了涡旋电场、位移电流这样的概念,还包括了从特殊情况(静电场和稳恒磁场)向一般非稳恒情况的假设性推广,如稳恒场的高斯定理在非稳恒场时仍成立的假设。它的正确性由一系列理论与实验符合得很好的事实而得到证实。在有介质存在时,$\boldsymbol{E}$ 和 $\boldsymbol{B}$ 都与介质的特性有关,因此上述麦克斯韦方程组是不完备的,还需要再补充描述介质性质的下述方程:

$$\begin{cases} \boldsymbol{D} = \varepsilon_0 \varepsilon_r \boldsymbol{E} = \varepsilon \boldsymbol{E} \\ \boldsymbol{B} = \mu_0 \mu_r \boldsymbol{H} = \mu \boldsymbol{H} \\ \boldsymbol{j}_0 = \sigma \boldsymbol{E} \end{cases} \tag{8.25}$$

式中,ε、μ、σ 分别是介质的介电常量、磁导率和电导率。通过数学变换,可得麦克斯韦方程组的微分形式如下:

$$\begin{cases} \nabla \cdot \boldsymbol{D} = \rho_0 \\ \nabla \times \boldsymbol{E} = -\frac{\partial \boldsymbol{B}}{\partial t} \\ \nabla \cdot \boldsymbol{B} = 0 \\ \nabla \times \boldsymbol{H} = \boldsymbol{j}_0 + \frac{\partial \boldsymbol{D}}{\partial t} \end{cases} \tag{8.26}$$

式中,$\nabla \cdot \boldsymbol{D}$ 和 $\nabla \cdot \boldsymbol{B}$ 分别为电位移和磁感应强度的散度,$\nabla \times \boldsymbol{E}$ 和 $\nabla \times \boldsymbol{H}$ 分别为电场强度和磁场强度的旋度。麦克斯韦方程组(8.24)加上介质方程(8.25)构成决定电磁场变化的一组完备

的方程式。这就是说,当电荷、电流分布给定时,根据麦克斯韦方程组[一般采用微分形式(8.26)],由初始条件及边界条件就可以完全地确定电磁场的分布和变化。

第 8 章习题

8.1　一根无限长平行直导线载有电流 I,一矩形线圈位于导线平面内沿垂直于载流导线方向以恒定速率运动,如题 8.1 图所示,则(　　)。

A. 线圈中无感应电流　　B. 线圈中感应电流为顺时针方向

C. 线圈中感应电流为逆时针方向　　D. 线圈中感应电流方向无法确定

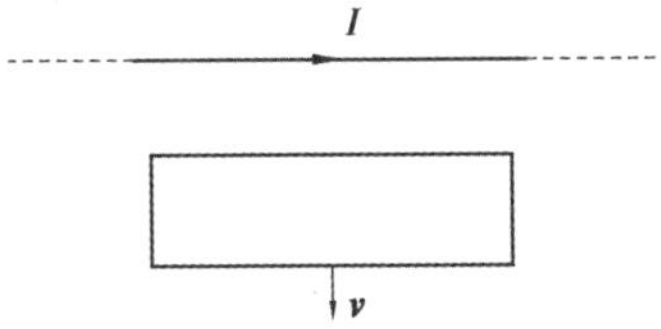

题 8.1 图

8.2　将形状完全相同的铜环和木环静止放置在交变磁场中,并假设通过两环面的磁通量随时间的变化率相等,不计自感时则(　　)。

A. 铜环中有感应电流,木环中无感应电流

B. 铜环中有感应电流,木环中有感应电流

C. 铜环中感应电动势大,木环中感应电动势小

D. 铜环中感应电动势小,木环中感应电动势大

8.3　有两个线圈,线圈 1 对线圈 2 的互感系数为 M_{21},而线圈 2 对线圈 1 的互感系数为 M_{12}。若它们分别流过 i_1 和 i_2 的变化电流且 $\left|\frac{\mathrm{d}i_1}{\mathrm{d}t}\right| < \left|\frac{\mathrm{d}i_2}{\mathrm{d}t}\right|$,并设由 i_2 变化在线圈 1 中产生的互感电动势为 ε_{12},由 i_1 变化在线圈 2 中产生的互感电动势为 ε_{21},下述论断正确的是(　　)。

A. $M_{12}=M_{21}, \varepsilon_{21}=\varepsilon_{12}$　　B. $M_{12}\neq M_{21}, \varepsilon_{21}\neq\varepsilon_{12}$

C. $M_{12}=M_{21}, \varepsilon_{21}<\varepsilon_{12}$　　D. $M_{12}=M_{21}, \varepsilon_{21}<\varepsilon_{12}$

8.4　对于位移电流,以下说法中正确的是(　　)。

A. 位移电流的实质是变化的电场

B. 位移电流和传导电流一样是定向运动的电荷

C. 位移电流服从传导电流遵循的所有定律

D. 位移电流的磁效应不服从安培环路定理

8.5　下列概念正确的是(　　)。

A. 感应电场是保守场

B. 感应电场的电场线是一组闭合曲线

C. $\Phi_m=LI$,因而线圈的自感系数与回路的电流成反比

D. $\Phi_m=LI$,回路的磁通量越大,回路的自感系数也一定大

8.6　地面上平放一根东西向的导线,现使导线垂直向上运动,导线上是否有感应电动势?导线内是否有电流产生?

8.7　一根条形磁铁在空中自由下落,途中穿过一个闭合的金属环,如题8.7图所示,环中因此产生感生电流。有人认为:因感生电流的方向如图所示,故当磁铁在金属环上方时,加速度比 g 小;而当磁铁运动至金属环下方时,加速度比 g 大。你同意他的判断吗?

8.8　两个闭合的金属环,穿在一根光滑的绝缘杆上,如题8.8图所示,若条形磁铁自右向左移动,两个圆环将怎样移动?

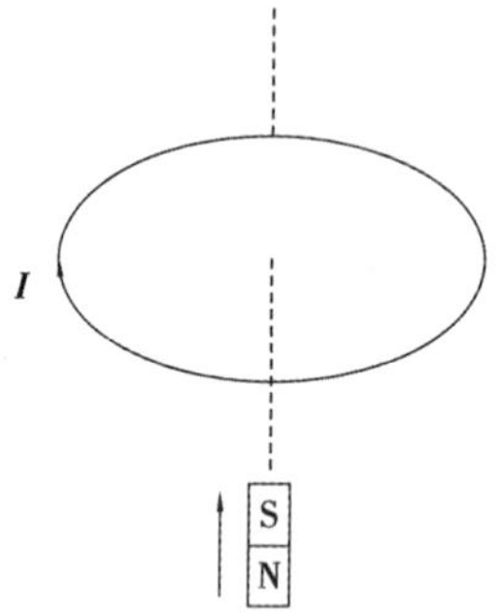

题8.7图

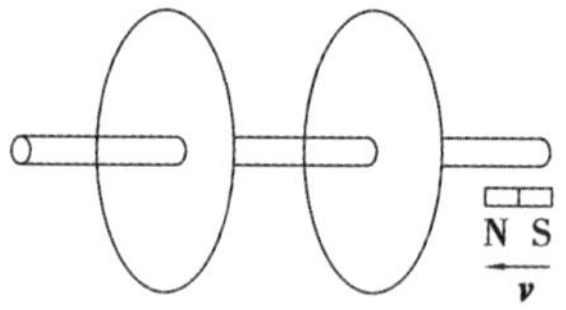

题8.8图

8.9　设有金属丝绕成的没有铁芯的环形螺线管,单位长度的匝数 $n=500\ \mathrm{m^{-1}}$,截面积为 $2\times10^{-3}\ \mathrm{m^2}$,金属丝的两端和电源 ε 以及可变电阻串联成一闭合电路。在环上再绕一线圈A,匝数为 $n=5$,电阻 $R=2.0\ \Omega$,如题8.9图所示。调解可变电阻,使通过环形螺线管的电流强度 I 每秒降低20 A,试求:

(1)线圈A中产生的感应电动势 ε_i 及感应电流 I_i;

(2)2 s内通过线圈A的感应电量 q_i。

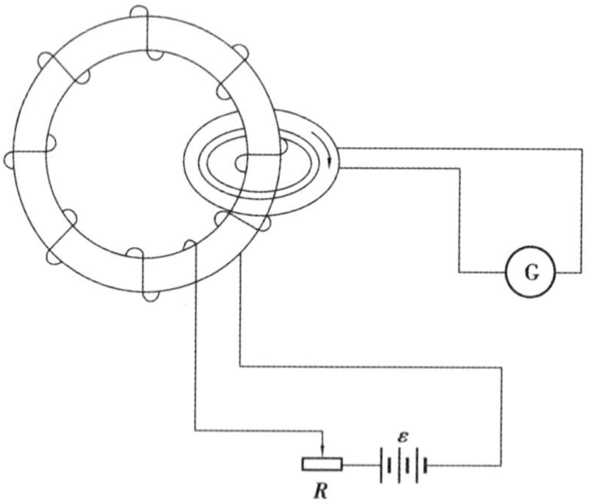

题8.9图

8.10　一螺线环,横截面的半径为 a,中心线的半径为 R,$R\gg a$,其上由表面绝缘的导线均匀密绕两个线圈,一个为 N_1 匝,另一个为 N_2 匝。试求两线圈的互感系数 M。

8.11　一截面为长方形的环式螺线管,共有线圈 N 匝,内半径为 a,外半径为 b,厚度为 h,如题8.11图所示,求证此螺线管的自感系数为

$$L=\frac{\mu_0 N^2 h}{2\pi}\ln\frac{b}{a}$$

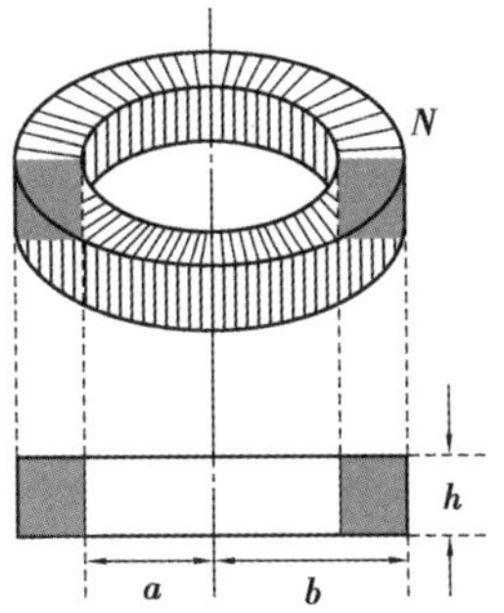

题 8.11 图

8.12　若要在边长为 10 cm 的立方体空间中产生 $E=10^5$ V/m 的电场和 $B=10^4$ G 的磁场，所需的能量各为多少?

8.13　有一长直螺线管，长度为 l，横截面积为 S，线圈总匝数为 N，管中介质的磁导率为 μ，试求其自感系数。

8.14　一螺线管的 L=0.01 H，通过它的电流为 4 A，试求它存储的磁场能量。

8.15　一无限长直导线，截面各处的电流密度相等，总电流为 I，试求单位长度导线内所存储的磁能。

8.16　将磁铁插入非金属环中，环内有无感生电动势? 有无感生电流? 环内将发生何种现象?

8.17　将磁铁插入一闭合电路中，一次迅速插入，另一次缓慢插入，这两次的感生电量是否相同? 手推磁铁的力所做的功是否相同?

8.18　如题 8.18 图所示，一平行导轨上放置一根质量为 m，长为 L 的金属杆 AB，平行导轨连接一电阻 R，均匀磁场 $\boldsymbol{B}$ 垂直地通过导轨平面，当杆以速度 $\boldsymbol{v}_0$ 向右运动时，求:(1)金属杆能移动多少路程;(2)试用能量守恒定律分析上述结果(忽略金属杆的电阻、它与导轨的摩擦力和回路的自感)。

8.19　在无限长直导线近旁放置一长方形平面线圈，线圈的一边与导线平行，求其自感系数。

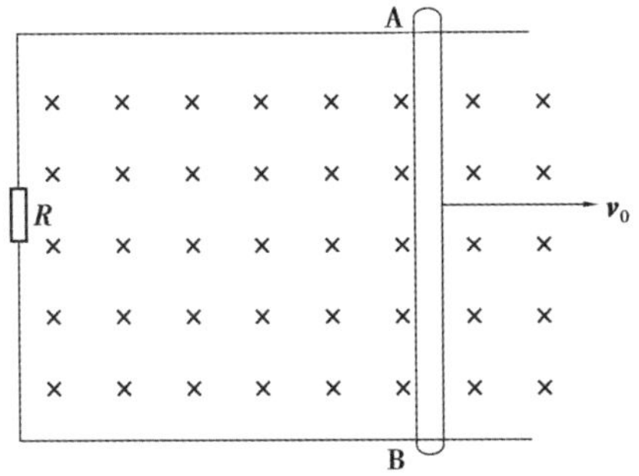

题 8.18 图

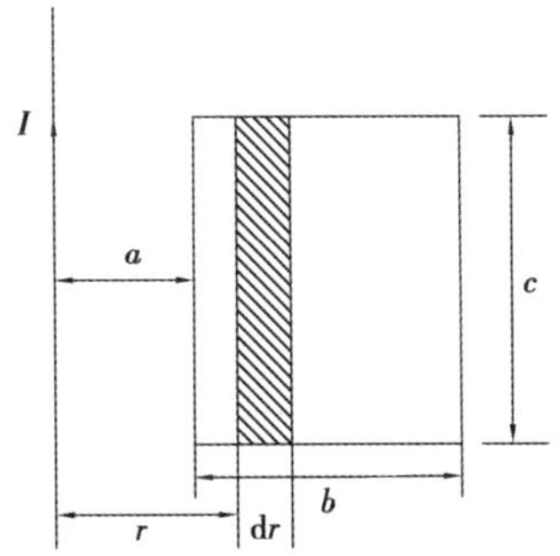

题 8.19 图

8.20　一纸筒,长 30 cm,截面直径为 3.0 cm,筒上绕有 500 匝线圈。(1)求该线圈的自感;(2)如果在线圈内放入 $\mu_r=5\ 000$ 的铁芯,求这时线圈的自感。

8.21　有两根相距为 d 的无限长平行直导线,它们通以大小相等流向相反的电流,且电流均以 $\frac{dI}{dt}$ 的变化率增长。若有一边长为 d 的正方形线圈与两导线处于同一平面内,如题 8.21 图所示,求线圈中的感应电动势。

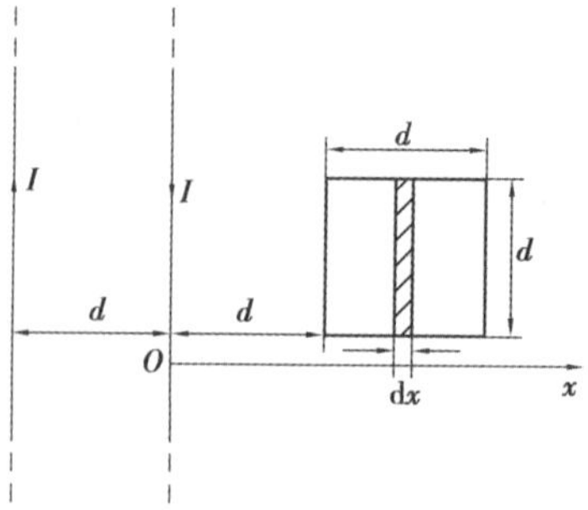

题 8.21 图

8.22　在波尔氢原子模型中,电子绕原子核做圆周运动,圆形轨道半径为 5.3×10^{-11} m,频率为 $f=6.8\times10^{15}$ Hz,求这轨道中心磁能密度有多大。

8.23　利用高磁导率的铁磁体,可在实验室产生 $B=5\ 000$ Gs 的磁场。

(1)求磁场的能量密度 ω_m;

(2)要想产生能量密度等于这个值的电场,电场强度 E 的值应为多少?这个值在实验室里容易做到吗?

8.24　一圆形线圈由 50 匝表面绝缘的细导线绕成,其圆面积 $S=4.0\ \text{cm}^2$,将此线圈放在另一半径为 $R=20$ cm 的圆形大线圈的中心,两者同轴,大线圈由 100 匝表面绝缘的导线绕成,求两线圈的互感 M。

8.25　试证明平行板电容器中的位移电流可以写为 $I_d=C\frac{dU}{dt}$,式中 U 为平行板电容器两板间的电压。

8.26　为什么要将麦克斯韦方程组写成积分与微分两种形式?

8.27　半径为 $R=0.10$ m 的两个圆板,构成平行板电容器,放在真空中,今对电容器匀速充电,使两板间电场的变化率 $\frac{dE}{dt}=1.0\times10^{13}$ V/(m·s),求两板间的位移电流,并计算电容器内离两板中心连线 $r(r<R)$ 处的磁感应强度 $\boldsymbol{B}_r$,以及 $r=R$ 处的 $\boldsymbol{B}_R$。

习题答案

序号	名称	二维码
1	第 1 章习题答案	
2	第 2 章习题答案	
3	第 3 章习题答案	
4	第 4 章习题答案	
5	第 5 章习题答案	
6	第 6 章习题答案	
7	第 7 章习题答案	
8	第 8 章习题答案	